Matthias Herzberg

ANDERSRUM IN DIE CHEFETAGE

Queer Karriere machen in der Männerwirtschaft

LÜBBE

Dieser Titel ist auch als Hörbuch und E-Book erschienen

Die Bastei Lübbe AG verfolgt eine nachhaltige Buchproduktion. Wir verwenden Papiere aus nachhaltiger Forstwirtschaft und verzichten darauf, Bücher einzeln in Folie zu verpacken. Wir stellen unsere Bücher in Deutschland und Europa (EU) her und arbeiten mit den Druckereien kontinuierlich an einer positiven Ökobilanz.

Editorische Notiz:
Zum Schutz ihrer Persönlichkeitsrechte wurden die Namen einiger im Buch genannter Personen geändert.

Originalausgabe

Copyright © 2022 by Bastei Lübbe AG, Köln

Umschlaggestaltung: Massimo Peter-Bille
Titelbild: © PicturePeople
Satz: two-up, Düsseldorf
Gesetzt aus der Chaparral
Druck und Einband: GGP Media GmbH, Pößneck
Printed in Germany
ISBN 978-3-431-05028-8

5 4 3 2 1

Sie finden uns im Internet unter luebbe.de
Bitte beachten Sie auch: lesejury.de

*Gewidmet den Sichtbaren, mit Dank,
und den Unsichtbaren, mit Liebe*

Inhalt

Vorwort	von Niek Jan van Damme	9
Kapitel 1	**Ist der Matthias schwul?** – Wenn der Arbeitsalltag zum Spießrutenlauf wird	13
Kapitel 2	**Die unsichtbare Elite** – Warum schwule Überflieger sich nicht outen	41
Kapitel 3	**Diskriminiert, gemobbt und kaltgestellt** – Die ganz normale Homophobie in deutschen Büros	77
Kapitel 4	**Andersrum ins Leben** – Der steinige Weg der Selbstbehauptung	115
Kapitel 5	**Don't ask, don't tell** – Der Unterschied zwischen Toleranz und Akzeptanz	139
Kapitel 6	**Mythos Diversity** – Was sich hinter dem Feigenblatt Pinkwashing verbirgt	167
Kapitel 7	**Leuchtturmwärter:innen** – Wo die deutsche Wirtschaft wirklich bunt ist	191
Kapitel 8	**Täter:innen suchen Opfer, keine Gegner:innen** – Selbstbehauptung als Kernkompetenz für die queere Karriere	227
Kapitel 9	**Plötzlich Vorbild** – Von der Verantwortung schwuler Leader	257
Kapitel 10	**Hinter dem Regenbogen** – Anstiftung zu einer neuen Emanzipationsbewegung	273
Anmerkungen		296

Vorwort

von Niek Jan van Damme

Ich hatte in meinem Leben mehr als ein Comingout. Damit, das hat dieses Buch mir wieder einmal sehr deutlich vor Augen geführt, bin ich nicht allein.

Mein erstes Comingout fand vor drei Jahrzehnten statt – noch einmal eine Generation früher also als bei Matthias Herzberg. Wie die meisten gab ich mich zuerst im engsten privaten Umfeld zu erkennen. Dann folgte mein öffentliches Comingout 1995. Damals arbeitete ich noch bei einem niederländischen Handelskonzern. Seitdem lagen die Karten eigentlich auf dem Tisch. Trotzdem fühlte sich mein Einstieg als Vorstand bei der Telekom an wie ein drittes Comingout, weil meine Homosexualität damals einiges Aufsehen hätte erregen können. Das sagt manches über die Wirtschaft aus, was in diesem Buch schonungslos aufgedeckt wird. »Ganz normal« macht nämlich keine Schlagzeilen. Normalerweise.

Auf meine Zeit als Telekom-Vorstand bin ich stolz. Nicht zuletzt, weil ich in diesem sehr deutschen und in mancherlei Hinsicht auch sehr traditionsbewussten Unternehmen von Anfang an offen schwul ins Büro gegangen bin. Der gesamte Vorstand und meine engsten Mitarbeiter waren 2013 als Gäste bei meiner Hochzeit geladen. Das war mir ein Bedürfnis, und es war für mich auch selbstverständlich. Im Gegensatz zu manchem Manager-Kollegen bin ich der Meinung, dass man sich am Arbeitsplatz keinesfalls verstecken sollte.

Also habe ich es nicht getan, und ich bin damit sehr gut durchgekommen. Ich weiß aber auch, dass nicht jeder dieses Glück hat.

Auch ich habe die homophoben Sprüche hinter meinem Rücken gehört. Ich habe gelernt, damit zu leben. Meine Strategie war immer, keine große Sache daraus zu machen, um keine schwierigen Situationen heraufzubeschwören. Matthias Herzberg steht für einen anderen Umgang mit Diskriminierung, und das ist auch richtig so: Junge Menschen, deren Leben und Karriere noch vor ihnen liegen, sollten vieles nicht mehr nötig haben, was früheren Generationen normal erschien.

Seit meinem eigenen Comingout hat sich viel verändert. Eines aber nicht: Sich zu outen ist für queere Menschen immer noch ein großer Schritt. Einer, der Vorbereitung und Einstimmung erfordert, mental und auch ganz praktisch. Dabei brauchen junge Menschen Unterstützung, und Spätentschlossene auch. Deshalb ist es gut, dass es dieses Buch jetzt gibt. Zu meiner Zeit hätte ich vergeblich nach einer solchen Hilfestellung und einem *partner in crime* wie Matthias Herzberg gesucht. Sehr anschaulich beschreibt er die Hürden, die viele für ihre queere Karriere nehmen müssen – oder manchmal auch glauben, nehmen zu müssen. Das Buch relativiert manche Angst, doch es zeigt auch die Realität in all ihrer Härte. Das macht die vielen Tipps, um mit schwierigen Situationen umzugehen, umso wertvoller.

Der Autor versucht nicht, seine Leser und Leserinnen zu überstürzten Entscheidungen zu überreden. Er lügt uns nicht vor, dass alles gar nicht so schlimm ist. Er ist ehrlich, und deshalb auch differenziert in seinen Empfehlungen. Zum Beispiel beim Timing: Jeder soll für sich entscheiden, wann der richtige Moment gekommen ist. Das finde ich sehr wichtig, denn dieser Moment kann vieles im Leben verändern. Jedes Comingout und jede Karriere schreiben eine eigene Geschichte. Deshalb ist es so hilfreich, die Gedanken eines Menschen zu lesen, der seine Erfahrungen schonungslos offen teilt.

Ich bin überzeugt, dass dieses Buch vielen Menschen Mut machen kann. Dass viele Beispiele aus der Sicht schwuler Männer erzählt sind, tut dem keinen Abbruch: Ein so persönliches Buch kann nur aus der Perspektive seines Autors geschrieben werden. Die grundsätzliche Diskriminierungserfahrung und den Wunsch nach Akzeptanz aber teilen alle queeren Menschen. Die Ratschläge sind deshalb für alle gleichermaßen nützlich – Heterosexuelle und *straight allies* eingeschlossen. Ich freue mich darüber, dass der Autor letzte sehr konkret anspricht. Auch ich bin der Meinung: Diversity ist eine Aufgabe der Mehrheit. Besonders empfehlen möchte ich dieses Buch den Menschen in Personalabteilungen und allen, die sich in ihren Unternehmen diesem wichtigen Thema widmen. Die Geschichten in diesem Buch sind Augenöffner, wenn man selbst nie in einer vergleichbaren Situation war.

Meine Erfahrung ist, dass die positive Energie eines Menschen viel zu wertvoll ist, um zuzulassen, dass sie durch Ängste und Versteckspiel verwässert wird. Ich habe es andersrum in die Chefetage geschafft. Ich wünsche Ihnen, dass auch Sie Ihren Weg finden. Dieses Buch wird Ihnen dabei eine große Hilfe sein.

Herzlich, Ihr
Niek Jan van Damme

KAPITEL 1
IST DER MATTHIAS SCHWUL?

Wenn der Arbeitsalltag zum Spießrutenlauf wird

Gefangen im Karriere-Knast

Gefängnisse und Firmenzentralen haben so einiges gemeinsam. Die typische deutsche Justizvollzugsanstalt (JVA) hat zum Beispiel verdammt lange Flure – ähnlich wie ein typisches deutsches Bürogebäude. Geht man sie entlang und hält die Augen offen, entdeckt man noch mehr Gemeinsamkeiten: in klaustrophobisch kleine Boxen eingepferchte Egos, Geflüster hinter vorgehaltener Hand und mal mehr, mal weniger brutal ausgetragene Kämpfe um den besseren Platz in der Hackordnung, um nur einige Parallelen zu nennen. Kein Wunder, dass man meistens lieber nicht so genau hinsieht und den Laufsteg des Grauens so schnell überquert, wie man kann.

Besonders lang wird so ein Flur allerdings, wenn man schon von Weitem jemanden entdeckt, dem man nicht im Dunkeln begegnen möchte. In einem Gefängnis gibt es solche Situationen immer wieder, denn oft bewegen sich Mitarbeitende und Gefangene durch dieselben Räumlichkeiten. Manchmal erstreckt sich so ein JVA-Flur über Hunderte Meter. Bei einem Zwischenfall kann es also eine Weile dauern, bis Hilfe da ist. Für die ganz alltäglichen Formen der Belästigung hat man trotz Überwachungskameras sowieso meistens keine Zeugen: Lästereien, Beleidigungen, Drohungen. Noch so eine Gemeinsamkeit.

Zu Beginn meiner beruflichen Laufbahn arbeitete ich eine Zeitlang als Sozialpädagoge in einer JVA. Als ich mich an einem ganz normalen Vormittag von meinem Büro auf den Weg zu einer Vollzugskonferenz machte, erkannte ich schon von Weitem einen der prominenteren Gefängnisinsassen. Er war gerade auf dem Weg in Richtung Pforte, um dort Besuch zu empfangen. Bei meinem Anblick wurde der Intensivtäter, verurteilt wegen einer Reihe recht beeindruckender Gewaltverbrechen, sofort einen Kopf größer und zwei Schultern breiter. Ich kannte sein Grinsen; ich wusste, dass er nicht einfach vorübergehen würde. Er war einer dieser Kriminellen, die nicht zuletzt deshalb so effektiv in ihrem Job sind, weil sie instinktiv als bedrohlich wahrgenommen werden.

Je näher wir uns auf dem Flur kamen, desto weiter schwenkte er auf meine Seite des Ganges hinüber, um so dicht wie möglich an mir vorbeizulaufen. Als wir schließlich auf gleicher Höhe waren, verlangsamte er für einen Moment seine Schritte, rempelte mich gezielt an und raunte mir ins Ohr: »Ich weiß, wo du wohnst, Schwuchtel.«

Dann ging er weiter, als wäre nichts gewesen. Ich tat dasselbe, ging in meine Besprechung und ließ mir nichts anmerken. Mal wieder. Mit so etwas rechnet jeder Mitarbeitende in einer JVA. Als ich später einer Kollegin von dem Vorfall berichtete, zuckte sie nur mit den Achseln und sagte: Vergiss es.

Gefängnisse sind Orte, an denen viele Täter:innen auf engem Raum zusammenkommen. Da reicht schon eine briefmarkengroße Angriffsfläche, um zum Opfer erklärt zu werden. Eine JVA ist kein Ort, an dem jemand für schwul gehalten werden will, selbst wenn er es ist. Wieder so eine Parallele, die mancher Leserin und manchem Leser dieses Buches vermutlich die Ohren klingeln lässt, auch wenn sie oder er noch nie ein Gefängnis betreten hat.

> »*Homophobie* bezeichnet eine soziale, gegen Lesben und Schwule gerichtete Aversion und Angst vor homosexuellen Menschen und ihren Lebensweisen. Homophobie wird in den Sozialwissenschaften zusammen mit Phänomenen wie Rassismus, Xenophobie oder Sexismus unter den Begriff gruppenbezogene Menschenfeindlichkeit gefasst.«[1] Homosexualität widerspricht den klassischen Geschlechterrollen, wobei Männer sich in diesem Zusammenhang von Abwei-

chungen tendenziell stärker bedroht fühlen als Frauen. Das liegt daran, dass Männlichkeit eher als etwas gesehen wird, das immer wieder durch rollentypisches Verhalten erkämpft werden muss – ein Verhalten, das andere Männer letztlich auch ein Stück weit berechenbar macht. Schwule hingegen stehen hinsichtlich ihres Rollenverhaltens eher für das Unbekannte, das vielen Menschen evolutionär bedingt Unbehagen verursacht, weil es eben nicht sofort erkennbar und durchschaubar ist.[2]

Viele von uns sind Gefangene im Karriere-Knast, die täglich Spießrutenläufe auf langen Fluren antreten. Praktisch jeder schwule Mann ist in seinem Leben, etwa am Arbeitsplatz, ausgegrenzt und ausgelacht, angerempelt und bedroht, psychisch oder körperlich verletzt worden. Selbst diejenigen, die heute im Scheinwerferlicht des Erfolgs selbstbewusst ihren Mann stehen, haben sich irgendwann in ihrem Leben versteckt – in ihrem Kinderzimmer, in ihrem Büro, in einer Scheinidentität. Viele von uns wurden zu Opfern erklärt und haben sich, in Ermangelung einer besseren Strategie, in diese Rolle gefügt. Schaden nehmen kann man aber nicht nur an Leib und Seele, sondern auch betriebswirtschaftlich; schwulen Männern ist die Klaviatur der Existenzbedrohungen bestens vertraut. Und dasselbe gilt für die meisten anderen Menschen mit nicht heteronormativer Geschlechtsidentität.

Angst ist ein vielgesichtiger Dämon. Der eine kommt ihm früher auf die Schliche, der andere später. Ich selbst musste über dreißig werden, um mich endgültig aus seinem Bann zu befreien. Erst nach Jahren des beruflichen Erfolgs und einem stabilen Leben in fester Partnerschaft verstand ich wirklich, dass weder allein die Täter:innen noch meine Vergangenheit, noch meine Geschlechtsidentität mich in mein inneres Karriere-Gefängnis verbannt hatten – sondern die Angst, die sie füttern.

Alles, was wir wollen, ist frei sein. So frei wie jeder andere. Angst ist das Gegenteil von Freiheit.

Zwangsouting: Erstens kommt es schlimmer, zweitens als man denkt

Der Spießrutenlauf des Ungeouteten, den jeder schwule Mann aus leidvoller Erfahrung kennt, war für mich ein ziemlich langer. Wie bei vielen Männern und anderen LGBTIQ*-Personen[3] hat er auch bei mir jahrelang vor allem im eigenen Kopf stattgefunden. Erst mit dem Verlassen des Elternhauses und dem Beginn der Ausbildung oder des Studiums treffen all die Erwartungen, die Hoffnungen genauso wie die Befürchtungen, schließlich auf die Realität. Ein großer Teil von Kindheit und Jugend in innerer Isolation, womöglich noch verschlimmert durch familiäres Sperrfeuer gegen eine selbstbestimmte Identitätsfindung: Das ist eine lange Zeit. Viele schwule Männer waren und sind danach mit ihren inneren Dämonen nicht nur per Du, sondern ihnen in einer Art Stockholm-Syndrom verbunden: Nur in der Innenwelt ist es sicher, draußen ist es gefährlich. Für jemanden, der diese innere Zerrissenheit nie erlebt hat, ist das schwer vorstellbar: sich falsch zu fühlen in der eigenen Identität. Wie so viele lebte ich in ständiger Angst, im falschen Moment, von der falschen Person, auf die falsche Art entlarvt, bloßgestellt und existenziell zerstört zu werden.

Dieser permanente innere Panikmodus wird sehr schnell zu einer realen Tortur, wenn der Weg ins Berufsleben ausgerechnet an einer katholischen Fachhochschule beginnt.

1996 waren No Mercy gerade mit *Where Do You Go* in den

Top Ten, und in Bezug auf mein Privatleben hatte ich beim besten Willen keine vernünftige Antwort auf diese Frage. Als Student der Sozialpädagogik begann ich mir gerade erst zaghaft ein Sozialleben aufzubauen. Was genau diese »schwule Lebensweise« sein sollte, von der die heterosexuellen Meinungsträger schlau daherredeten, war für mich ein Mysterium. In einer neuen Umgebung einen ganz normalen Freundeskreis aufzubauen ist kein einfaches Unterfangen, wenn man vor lauter Befürchtungen mit Scheuklappen unterwegs ist und jeden Funken Zuneigung als potenzielle Bedrohung wahrnimmt. Zum Glück gibt es etwas, das noch stärker ist als die nagenden Bedenken: den übermächtigen Drang, sich endlich als der zu zeigen, der man ist.

Der erste Kommilitone, dem ich mich nach zähem Ringen mit meinen inneren Widerständen offenbarte, war Frank. Natürlich war er, wie die meisten an der Hochschule, katholisch. Aber bei irgendwem musste ich ja den Anfang machen, und Frank hatte sich bislang nicht als übermäßig fromm zu erkennen gegeben. Irgendwie schienen wir viel gemeinsam und einen Draht zueinander zu haben; bei ihm saß mir das Vertrauen locker, mit dem ich anderen gegenüber noch geizte.

Frank hatte in seiner WG-Küche gekocht, und wir saßen zu zweit beim Abendessen zusammen. Nach kilometerlangen rhetorischen Exkursen zu allen möglichen Belanglosigkeiten gelang es mir schließlich, aufs Thema einzuschwenken. Als spräche ich wie in einem Beichtstuhl mit einer Wand, die Ohren hat, stotterte ich meinen Sündenfall unbeholfen zwischen zwei Bissen in den Raum: »Du, was ich dir sagen wollte ... Ich weiß gar nicht, wie ich das ... Vielleicht hast du es ja schon ... also ... nicht erschrecken, es ist so, dass ... ich stehe auf Männer.«

Während die Worte über den Küchentisch kullerten wie marodierende Tiefkühlerbsen im falschen Rezept, verzog sich

Franks Miene nach und nach zu einem Grinsen. Das ließ meine Unsicherheit natürlich nur noch wachsen. Machte er sich über mich lustig? War es so offensichtlich, dass er es längst geahnt hatte? War das Grinsen eine Übersprunghandlung, weil er mit meinem Geständnis nicht umgehen konnte?

Nichts von alledem. Als ich endlich mit meinem Gestotter fertig war, sah Frank mir unverhohlen amüsiert in die Augen und antwortete schließlich trocken: »Matthias ... dass ich schwul bin, das weißt du aber, oder?«

> Als *Gaydar* – ein sog. Kofferwort aus »Gay« und »Radar« – wird die Fähigkeit homosexueller Männer und Frauen bezeichnet, einander auch ohne offensichtliche Signale als solche zu erkennen. Obwohl auch einige heterosexuelle Männer und Frauen sich eines guten Gaydars rühmen, wird diese Kompetenz im Allgemeinen nur Homosexuellen zugeschrieben. Ein verlässlicher Gaydar ist äußerst hilfreich – um nicht zu sagen unabdingbar – für den Aufbau sozialer Zirkel unter LGBTIQ*-Personen. Gleichzeitig verhindert er in den meisten Fällen potenziell peinliche Annäherungsversuche gegenüber heterosexuellen Menschen. (Damit hat sich die nicht minder peinliche Angst vieler Heteros, schier unwiderstehlich auf ihre schwulen Kollegen zu wirken, hoffentlich erübrigt. Ich möchte nie wieder darüber sprechen.)

Frank hatte schon längst über mich Bescheid gewusst, während mein Gaydar offensichtlich von meiner Angst vor Ablehnung blockiert gewesen war – oder mangels Training noch nicht so ganz entwickelt.

Es folgte ein bittersüßes, wohltuendes, langes Gespräch über geteilte Erfahrungen, schwule Kindheit und schwule Jugend, an dessen Ende Frank schließlich vorschlug: »Wollen wir nicht noch ein Bier trinken gehen?« Ich hatte ihm nämlich gestanden, dass ich aufgrund meiner Sorge, entdeckt zu werden, noch kein einziges Mal in der sogenannten schwulen Szene unterwegs gewesen war. Zögerlich willigte ich ein, während mir innerlich die Knie schlotterten: Was, wenn mich jemand erkannte? Was, wenn wir über jemanden aus der Hochschule stolperten? Auf solche Überraschungen war ich überhaupt nicht vorbereitet. Allein beim Gedanken daran wurde mir angst und bange. Doch die Gelegenheit wollte ich mir auch nicht entgehen lassen.

So landeten wir bei meinem ersten Ausflug ins schwule Nachtleben im Café Huber. Die schwule Kneipe war und ist noch immer eine Institution der Kölner Szene, wenn auch heute unter anderem Namen. Die Tür hatte sich kaum hinter uns geschlossen, da stürmte auch schon Martin auf mich zu – seines Zeichens Student der Sozialpädagogik an der Katholischen Fachhochschule, also: ein Kommilitone. »Ach Matthias, du auch hier? Interessant …« Da mein Gesichtsausdruck offensichtlich Bände sprach, fügte er in seinem breiten Saarländer Dialekt und in derselben Lautstärke hinzu: »Muscht dir kei Sorge mache, des bleibt alles unner uns!«

Wer's glaubt, wird selig …

Während ich nach diesem Initialschock äußerlich mein Bestes tat, mit der Tapete zu verschmelzen, konnte ich innerlich mein Unglück kaum fassen: Ich hatte noch nicht mal mein erstes Bier in der Hand, und schon war mein schlimmster Albtraum wahr geworden. Entsprechend gedämpfter Stimmung verbrachte ich den Rest des Abends. Statt sprühender Funken fühlte sich meine Feuertaufe eher an wie ein Bad im eiskalten Rhein. Dass es erst mal noch schlimmer werden würde, bevor es besser wurde, ahnte ich da noch nicht.

Wirklich zu Hochform lief Martin erst bei unserer nächsten Begegnung auf. Die fand natürlich gleich am nächsten

Morgen im Büro des Allgemeinen Studierendenausschusses (AStA) statt. Dort war Martin sehr engagiert, während ich nur hin und wieder zugegen war. Als ich nichtsahnend den Raum betrat, stürmte die Frohnatur ein weiteres Mal auf mich zu und verkündete deutlich hörbar für alle Anwesenden, einschließlich den Ratten in der Kanalisation ein paar Etagen tiefer: »Matthias, mein Lieber, war das nicht ein Zufall gestern Abend? Das hätte ich mir ja nicht träumen lassen, dass wir uns im *schwulen* Café Huber treffen würden. Das war ja vielleicht schön, gell, *Matthias?*«

Und zack, da war es passiert: Von einem Moment auf den nächsten war ich zwangsgeoutet worden. Daran, dass sich die Nachricht vom AStA-Büro ruckzuck durch den gesamten Studiengang verbreiten würde, konnte kein Zweifel bestehen. Von meinem ersten zaghaften Öffnungsversuch in meinem neuen Umfeld bis zur Bestätigung meiner schlimmsten Befürchtungen waren keine zwölf Stunden vergangen.

Spätestens am nächsten Tag schlich sich allerdings langsam, aber sicher eine Erkenntnis in meine Gedanken, die dem Schrecken gleich wieder den Schrecken nahm. Weder wurde ich auf päpstliche Anordnung der Hochschule verwiesen, noch von den Dozenten in den Lehrveranstaltungen mit Schweigen gestraft, noch bewarfen meine Kommilitonen mich auf den Gängen mit Beleidigungen oder rosa Wattebällchen. Nicht an diesem Tag, nicht am nächsten und auch nicht am übernächsten. Da hatte ich die Gruppendynamik einer katholischen Bildungseinrichtung dann doch überschätzt. Für eine ordentliche, kollektive Pauschaldiskriminierung mit Exorzismus war die Hochschule einfach nicht der richtige Ort. Dafür muss man erst mal richtig erwachsen werden und mit anderen sogenannten Erwachsenen in einem sogenannten heterogenen Team arbeiten. Aber diese Lektion sollte ich an einem anderen Tag lernen.

Stattdessen fielen mir in den folgenden Wochen und Monaten andere Dinge auf, die nicht so recht zu meiner Vorstellung einer erzkonservativen Institution und zu meinen Befürchtungen passten: rebellische Tendenzen, die ich bis zu meinem Abschluss immer wieder beobachtete. So gab es bei uns – wie zu dieser Zeit bereits an den meisten Hochschulen – sogar ein Frauen-Referat, das sich am Schwarzen Brett im Foyer vorstellte. Mit Hilfe von Endlospapier aus dem Nadeldrucker wurde aus dem Schriftzug über Nacht jedoch immer wieder das »Frauen- und Lesben-Referat«. Über Monate wurde die unschickliche Ergänzung immer wieder entfernt, nur um mit schöner Regelmäßigkeit am nächsten Morgen wie von Geisterhand wieder aufzutauchen.

An einem Ort katholischer Lehre, die offiziell wenig Toleranz für gleichgeschlechtliche Lebensweisen übrighatte, zeigte mir das vor allem eines: Ich war nicht allein – nicht einmal unter diesem Dach. Außer Martin und Frank begegnete ich für die Dauer meines Studiums zwar keinen weiteren bekanntermaßen LGBTIQ*-Kommiliton:innen. Doch dass das nicht viel zu heißen hatte, konnte ich mir inzwischen zusammenreimen.

Irgendwann war der Punkt erreicht, an dem ich mich an der Hochschule mehr oder weniger sicher fühlte – jedenfalls vor spontaner Exmatrikulation oder Selbstentzündung. Danach dauerte es nicht mehr lange, bis ich genug Selbstvertrauen gesammelt hatte, um hin und wieder den Kopf aus der Masse zu strecken und tatsächlich am akademischen Leben teilzunehmen. Letztendlich fiel ich nicht durch meine Sexualität auf, sondern durch meine Leistungen. Dass ich Martin im Nachhinein dankbar gewesen wäre, möchte ich nicht gerade behaupten. Aber eines weiß ich mit Sicherheit: Ungeoutet hätte ich mich wohl bis zum Ende des Studiums in der Masse versteckt. Geoutet und innerlich befreit schaffte ich es binnen Monaten zur studentischen Hilfskraft des Dekans.

Alles halb so wild also? Von wegen – schlimm genug. Jede LGBTIQ*-Person weiß: Diese nervenzerreißende Erfahrung macht man nicht nur einmal im Leben. Bei jedem neuen Kontakt, in jedem neuen Umfeld, bei jedem Team- oder Unternehmenswechsel, bei jedem Umzug in eine andere Stadt und bei jeder privaten Veränderung beginnt dieser Eiertanz aufs Neue. Sicherheit, Ruhe und Freiheit erleben wir immer erst, wenn wir uns Gewissheit verschafft haben, dass wir in unserem Umfeld willkommen sind. Oder auch nicht.

Der einzige Weg in die Gewissheit ist das Comingout, und das führt über ein Minenfeld. Als schwuler Mann in der Männerwirtschaft erlebt man diese Zerreißprobe immer wieder. Je selbstbestimmter du es von Mal zu Mal angehst, desto besser. Denn eines kann ich dir versichern: Es gibt immer einen Martin.

Rückendeckung aus der Führung

Noch während meines Studiums erlebte ich den Eiertanz ein weiteres Mal – allerdings mit etwas veränderten Vorzeichen. Inzwischen lebte ich mit meinem ersten langjährigen Freund in einer gemeinsamen Wohnung in Dortmund zusammen. Von dort aus pendelte ich jeden Tag zum Werksstudentenjob als Assistent der Geschäftsführung bei einem Software-Unternehmen in Essen.

Schon bald begannen die üblichen Befürchtungen sich aufs Neue unangenehm auszuwirken. Jeden Montag, wenn ich mit den anderen beiden Werksstudenten beim Lunch zusammensaß und wir uns gegenseitig von unserem Wochenende berichteten, glühten mir die Synapsen von der Herumdruckserei. Ich war ein Virtuose der unverbindlichen Formulierung: »Ich habe mit jemandem gegrillt«, »Wir waren in ein paar Kneipen« oder »Ich war mit meiner besseren Hälfte im Kino«.

Das funktionierte natürlich nicht auf Dauer, ohne kauzig zu wirken. Rückfragen wie »Wer ist denn ›wir‹?« oder »Wie wohnst du eigentlich?« lassen sich auf Dauer nicht vage und allgemein beantworten, ohne sich verdächtig zu machen. Relativ schnell hatte ich keine Lust mehr auf das Versteckspiel. Immerhin war ich zu diesem Zeitpunkt kein Single mehr und lebte privat schon relativ offen. Was blieb, war die Angst vor der Ablehnung – und vor beruflichen Nachteilen bei meinen ersten Schritten auf der Karriereleiter.

Einmal Martin und nie wieder: Jetzt wollte ich die Kontrolle darüber behalten, wie mein Outing vonstattenging. Also beschloss ich, mir Rückendeckung zu besorgen, falls es mit den Kollegen anschließend unangenehm werden sollte. Dafür kam nur eine Instanz infrage: mein Vorgesetzter. Denn wer kann Mitarbeitenden Sicherheit geben, wenn nicht die Führung?

Ich nahm all meinen Mut zusammen und vereinbarte einen Gesprächstermin mit einem der Geschäftsführer. In dessen Büro kam ich nach Austausch einiger Höflichkeiten schon deutlich schneller zur Sache als damals bei Frank in der WG: »Wegen meiner privaten Wohn- und Lebenssituation möchte ich mich gern bei Ihnen absichern – für den Fall der Fälle. Ich lebe nämlich mit einem Mann zusammen. Und wenn ich mich hier im Unternehmen oute und es daraufhin zu irgendwelchen unangenehmen Situationen kommt, dann möchte ich sicher sein, dass die Geschäftsführung hinter mir steht.«

Ich will nicht behaupten, dass er vor Begeisterung an die Decke gesprungen wäre. Doch es wurde ein gutes, ernsthaftes und vor allem verbindliches Gespräch. »Sie können auf uns zählen«, versicherte er mir im Namen der Geschäftsführung. »Außerdem bin ich zuversichtlich, dass es hier bei uns deswegen gar nicht erst zu Problemen kommen wird. Und wenn doch, können Sie sich immer an uns wenden.«

Eigentlich machte der Vorgesetzte damit nicht mehr und nicht weniger als seinen Job: Alles andere als eine schützende, ermutigende Äußerung wäre eines Geschäftsführers nicht würdig gewesen. Und doch wirst du in Kürze von Führungskräften lesen, die sich so ganz anders äußern, als wir es von Menschen in verantwortungsvoller Position erwarten würden. Ob du selbst schwul bist oder nicht: Von manchen dieser Äußerungen wirst du schockiert sein. Davon, dass Führungskräfte manchmal ihrer Verantwortung nicht gerecht werden, wahrscheinlich weniger.

Die wenigen Umfragen zum Thema unter deutschen Angestellten sprechen eine ziemlich deutliche Sprache: Das Vertrauen von LGBTIQ*-Mitarbeitenden in die Integrität der Führung hält sich in engen Grenzen. Bei einer Umfrage des Deutschen Instituts für Wirtschaftsforschung (DIW) Berlin aus dem Jahr 2020 etwa zeigte sich, dass ungefähr ein Drittel aller LGBTIQ*-Menschen am Arbeitsplatz nicht geoutet ist oder verschlossen mit der eigenen sexuellen Orientierung umgeht.[4] Mitarbeitende in Branchen, in denen unterdurchschnittlich wenige LGBTIQ*-Personen arbeiten, sind häufiger nicht geoutet als in Arbeitsfeldern mit statistisch höherer Repräsentanz. Besonders selten gehen Mitarbeitende im produzierenden Gewerbe und im primären Sektor (Land- und Forstwirtschaft, Fischerei und Bodenschätze) offen mit ihrer Sexualität um; dort bleiben sogar etwa 40 Prozent ungeoutet oder verhalten sich in Bezug auf das Thema verschlossen.[5] Ein Ergebnis der Umfrage war außerdem, dass den Befragten ein offenes Betriebsklima besonders wichtig ist – und die Attraktivität eines Unternehmens für diese Zielgruppe deutlich erhöhen kann.[6] Dass in dieser Hinsicht nicht alles Gold ist, was glänzt, steht auf einem anderen Blatt.

Was auf der Hand liegt, ist also auch statistisch nachgewiesen: Vielen Schwulen und anderen LGBTIQ*-Kolleg:innen ist die Angst genauso vertraut wie der Spießrutenlauf des Ungeouteten. Wer dem ein Ende setzen oder ihn von vornherein verhindern könnte, zeigt die Umfrage ebenfalls überdeutlich: die Führung. Die Tatsache, dass fast ein Drittel aller Betroffenen sich nicht nur zögerlich, sondern gleich gar nicht outet, zeigt, wie oft die Vorgesetzten diesem Anspruch eben nicht gerecht werden – je konservativer und patriarchalischer das Unternehmen, desto weniger.

Um es einmal in aller Deutlichkeit zu sagen: Was Studien wie diese als Führungsaufgabe nahelegen und ich an dieser Stelle ausdrücklich einfordere, ist nicht etwa irgendeine Form von Sonderbehandlung. Es geht dabei um nichts Geringeres als Gleichberechtigung, Chancengleichheit und Menschenwürde. Alles Dinge, die in Deutschland nicht Bestandteil von Arbeitsverträgen sind. Das müssen sie nämlich auch nicht sein. Sie sind in der Verfassung festgeschrieben – genauso wie die Fürsorgepflicht einer Führungskraft in ihrer Stellenbeschreibung verankert ist. Warum ich diese Selbstverständlichkeit so betone, wird sich dir im Laufe der Lektüre dieses Buches noch erschließen. Nur für den eher unwahrscheinlichen Fall, dass du nicht selbst schon von Diskriminierung am Arbeitsplatz betroffen warst oder mit Betroffenen zu tun hattest …

So dankbar ich meinem Chef damals als unerfahrener Berufsanfänger auch war: In einer idealen Arbeitswelt wäre ein solches Gespräch gar nicht erst nötig gewesen. Eine Welt ohne Homophobie mag ein Wunschtraum sein; eine explizit ausgrenzungsfreie Führungskultur ist jedoch machbar. Sie würde reichen, um den meisten von uns die Aneinanderreihung von Minenfeldern zu ersparen, die das Arbeitsleben für uns darstellt.

Zum Glück behielt der Geschäftsführer recht: Weder die

anderen Werkstudenten noch ältere Kolleg:innen, mit denen ich enger zu tun hatte, verhielten sich nach meinem Comingout abweisend. Im Gegenteil. Der Mut, über meinen Schatten zu springen, zahlte sich also aus. Indem ich die Angst überwunden und die Flucht nach vorn angetreten hatte, hatte der Eiertanz in diesem Unternehmen für mich ein schnelles Ende gefunden. Würde er mir deshalb beim nächsten Mal erspart bleiben? Natürlich nicht. Aber die positive Erfahrung sollte mir beim nächsten Mal helfen, noch schneller für klare Verhältnisse zu sorgen – und beim übernächsten Mal auch.

Leider hat nicht jeder von uns dieses Glück, und nicht immer. Dass die Verleugnung der eigenen Identität für LGBTIQ*-Personen in manchen Unternehmen ganz einfach zur Jobbeschreibung gehört, zeigt das Beispiel von Sebastian. Denn für ihn war ein selbstgesteuertes Comingout keine Option. Genau genommen kam es von vornherein überhaupt nicht infrage.

Sebastians[7] Story:
Wenn die Persönlichkeit auf Eis liegt

Rückblickend bin ich generell unter dem Radar geflogen, nach dem Motto: Nur nicht auffallen, denn dann könnte ja jemand etwas über mein Privatleben herausfinden. Das war vielleicht auch eine gute Entschuldigung, um nicht erstklassig zu sein. Ich hielt mich zurück, um nicht aufzufallen, damit niemand irgendwelche Fragen stellt.
Geradezu notwendig war die Heimlichtuerei während eines langen Auslandsaufenthaltes. Von 2004 bis 2010 war ich als Freiberufler für einen deutschen Mittelständler auf einer Baustelle in Libyen. Eine Zeitlang wohnten der Baustellenleiter, der Polier und ich sogar zusammen im selben Haus. In

dieser Zeit lag mein Privatleben – abgesehen von wenigen heimlichen Begegnungen hinter verschlossenen Türen – sozusagen auf Eis. Ich konnte meine Identität überhaupt nicht offen ausleben, sondern nur in sehr engen Grenzen heimlich und unter hohem Risiko. In dieser Zeit konnte ich spüren, was für eine unglaubliche persönliche Einschränkung das darstellt.

Das Versteckspiel hatte sowohl berufliche als auch kulturelle Gründe. Die Kollegen in Deutschland wussten von meiner Sexualität. Aber im streng muslimischen Libyen war ein Outing vor den einheimischen Kollegen undenkbar. Selbst wenn sie persönlich damit hätten umgehend können – dort sind homosexuelle Handlungen nicht nur vollkommen tabuisiert, sondern auch strafbar. Wäre ich mit einem Mann erwischt worden, hätten ernsthafte Konsequenzen gedroht. Im Zweifel hätte ich nicht nur das Projekt verloren und das Land verlassen müssen. Im schlimmsten Fall wäre ich in einem libyschen Gefängnis gelandet, wo mir wer weiß welche Strafe und Behandlung gedroht hätten.

Eine wichtige Erkenntnis aus dieser Zeit ist: Wie sehr sich die Einschränkung der persönlichen Freiheit auch auf die berufliche Leistungsfähigkeit und das eigene Potenzial auswirkt, die Karriere leidet darunter. Das ist für mich ganz klar. In dem Moment, wo ich mit mir und meiner Umgebung im Reinen bin, ist alles sehr viel einfacher. Man kann dann sehr viel besser Leistung erbringen, als wenn man sich im Tarnmodus bewegt und möglichst nicht auffallen will. Deshalb ist es mir heute so wichtig, immer und überall kundzutun, was Sache ist.

Angst hat man nie allein

So oder so ähnlich wie Sebastian ergeht es vielen nicht-heterosexuellen Fach- und Führungskräften, bei denen Auslandsaufenthalte zum Job gehören. Eine internationale Befragung des US-amerikanischen Marktforschungsunternehmens Wakefield Research aus dem Jahr 2019 hat gezeigt, wie selbstverständlich es für diese Menschen ist, zeitweise ihre Sexualität zu suspendieren: 97 Prozent der LGBTIQ*-Geschäftsreisenden gaben an, die eigene sexuelle Identität bei beruflichen Auslandsaufenthalten verborgen zu haben. Immerhin wird das Thema bei einigen der besonders wichtigen internationalen Handelspartner:innen politisch und kulturell noch viel mehr tabuisiert als bei uns – etwa in China, Indien oder Russland. In Ländern wie Iran oder den Vereinigten Arabischen Emiraten stehen homosexuelle Handlungen sogar gesetzlich unter Strafe – der Todesstrafe, um genau zu sein. Im Sultanat Brunei werden Homosexuelle noch gesteinigt; nicht nur auf dem Papier, sondern tatsächlich. Unter solchen Bedingungen ist Angst berechtigt, und das Versteckspiel kann auch für deutsche Geschäftsreisende ein lebensnotwendiges Übel sein.

Doch die Angst muss Grenzen haben. Denn Angst ist eine schlechte Karriereberaterin. Sebastians Geschichte ist dafür ein besonders eindrückliches Beispiel: Dass er eine Zeitlang keine Wahl hatte, hat ihm vor Augen geführt, was für einen großen Unterschied ein offener Umgang mit der eigenen Sexualität macht. Und dieser Unterschied manifestiert sich auch in der Performance.

Bei meinen Coachees beobachte ich das immer wieder: Der Mut zum Comingout kann sich nicht nur auf die Lebensgestaltung und die Jobzufriedenheit auswirken, sondern auch auf die Frage, wie weit man es in der Karriere bringen kann.

Wer auf Dauer einen zentralen Teil seiner Persönlichkeit verheimlicht, geht als halber Mensch ins Büro. Halbe Menschen leisten keine ganze Arbeit.

Karriere ist etwas für ganze Kerle und ganze Frauen. Das gilt schon unter normalen beruflichen Umständen in einem offenen, heterogenen, vielleicht sogar bunten Umfeld – also wenn du das Glück hast, in einem offenen Unternehmen zu arbeiten. Dort wirst du als Geheimniskrämer:in immer im Nachteil sein, denn hier spielt deine sexuelle oder geschlechtliche Identität einfach keine Rolle. (Woran du solche Unternehmen erkennst, kannst du in Kapitel 7 nachlesen.) Machst du dich hier unnötig klein, werden deine aufrichtigen – oder mindestens nicht von Selbstzweifeln geplagten – Kolleg:innen dich immer überragen, weil sie sich selbst nicht künstlich begrenzen und den Kopf unten halten.

Klemmschwester ist unter Schwulen eine scherzhafte Bezeichnung für Männer, die nicht zu ihrer sexuellen Orientierung stehen oder sich selbst ihre Sexualität nicht eingestehen. Unter lesbischen Frauen hat der Begriff der »Schranklesbe« dieselbe Bedeutung. Er stammt aus dem Englischen, wo »coming out of the closet« (»aus dem Schrank kommen«) eine geläufige Wendung für das Comingout Homosexueller ist. Der Grund dafür, die eigene Sexualität geheim zu halten oder sogar eine falsche heterosexuelle Fassade zu wahren, ist in der Regel *Internalisierte Homophobie* – die verinnerlichte Ablehnung homosexueller Identität aus Angst vor negativen Konsequenzen. Diese befürchteten Folgen sind sehr oft beruflicher Natur. Klemmschwestern vertreten oft die Meinung, dass Privat- und Berufsleben streng getrennt werden sollten, um einem Comingout aus dem Weg gehen zu können. Problematisch

> ist daran nicht zuletzt die Wirkung auf andere homosexuelle Menschen im selben Umfeld: Klemmschwestern verhalten sich im gesellschaftlichen oder beruflichen Kontext anderen Schwulen gegenüber oft selbst homophob, um von sich abzulenken. Damit wollen sie vermeiden, dass der Umgang mit anderen Homosexuellen zu ihrer eigenen Enttarnung führen könnte.

Noch mehr gereicht dir deine Angst zum Nachteil, wenn du dich in einem bigotten oder sogar offen schwulenfeindlichen Umfeld behaupten musst. Je höher du kletterst, desto weniger kannst du dir Geheimnisse leisten. Um dich in der Männerwirtschaft gegen die Machenschaften der Machos durchzusetzen, musst du ganz genau wissen, wer du bist. Nur dann kannst du deinen Platz im Leben, in der Welt und im Unternehmen behaupten.

Es gibt Institutionen wie den Völklinger Kreis, Einzelakteure und Arbeitskreise in Politik und Wirtschaft sowie Initiativen wie die PROUT AT WORK-Foundation, die sich für die Belange von LGBTIQ*-Menschen in der Wirtschaft und im Arbeitsleben einsetzen. Einige davon stelle ich dir noch vor. Wir können von Glück sagen, dass es solche Einrichtungen und vor allem mutige Menschen gibt, die mit ihrem Beispiel vorangehen. Sie setzen sich aktiv dafür ein, dass diverse Geschlechtsidentitäten am Arbeitsplatz im Idealfall irgendwann einfach kein Thema mehr sein werden. Sie stellen sich in den Wind, damit andere nicht allein sind und weniger Angst haben müssen.

Doch letztlich können die Vorreiter:innen und Ikonen dir den Schritt ins Licht nicht abnehmen. Auf absehbare Zeit ist das Comingout als Meilenstein jeder queeren Karriere alternativlos. Als Mitglied einer Minderheit steht man unweigerlich vor der Aufgabe, einen Umgang mit der eigenen Identität zu finden; ganz besonders im Falle der Sexualität, die man einem Menschen nun mal nicht ansieht.

Diese Aufgabe lässt sich leider nicht delegieren; nicht einmal für die Führungskräfte, CEOs und Vorstände unter uns. Dass du in gewisser Weise anders bist als die Mehrheit in der Männerwirtschaft, ist eine Tatsache – und zwar eine, die man dir immer wieder vor Augen führen wird. Tatsache ist leider auch, dass du dadurch in einer immer noch hochgradig konservativ und patriarchalisch strukturierten Unternehmenslandschaft potenziell angreifbar bist.

Die Frage ist, ob du defensiv oder offensiv damit umgehst. So klar es naturwissenschaftlich, psychologisch, philosophisch und humanistisch betrachtet auch ist, dass alle Menschen gleichwertig sind und gleichberechtigt sein sollten: Unser Leben müssen wir in der Realität führen. Und die ist nicht immer fair und gleichberechtigt, sondern oft diskriminierend und ungerecht. Vor dieser Tatsache kannst du dich verstecken, indem du unter dem Radar fliegst und dich möglichst unauffällig verhältst. Nur musst du dich dann auch mit dem Platz abfinden, den die Welt und die Männerwirtschaft dir zuweisen. Um Karriere zu machen, muss man in aller Regel auffallen. Wer unerkannt bleiben will, kann nicht entdeckt werden.

Wer du als Mensch mit deiner Art zu leben und zu fühlen einerseits und als Kolleg:in, Expert:in oder Führende:r andererseits bist, kannst du auf Dauer unmöglich trennscharf auseinanderhalten. Es ist schwierig, bei einer Präsentation Gas zu geben, wenn du Angst hast, irgendwie »schwul rüberzukommen«. Du kannst nicht hundert Prozent liefern, wenn du deine Worte und Gesten und Ausdrucksmöglichkeiten limitierst und einer innerlichen Prüfung unterziehst. Du kannst nicht überzeugend deine berufliche Rolle ausfüllen, ohne für dich selbst und deine Überzeugungen einzustehen. Wie willst du als der Mensch geschätzt und befördert werden, der du bist, wenn du der Welt nur eine retuschierte Version von dir zeigst? Es mag wohl möglich sein, auf diese Weise Karriere zu machen – aber welche Art von Karriere, zu welchen Bedingungen? Was ist der Preis, den du dafür zahlst?

Oder du kannst aus der Deckung kommen und für dein Recht auf Gleichbehandlung einstehen. Nur dann wirst du zeigen können, wer du wirklich bist und was du wirklich kannst. Erst dann wirst du dein ganzes Gewicht in die Waagschale werfen können, wenn du mit deinen heterosexuellen Kollegen verglichen wirst. Machen wir uns nichts vor: Du brauchst starke Argumente, um diesen Vergleich zu gewinnen – leider. Die meisten Führenden besetzen offene Stellen immer noch nach Ähnlichkeit, nicht nach Unterschieden. Warum? Überraschung: Auch ihnen ist das Prinzip Angst nicht fremd.

Warte nicht darauf, dass sich etwas ändert. Nimm es in die Hand. Das Comingout ist der erste Schritt. Zwar müssen die meisten von uns ihn in jedem neuen Unternehmen, in jedem neuen Team und bei jedem neuen Kunden wieder und wieder gehen. Doch die gute Nachricht ist: Es wird jedes Mal ein bisschen leichter. Wenn du erst einmal die Erfahrung gemacht hast, wie befreiend das Comingout sich anfühlt, ist der Sog dieser Freiheit bald schon stärker als die Angst.

Wenn du noch zweifelst, führ dir eines vor Augen: Jede:r einzelne, der sich outet, macht es allen anderen leichter, die nach ihr oder ihm kommen. Dein Mut macht den Unterschied. Ohne dich geht es nicht voran. Angst hat man nie allein – Erfolg allerdings auch nicht. Wir können nicht darauf warten, dass die Gesellschaft, die Politik, die Führung oder irgendeine andere Institution das für uns übernehmen. Unsere Aufgabe ist es, offensiv dafür einzutreten, wer wir sind, wie wir leben, wofür wir stehen. Zu diesem Schritt sind wir als Teile der queeren Community, als Mitglieder der Gesellschaft, als Freund:innen und Familienmitglieder, als Mitarbeitende wie Führungskräfte verpflichtet. Selbstbewusstsein ist buchstäblich etwas, worum man sich selbst kümmern muss. Aber es betrifft uns nicht allein. Wir sind dafür zuständig, Grenzen einzureißen; an uns ist es, Grenzen aufzuzeigen. Wir müssen unsere Rechte einfordern; wir sind die einzigen, die unsere Rechte wahrnehmen können. Wir sind ein Teil der Gemeinschaft, in der wir leben und arbeiten; wir sind verantwortlich, diese Gemeinschaft mitzugestalten. Dein Comingout ist persönlich – dein Comingout ist Ehrensache.

Angst ist eine schlechte Berater:in. Nimm ihr das Stimmrecht in deinem Leben, und die Drohkulisse der Männerwirtschaft wird keine Macht mehr über dich haben.

Mein Moment der Wahrheit

Ich selbst habe mich in meinen jungen und nicht mehr ganz so jungen Jahren viel zu oft von der Angst steuern lassen. Für eine Weile war Angst die vorherrschende Emotion in meinem Berufsleben, teilweise auch darüber hinaus. »Was könnte passieren, wenn …?« Diese paranoide Frage hatte die Macht über meine Entscheidungen, über mein Verhalten, sogar über mein Denken. Aus Vorsicht blieb ich in Deckung und bewusst hinter meinen Möglichkeiten zurück.

Von ungefähr, das muss ausdrücklich gesagt werden, kommt diese Angst nicht – weder bei mir noch bei all den anderen schwulen Männern, die davon betroffen sind. Homophobie ist leider kein Gerücht, und Diskriminierung für viele von uns an der Tagesordnung. Ich selbst bin sogar auf offener Straße schon mit Gewalt bedroht worden. Mehrfach. Lass dir die Deutungshoheit über deine Wahrnehmung nicht von Familienmitgliedern oder Kolleg:innen mit heteronormativem Tunnelblick streitig machen: Die Homophobie ist nicht ausgestorben, die Diskriminierung hat nicht mit dem Dritten Reich geendet, und die Dummheit stirbt ganz gewiss nicht so bald aus.

Dass viele Heterosexuelle Homophobie nicht wahrhaben wollen und uns diese in manchen Fällen sogar offen streitig machen, heißt nicht, dass die Bedrohung nicht existiert. Es heißt nur, dass sie sie nicht wahrnehmen. Das ist eines der konstituierenden Merkmale der Lebensrealität von Minderheiten: Die Mehrheit kann ihre Ängste oft nicht nachvollziehen. Meistens braucht es persönliche Berührungspunkte mit dem Thema im engsten Umfeld oder dramatische Ereignisse in der Öffentlichkeit, damit Menschen über den Tellerrand blicken. Auf beides kannst du in deinem Umfeld nicht warten. Du kannst und du sollst für Veränderungen kämpfen. Aber bis wir diesen Kampf gewonnen haben, müssen du und ich mit der Realität klarkommen, in der wir leben.

Was du allerdings sofort, in deinem eigenen Tempo und in dramatischem Ausmaß verändern kannst, ist dein eigenes Denken und Handeln. Diese gedankliche Kurve habe ich selbst viel zu lange nicht gekriegt. Sogar, als ich mich mit Anfang dreißig selbstständig machte, war das Comingout im Beruf für mich noch keine Selbstverständlichkeit. Ein weiteres, ein letztes Mal haderte ich mit mir selbst. Bei jedem Workshop, bei jeder neuen Teilnehmer:innengruppe ging der Eiertanz aufs Neue los – aus Angst, das zarte Pflänzchen des Erfolgs in meinem neuen Trainingsunternehmen aufs Spiel zu setzen. Privat lebte ich längst völlig offen, und auch unternehmerisch hatte ich den Schritt ins Ungewisse gewagt. Doch um mich endlich bedingungslos als der ganze Mann zu zeigen, der ich bin, fehlte mir noch immer der Mut. Bei jeder Vorstellungsrunde zu Beginn eines Workshops fragte ich mich aufs Neue:

Kann ich es heute riskieren? Kann diese Gruppe damit umgehen? Soll ich, oder soll ich nicht? Manchmal traute ich mich, manchmal nicht – meistens nicht.

Eines Tages winkte das Schicksal dann mit dem Zaunpfahl. Das Schicksal hieß eigentlich Kerstin, und der Zaunpfahl war ein Zettel. Kerstin war eine ehemalige Kollegin aus der JVA, zu der ich während meiner Zeit dort eine sehr enge, freundschaftliche Beziehung gepflegt hatte. Sie gehörte zu den wenigen, denen ich schon damals reinen Wein über meine Identität eingeschenkt hatte. Während ich in einem der sogenannten Fachdienste des Strafvollzugs gearbeitet hatte, nämlich im Sozialdienst, hatte sie zum Allgemeinen Vollzugsdienst gehört – also zu den uniformierten Kolleg:innen, die im Strafvollzug für Sicherheit und Ordnung zuständig sind. Ohne auf irgendwelchen Klischees herumreiten zu wollen: Kerstin, die Schließerin, war hart, aber herzlich – eine Frau, der nichts Menschliches fremd war. Und genau diesen Maßstab legte Kerstin auch bei ihren Mitmenschen an. Für alles andere als Authentizität war in ihrem Weltbild kein Platz. Wer lange genug im Strafvollzug gearbeitet hat, blickt ohnehin mühelos hinter jede Maske.

Manchmal wünsche ich mir, die Personaler:innen in unseren Unternehmen würden sich ein Beispiel an dieser menschenfreundlichen, Bullshit-feindlichen Haltung nehmen, mit der Menschen wie Kerstin durchs Leben gehen. Sie sehen das Potenzial eines Menschen aus einer Perspektive, die realistischer ist, als jeder Bewerber-Fragebogen es jemals sein könnte.

Fast ein Jahrzehnt nach meiner Zeit in der JVA – inzwischen hatten wir uns trotz aller Sympathie aus den Augen verloren – gab ich ein Seminar an der Justizakademie des Landes Nordrhein-Westfalen in Recklinghausen. Erst kurz zuvor hatte ich dort im Rahmen eines knallharten Auswahlverfahrens den Zuschlag zur Durchführung von Führungskräftetrainings erhalten. Als ich an jenem Morgen den Seminarraum betrat und die Reihen der Teilnehmer:innen entlangblickte, traute ich meinen Augen nicht: Da saß Kerstin und grinste mich an, als sei seit unserer letzten Begegnung kein Tag vergangen.

Zum Format meiner Trainings gehörte damals auch, dass die Teilnehmer:innen mir anonym Fragen stellen konnten, die sie auf Zettelchen notierten und in einen Karton warfen. Während der Vorstellungsrunde las ich die anonym eingeworfenen Fragen dann vor und antwortete darauf. Als ich an diesem Tag in den Karton griff, hielt ich plötzlich einen Zettel in der Hand, der mir im ersten Moment den Angstschweiß auf die Stirn trieb. Jemand hatte die Frage darauf geschrieben: »Ist der Matthias schwul?«

Zuerst verfiel ich, wahrscheinlich knallrot im Gesicht, in das alte Muster des Herumdrucksens: »Über diese Frage bin ich jetzt doch etwas erstaunt.« An dieser Stelle hielt ich inne, schluckte – und fasste mir kurzentschlossen ein Herz. »Aber da ich ja versprochen habe, alle Fragen zu beantworten, werde ich auch diese nicht auslassen. Die Antwort lautet natürlich: ja, klar!«

Zuerst brachen sämtliche Teilnehmer:innen in schallendes Gelächter aus. Dann applaudierten sie und johlten mir zu. Und dann war das Thema gegessen.

Kerstin gestand mir später, was ich nach dem ersten Schreck sowieso vermutet hatte: Der Zettel stammte von ihr. Erst einmal war ich geschockt. »Warum?«, fragte ich sie. »Ich wollte mir nur einen Spaß erlauben«, antwortete sie. »Nach all der Zeit bin ich davon ausgegangen, dass das langsam mal kein Thema mehr sein dürfte.«

Liebe Kerstin, du personifizierter Zaunpfahl der Selbsterkenntnis: Recht hattest du.

Das war der Tag, an dem der innere Spießrutenlauf ein für alle Mal endete. Die positive Reaktion der Gruppe war das Schlüsselerlebnis, das mir gefehlt hatte, um endlich mein Verhalten zu ändern und fortan proaktiv für klare Verhältnisse zu sorgen. Seitdem erwähnte ich bei jeder Vorstellungsrunde meinen Beziehungsstatus, so wie meine Teilnehmer:innen von ihren Familien sprachen. Mehrere Comingouts pro Woche, und mit jedem wurde es noch ein bisschen leichter. Anfangs kam es mir noch schwer über die Lippen – ein wenig wie damals in Franks WG-Küche. Doch irgendwann herrschte in meinem eigenen Kopf endlich Normalität. Da begriff ich: Ich kann alle anderen nicht zwingen, mich für normal zu halten – sehr wohl aber mich selbst. Seitdem kommt es mir ganz selbstverständlich über die Lippen, wenn ich sage: »Ich lebe mit Mann und Hund in einem Pfarrhaus in Köln.«

Ich will dir nichts vormachen: Die Homophobie ist real, die Drohkulisse existiert, und die Fälle geknickter Karrieren sind dokumentiert. Viel zu viele der Geschichten und Schicksale in diesem Buch treten den Beweis an, dass der Kampf um Gleichberechtigung noch immer bitter nötig ist. Doch nichts davon hat auch nur annähernd die Kraft eines Menschen, der bereit ist, für sich einzustehen. Nichts und niemand kann dich aufhalten, wenn du es nicht zulässt – und auch dafür gibt es genügend aufrüttelnde Beispiele. Das aber, was deinem Leben und deiner Laufbahn in Freiheit wirklich im Weg steht, ist die Angst. Und die ist in deinem Kopf.

Ja, der Matthias ist schwul. Die Welt da draußen ist noch lange nicht gut so, aber das geht in Ordnung.

KAPITEL 2

DIE UNSICHTBARE ELITE

Warum schwule Überflieger sich nicht outen

Das queere Vorbild-Vakuum

Was tut Mann, wenn er an seiner Karriere arbeiten will? Ist doch klar: Er sucht sich Vorbilder, die ihm zeigen, wie das geht. Erfolgreiche Menschen, die ihre Rezepte gern teilen, gibt es schließlich genügend: von mittelständischen Weltmarktführer:innen über schamlose Immobilienhaie bis hin zu regelbrechenden, lederbejackten Rockstars des inspirierend-empathisch-agilen Achtsamkeits-Responsibility-Growth-Managements (digital oder nicht) ist unter den Karriere-Expert:innen und Job-Ratgeber:innen wirklich für jeden etwas dabei – egal, ob man noch nach der eigenen Berufung sucht, in einer veritablen Karrierekrise steckt oder auf dem Weg die Konzernleiter hinauf einfach bloß nichts verbocken will. Wo auch immer der Unterstützungsbedarf liegt: Karrierewillige können sich vor Held:innen kaum retten. In der Buchhandlung können sie blind ins Regal greifen und werden einen strahlenden He(te)ro finden, der ihnen den Marsch bläst.

Schwule Männer können das nicht. Andere LGBTIQ*-Karriereanwärter auch nicht. Wir müssen unsere Helden in den Bestsellerlisten, auf den Zeitschriften-Covern und in den Wirtschaftsnachrichten noch immer mit der Lupe suchen. Da hilft uns leider auch unser Gaydar nicht wirklich weiter. Denn was nützen uns Gerüchte und Erfolgsgeschichten, die wir uns nur hinter vorgehaltener Hand erzählen?

Davon, und spätestens hier wird das queere Vorbild-Vakuum zu einem Skandal, gibt es seltsamerweise unzählige. Jeder schwule Mann – und wahrscheinlich auch der eine oder andere heterosexuelle Flurfunker, der etwas auf sich hält – kann dutzendweise Geschichten über schwule Männer erzählen, die Karriere gemacht haben. Kann, darf aber nicht. Das muss nämlich unbedingt unter uns bleiben. Und da bleibt es natürlich auch. Wäre ja noch schöner, wenn wir einander in den Rücken fallen und uns damit das bisschen Solidarität und Sicherheit nehmen, das vielen von uns in ihren Diversity-feindlichen Karriereumfeldern bleibt. Natürlich schützen wir einander, auch wenn wir selbst längst geoutet sind und das Versteckspiel ablehnen.

Auch in diesem Buch wird niemand zwangsgeoutet, entlarvt oder bloßgestellt. Nicht, weil ich die Entscheidung gegen das Comingout oder für ein Comingout interruptus richtig fände. Sondern weil ich finde, dass jeder einzelne Mensch mit nicht heteronormativer Geschlechtsidentität auf dem Planeten diesen Schritt selbstbestimmt gehen sollte. Gerade deshalb brauchen wir ja so dringend schwule Vorbilder in der Wirtschaft: Damit sich endlich jeder traut. Schwule Männer mit Ambitionen brauchen den lebenden Beweis, dass man offen schwul Karriere machen kann, und zwar überall.

Natürlich weiß ich, dass es die offen schwulen Karrieren gibt – genauso wie die bunten, offenen, vollkommen gleichberechtigten Unternehmen. Von ihnen können wir in der Tat viel lernen. Es gibt sie nur leider viel zu selten bis gar nicht da, wo die deutsche Wirtschaft ihr vielzitiertes Rückgrat hat und die absolut überwiegende Zahl von uns arbeitet: in den weniger bunt und international aufgestellten Konzernen, im Mittelstand, in der öffentlichen Verwaltung, in der Provinz, in der Industrie, im produzierenden Gewerbe – und so weiter, und so fort. Dass mit dem Gesamtmetall-Chef Stefan Wolf seit Ende 2020 ein (zu diesem Zeitpunkt noch recht frisch geouteter) schwuler Manager eines der höchsten *politischen* Wirtschaftsämter im Land übernehmen konnte, ist ein gutes Vorzeichen.[8] Mehr ist es leider (noch) nicht; die Karrieren von Mitarbeitern werden nicht in der Verbandsarbeit gemacht, sondern inhouse.

Warum gibt es dort, wo es von Vorbildern nur so wimmeln müsste, nämlich auf der allerhöchsten Führungsebene in den größten Unternehmen und Unternehmensgruppen, nach wie vor so gut wie kein einziges? Der Grund dafür ist nicht etwa die Bescheidenheit queerer Überflieger:innen, die einfach kein großes Ding daraus machen. Genauso unsinnig ist die merkwürdige Schutzbehauptung, die sich die Pseudo-Toleranten mit den Karriereristen im rosa Tarnfleck teilen: dass die Sexualität schließlich »niemanden etwas angehe«. Bitte, Männer! Wer schon mal den Herrenwitzen einer High-Potenz-, Verzeihung: High-Potential-Runde, den Prahlereien beim abendlichen Umtrunk während einer mittelständischen Vertriebstagung oder den sexistischen Flachwitzen einer Altherren-Vorstandsrunde ausgesetzt war, kann nicht ernsthaft glauben, dass Sex in deutschen Unternehmen kein Thema wäre.

O nein, so einfach dürfen wir es uns nicht machen, und denen schon gar nicht. Der Grund für das schwule Vorbild-Vakuum ist einzig und allein die Angst, die selbst die Erfolgreichsten von uns in Schach hält.

Da fragt man sich doch: Warum bloß?

Die Antwort in aller Kürze: Weil schwul zu sein in der deutschen Wirtschaft leider nicht als so normal betrachtet wird, wie die politisch Korrekten unter den Wahrnehmungs-Manager:innen gern behaupten. Zugegeben, solange man nicht allzu genau hinsieht, kann man das »Schwulenproblem« der deutschen Wirtschaft leicht wegreden, indem man auf Nebenkriegsschauplätze ausweicht: In Deutschland können offen schwule Männer inzwischen Bundesminister und Vizekanzler werden, solange sie nicht zu oft oder zu laut darüber reden. Aber Manager, geschweige denn Top-Manager?

Leider kann ich die Diagnose trotz allen theoretischen Fortschritts der letzten Jahre nicht guten Gewissens relativieren: Homosexualität ist eines der letzten Tabus in unseren

Führungsetagen. Wer als Mann Männer liebt, stößt in der Männerwirtschaft noch immer viel zu oft an eine gläserne Decke. Deshalb ist der durchschnittliche schwule Manager vor allem eines: unsichtbar. Und genau dasselbe gilt für alle anderen LGBTIQ*-Manager:innen.

Zwar kann man – abhängig von Branche und Unternehmenskultur – durchaus Karriere machen und schwul sein. Viele der Geschichten in diesem Buch zeugen davon, dass das eine das andere nicht automatisch ausschließt, solange man sich an die ungeschriebenen Regeln der Männerwirtschaft hält. Schwul Karriere machen dagegen, das ist auch im Jahr 20 nach Wowereit immer noch ein Problem.

Apropos Wowereit: Seine Geschichte ist für die Politik genau das, was wir in der Wirtschaft so dringend brauchen. Denn er hatte tatsächlich den Mumm, sich an einer Sollbruchstelle seiner Karriere zu outen und voll ins Risiko zu gehen, weil er eben nicht im Tarnkappenmodus aufsteigen wollte. Sein öffentliches Comingout fand bei dem Parteitag statt, bei dem seine Nominierung als SPD-Kandidat für das Amt des Regierenden Bürgermeisters von Berlin bekanntgegeben wurde. In einer vorgelagerten Fraktionssitzung hatte er sich bereits vor den Genossen geoutet.[9] Am 10. Juni 2001 sprach Klaus Wowereit dann den wohl bekanntesten gleichstellungspolitischen Satz der bundesdeutschen Geschichte in die Fernsehkameras: »Ich bin schwul – und das ist auch gut so.«

Fanden übrigens nicht alle: Einige Wegbegleiter hatten ihm abgeraten, wie Wowereit selbst später berichtete. »Es war ja das erste Mal, dass sich ein aktiver Politiker outet. Niemand wusste, wie die Öffentlichkeit reagieren würde.«[10] Ob es ihm innerhalb seiner politischen Generation tatsächlich doch irgendwie geschadet hat, wissen wir nicht. Fakt ist: Auf dem Posten des Regierenden Bürgermeisters endete die Karriere dieses beliebten, machtbewussten, vielbeachteten Politikers, obwohl er immer wieder für höhere Ämter gehandelt worden war.

Die Wirtschaft hat bis heute keinen Klaus Wowereit: einen, der wirklich mal ein Thema aus dem macht, was auf den Tisch gehört, und sich dafür offen als Identifikationsfigur anbietet. Nicht heterosexuellen Karrierewilligen, Führungskräften, Manager:innen und Mitarbeitenden fehlt es auch Jahrzehnte nach dem Erstarken der Schwulenbewegung, trotz Homo-Ehe und geouteter Polit-Prominenz, noch immer an Vorbildern. Top-Manager:innen, die sich, wenn überhaupt, erst nach Karriereende outen, sind der lebende Beweis: Der Preis für die Karriere ist oft nach wie vor die konsequente Selbstverleugnung.

Die Vorbilder, die keine sein wollen

Der wahrscheinlich bekannteste schwule Manager Deutschlands ist keiner mehr. Thomas Sattelberger hat eine lange, sensationell erfolgreiche Konzernkarriere hinter sich. Viele Jahre lang war er Vorstand der bitteschön nicht pink-, sondern magentafarbenen Telekom. Sattelberger outete sich zu einem Zeitpunkt, als ihm nichts mehr passieren konnte: nach dem Ende seiner Karriere im September 2014.

Wie er dem »Spiegel« wenige Monate später erklärte, hat er es auch dann noch nicht freiwillig getan, sondern auf Druck der Medien. Kurz zuvor hatte sich mit Thomas Hitzlsperger nämlich der erste Fußballprofi geoutet – ebenfalls nach dem Ende seiner Laufbahn als Spieler. Viele wollten darin einen Trend sehen: Wenn sich nun sogar schon die (ehemaligen) Fußballer trauen, muss es doch auch mal dem (ehemaligen) Top-Management gelingen!

In dem Gespräch sprach Sattelberger auch aus, warum er in all den Jahren als Vorstand nie Farbe bekannt hatte. Wenn man sich als Spitzenmanager oute, müsse man »immer damit rechnen, dass diese Information irgendwann gegen Sie verwendet wird«. Das Top-Management, so sein Vorwurf, klone seine Nachfolger, und Konzernzentralen seien eine »Schule der Intrigen«.[11]

Einige Beispiele, von denen du hier noch lesen wirst, geben ihm recht. Dennoch sind solche Einlassungen von einem pensionierten Manager zu wenig, zu spät. Im Versteckspiel von Männern wie Thomas Sattelberger ist letztlich auch einer der Gründe zu suchen, warum schwule Manager sich weiterhin bedeckt halten – in einer der erfolgreichsten Volkswirtschaften der Welt, die sonst in so vielen Belangen weltweit eine Führungsrolle einnimmt. Wenn einer wie Sattelberger das Comingout von Apple-Chef Tim Cook als »Marketinggag« bezeichnet, der den »Voyeurismus« bediene, sendet er damit meiner Meinung nach eine fatale Botschaft an die nachfolgende Managergeneration: Macht es wie ich, alles andere ist unanständig.[12]

Sattelberger betonte in dem Interview, er habe das Comingout extra so unauffällig wie möglich nebenbei erledigt. Damit habe er reißerische Schlagzeilen vermeiden wollen. Ernsthaft? Die Diskussion um die gesellschaftlich angenehme Lautstärke sogenannter Randgruppen ist so alt wie die Gleichstellungsdebatte selbst. Die Position vieler konservativer Stimmen, und leider auch die mancher Betroffenen wie Sattelberger, findet naheliegenderweise viele Sympathien: Macht doch, was ihr wollt, aber bitte auf Zimmerlautstärke.

Ich will diese Sichtweise niemandem absprechen; man kann zur konkreten Ausgestaltung von Veranstaltungen wie den alljährlichen Paraden zum Christopher Street Day und dem konsequent klischeehaften Habitus mancher schwulen

Medien-Ikone stehen, wie man will. Ich laufe da auch nicht in Hotpants durch Köln, so wie ich die Aktenordner in meinem Büro nicht nach Regenbogenfarben sortiere. Doch Meilensteine wie die Abschaffung von Paragraf 175, weitgehende Gleichstellung vor dem Gesetz und die Homo-Ehe wurden nicht dadurch erreicht, dass schwule Männer und lesbische Frauen sich möglichst unauffällig verhalten haben. Es gibt einen Grund, warum die Pride-Bewegung so heißt, wie sie heißt. Wenn queere Manager:innen nicht einmal stolz ihre Identität tragen dürfen – wie sollen sie jemals ihre Unsicherheit überwinden? Wie soll es ihnen gelingen, sich als gleichwertig zu betrachten und sich selbstbewusst im Ego-Spiel Karriere zu behaupten?

In vielen Führungsetagen gibt es außerdem kein ausreichendes Problembewusstsein. Das liegt zum einen daran, dass zu wenig Druck von außen kommt – politisch und wirtschaftlich. Zum anderen liegt es aber auch daran, dass es an Druck von innen fehlt. Und für den müssen die schwulen Führungskräfte selbst sorgen. Solange wir keinen Dampf machen, herrscht weiter der Eindruck vor, dass jeder offen schwule Kandidat für einen Chefposten leicht ersetzbar ist. Warum sollte man irgendetwas für eine Gruppe verändern, die gefühlt gar nicht existiert? Warum ausgerechnet den Exoten befördern? Warum dem Mann vom anderen Ufer das Ruder überlassen?

Patriarchen und männlich dominierte Aufsichtsräte stellen berechenbare Kandidat:innen ein. Sie wollen verstehen und kontrollieren können, wie die Führungskräfte in ihrem Unternehmen ticken. In dieses Bild von Führung passt ein schwuler Kandidat nicht rein, der bewiesen hat, dass er für sich einstehen kann und sich im Zweifel nicht wegducken wird, wenn es zu Problemen oder Konflikten kommt. Und Frauen, herrje, kommen in vielen Häusern genauso wenig zum Zug! Die Tendenz, Führungspositionen nach Schema F zu besetzen, macht es anderen Bewerbern leicht, den schwulen Konkurrenten loszuwerden – sei es durch Manipulation im Hintergrund oder durch offenes Mobbing.

Es sei denn natürlich, der Anwärter ist ein Mann ohne Unterleib – ein Führungs-Roboter mit identitärem Vakuum. Ein solcher Manager kann sich für das Unternehmen bis zur Unkenntlichkeit verbiegen und stellt das täglich unter Beweis, indem er mit seiner Persönlichkeit hinterm Berg hält. Wer bereit ist, das Unternehmen vor die eigene Identität zu stellen, kann je nach Führungskultur sogar ein hervorragender Kandidat für einen Chefposten sein. Auf diese Weise kann man in vielen deutschen Unternehmen tatsächlich Karriere machen und schwul sein. Problematisch wird es, wenn man versucht, schwul Karriere zu machen.

Das ist der Grund, warum schwule Manager sich nicht outen. So kommt es, dass diejenigen, die Vorbilder sein könnten, sich dieser Rolle entziehen – Menschen wie Thomas Sattelberger und einige, die du in diesem Kapitel noch kennenlernst. Deshalb fehlt es jungen Männern, die Karriere machen und dabei ihrer Identität treu bleiben wollen, noch heute an Vorbildern.

Das Ergebnis: ein ungebrochenes *perpetuum mobile* der Karriereangst, das sich von einer Managergeneration auf die nächste überträgt. Und das alles, weil schwule und andere Führende eben nicht das tun, wofür sie verantwortlich sind: Menschen unterstützen und mit ihrem Verhalten ein Vorbild sein.

Christians Story:
Die Angst im Nacken

Als ich den Job bei einem großen Finanzdienstleister antrat, stand ich auf meiner persönlichen Out-Skala so ungefähr bei 5 von 10: Privat war ich offen. Auf der Arbeit in einem süddeutschen Traditionsunternehmen wussten nur meine engsten Mitarbeiter und mein direkter Vorgesetzter so das Nötigste. Auf keinen Fall wollte ich, dass diese Info im Unternehmen die Runde macht. Die Vorstellung, mich vor größerer Runde erklären zu müssen, war mir ein Horror.
Warum? Weil ich selbst noch ein großes Problem mit meiner Sexualität hatte. Das Thema war mit einer großen Angst und starken Stresssymptomen behaftet. Ich war einer von denen, die mindestens zwanzig Prozent ihrer Energie verschwenden, weil sie die ganze Zeit unter Stress stehen. Ich habe zwar nie gelogen, aber ich war immer darauf bedacht, bloß nichts Falsches zu sagen. Wenn ich Kollegen tuscheln sah, fragte ich mich unweigerlich: Reden die über mich?
Damals war mir das alles selbst nicht so bewusst. Heute weiß ich, das war die Angst vor Ausgrenzung, vor Ablehnung und vielleicht auch vor Nachteilen. Leider wurde diese Angst auch bald durch ein sehr krasses Erlebnis mit einem Kollegen bestätigt, was mich kurzzeitig noch weiter in meiner Entwicklung zurückwarf. Zumal mein Vorgesetzter, dem ich mich schweren Herzens anvertraut hatte, mich in dieser Situation kein bisschen unterstützte.
Mir haben diese Erfahrungen am Ende geholfen, mich zu überwinden und aus dem Schatten zu treten. Aber ich weiß aus vielen Beobachtungen und Erzählungen, dass je nach Persönlichkeit auch genau das Gegenteil passieren kann. Viele sind danach gebrochen und trauen sich erst recht nie mehr, offen dazu zu stehen, wer sie sind.

Die Sollbruchstellen der Karriere

Christian ist leider kein Einzelfall. Viele LGBTIQ*-Mitarbeitende in deutschen Unternehmen führen wie er ein Doppelleben. Manche finden da irgendwann heraus – wie Christian. Andere bleiben ein Arbeitsleben lang in ihrem inneren Karriere-Knast gefangen. Als steckten sie im Fegefeuer fest, leben sie in ständiger Erwartung des Supergaus. Gleichzeitig schaffen sie aber auch nicht aus eigener Kraft den Absprung in eine andere, bessere Lebenswirklichkeit.

Dass viele, wie Christian es beschreibt, von schlechten Erfahrungen nur noch tiefer in ihr qualvoll enges Versteck getrieben werden, ist schlimm genug. Meine Erfahrung mit einem breiten Querschnitt der deutschen Unternehmenslandschaft und meine Gespräche mit Männern wie Christian sprechen außerdem dafür, dass jedes individuelle Schicksal auf ein kollektives Problem verweist: Je höher schwule Männer auf der Karriereleiter geklettert sind, desto geringer scheint die Wahrscheinlichkeit zu sein, dass sie sich outen. Beruflicher Erfolg scheint sich bei schwulen Männern unterschiedlich auszuwirken: Bei den einen führt er dazu, dass sie aus dem wachsenden Selbstbewusstsein, das aus dem beruflichen Standing erwächst, nach und nach den Mut entwickeln, sie selbst zu sein. Bei den anderen überwiegt auch nach Jahren noch die Angst davor, das Erreichte wieder zu verlieren, wodurch die Heimlichtuerei und die innere Spaltung noch verstärkt werden.

Auf solche Fälle stieß ich auch bei einigen meiner Gespräche mit schwulen Managern im Rahmen der Recherchen. Die durchaus exemplarischen Karriere-Geschichten von Thorben[13], Ronald[14] und Michael[15] etwa haben es – trotz Versprechen der Anonymisierung – aus eben diesem Grund nicht in dieses Buch geschafft. Sie alle führten denselben Grund dafür an, dass sie nicht offen interviewt werden wollten: Sie waren in Sorge, dass ihr jeweiliger Arbeitgeber davon erfahren und ihre weit fortgeschrittenen Karrieren dadurch einen Dämpfer bekommen oder sogar enden könnten.

Alle drei erklärten sich mit sehr unterschiedlichen Formulierungen: »Das ist mit mir nicht zu machen«, so Thorben. »Bevor ich nicht für das geplante Vorstandsmandat bestätigt worden bin, kann ich mir so etwas nicht leisten.« Zum Hintergrund: Der Mann, der sich »so etwas nicht leisten« kann, fährt einen sündhaft teuren Sportwagen. Nach einer extrem erfolgreichen Karriere in einem Umfeld, wo ein Outing im Vergleich zu einer typischen Konzernkarriere ein überschaubares Problem gewesen wäre, braucht er schon lange keine Vorstandsmandate mehr, um abgesichert zu sein.

Ronald wiederum stand kurz vor seiner Ernennung zum Bereichsvorstand einer großen Unternehmensgruppe. Er fand andere, nicht minder typische Worte, als er meinen Vorschlag eines Interviews für meinen Podcast ablehnte: »Das ist mir an dieser Sollbruchstelle meiner Karriere zu riskant«, ließ er mich wissen. »Ich werde jetzt Vorstand, da muss man höllisch aufpassen.« Keine Frage: Risikoabwägungen sind eine sehr individuelle Angelegenheit. Von einem existenziellen Risiko kann auch bei ihm allerdings keine Rede sein.

Ein drittes Beispiel ist Michael, der ein großes Unternehmen leitet. Er führt mehr als 100 000 Mitarbeiter an bundesweit unzähligen Standorten. Na also, es geht doch? Keine Frage: Michael hat eine Bilderbuch-Karriere hingelegt. Auch er hat all das allerdings im Verborgenen erreicht. Erst als er nach Ablauf seines Vertrages noch einmal in der Vorstandsrolle bestätigt worden war und damit dem beschlossenen Ende seiner Karriere entgegensah, hat er sich öffentlich geoutet.

»Warum bist du in der Firma nicht geoutet, Michael?«, hatte ich ihn einige Zeit davor noch gefragt.

Die Antwort: Michael traute sich nicht, gerade weil er es so weit gebracht hatte. »Ich muss abwarten, bis ich in meinem Mandat bestätigt worden bin. Vorher darf das nicht passieren.« Denn mit Ablauf dieses Mandats war Michael bereit, in den Ruhestand zu gehen.

Wieder ist es ein millionenschwerer Top-Manager, der das ausgesprochen hat. Und genau hier liegt der Hase im rosa Pfeffer: Solange selbst die erfolgreichsten von uns die eigene Identität als etwas betrachten, das in deutschen Unternehmen »nicht passieren darf«, kann von Diversity, geschweige denn Normalität, überhaupt keine Rede sein. Die Verantwortung dafür tragen eben nicht nur die Täter, nicht nur die mobbenden Arschlöcher unter den Management-Kollegen, nicht nur die stockkonservativen Patriarchen, nicht nur die veränderungsresistenten Spießer, die das Management nach wie vor mehrheitlich im Griff haben. Schuld haben auch wir selbst, weil wir sie gewähren lassen, indem wir uns weiter verstecken. Wir vertiefen das kollektive Muster unserer Unsicherheit, indem wir es kultivieren.

Die Beispiele aus meinem eigenen Umfeld zeigen: Es ist nicht so, dass alle schwulen Männer, die anderen ein Vorbild sein könnten, sich aus nachvollziehbar existenziellen Gründen nicht outen können. Manche von ihnen schaffen es offensichtlich nicht, obwohl ein Leidensdruck vorhanden ist. Und wieder andere *wollen* sich scheinbar nicht outen. Dafür sehe ich mindestens drei mögliche Erklärungen, die in der Realität sicher meist in Mischformen auftreten. Erstens: Die Angst sitzt bei diesen Männern trotz aller existenziellen Absicherung zu tief – zum Beispiel, weil traumatische Erfahrungen im Laufe ihrer Karriere ihre schlimmsten Ängste bestätigt und weiter verstärkt haben. Zweitens: Ihr Selbstbewusstsein leidet allem Erfolg zum Trotz noch immer zu sehr unter ihrem Anderssein, als dass sie den Mut aufbringen könnten – vielleicht schon seit ihrer Kindheit oder Jugend. Drittens: Der berufliche Erfolg ist ihnen tatsächlich wichtiger als persönliche Integrität. Auch hinter dieser Prioritätensetzung mag im Einzelfall eine mehr oder weniger bewusste Vermeidungsstrategie stecken, um Verletzungen aus dem Weg zu gehen.

Wie auch immer die Begründung im Einzelfall aussehen mag: Für all die anderen LGBTIQ*-Menschen, die in weniger komfortablen Positionen das Für und Wider eines Comingouts abwägen, geht von solchen Beispielen ein verheerendes Signal aus. An den – möglicherweise sehr realen – Sollbruchstellen einer Karriere werden aufstrebende junge Mitarbeitende oder nicht mehr ganz so junge Entscheider:innen sich verständlicherweise fragen: Wenn selbst der Crème de la Crème meiner Branche die Knie schlottern – was habe ich dann erst zu befürchten? Ist es das wirklich wert? Bin ich das wirklich wert?

Eine Frage, der offenbar viele queere Menschen nicht so souverän gegenüberstehen, wie die heile Plastikwelt in den bunten Imagebroschüren ihrer Unternehmen uns glauben machen will. Gestandene Top-Manager:innen und Konzernvorstände eingeschlossen. Das liegt daran, wie tief die Prägung sitzt, aus der diese Frage erwächst – ein ganzes Leben, eine ganze Karriere lang.

Unsichtbare Held:innen

Der Job in der JVA war meine erste Vollzeitbeschäftigung, gleichzeitig aber auch noch ein Bestandteil meiner ersten beruflichen Qualifikation. Ich absolvierte damit mein sogenanntes Anerkennungsjahr. Das ist ein vorgeschriebenes Praxisjahr im Job, das Absolvent:innen des Studiengangs abschließen müssen, um die staatliche Anerkennung als Sozialpädagog:in zu erhalten.

Rückblickend befand ich mich damals in einer Gemengelage, die ganz typisch für den Karrierestart ist. Zum einen hatte ich das Gefühl, dass es zum ersten Mal auf meinem beruflichen Weg so richtig um etwas ging. Es war existenziell wichtig, das Jahr erfolgreich abzuschließen. Mir persönlich war es außerdem wichtig, dabei eine gute Figur zu machen. Zum anderen ging ich diesen wichtigen Karriereschritt als schwuler Mann ausgerechnet in einem mutmaßlich besonders homophoben Umfeld voller knallharter Jungs, in dem auch viele Kollegen und sogar Kolleginnen eher von der robusten Sorte waren.

Bei den meisten, die sich nicht outen, ist die Angst vor Ablehnung und persönlicher Abwertung der Grund. Bei einem Berufsanfänger, der noch unsicher einen Fuß vor den anderen setzt, kann diese Angst bis zum Hals schlagen. Je nach Naturell und Vorprägung hilft da im Zweifel auch die juristische und moralische Gleichstellung nichts, die auf dem Papier geschrieben steht. Wie viele Berufsanfänger:innen wären schon bereit, ihre erste Führungskraft zu verklagen, wenn's drauf ankommt?

Deshalb sind Vorbilder so wichtig – und zwar in jedem Stadium der Karriere. Vom ersten Arbeitstag bis zum Schritt ins Eckbüro birgt jede Karrierestufe neue Unwägbarkeiten und neues Potenzial für Unsicherheiten. Sich an jemandem orientieren zu können, mit dem ich mich identifizieren kann, ist eine wichtige Voraussetzung für jeden Lernfortschritt. So sind wir als fürsorgende Spezies programmiert. Blöd, wenn es keine solche Person gibt. Blöd für die oder den Azubi. Blöd aber auch für Vorstandskandidat:innen.

Blöd für mich. Zwar hatte ich schon so eine Ahnung, dass ein offener Umgang mit dem Thema sich nicht nur auszahlen, sondern auch besser anfühlen würde. Aber hier, unter lauter besonders kerligen Kerlen und aufgrund von Erlebnissen wie auf dem Gang mit dem Intensivtäter, machte meine Selbstsicherheit dann doch wieder eine halbe Rolle rückwärts. In der Frage, wie out ich in diesem Umfeld tatsächlich sein wollte, hatte ich dringend Orientierung nötig.

Viele in ähnlicher Lage verharren an diesem Punkt, weil diese Orientierung sich einfach nicht bietet. Noch sind es leider viel zu wenige Unternehmen, die einen offiziellen Beauftragten oder eine Anlaufstelle für Menschen mit vergleichbaren Problemen haben. Selbst wenn es queere Kollegen gibt, laufen die in aller Regel auch nicht mit einer Regenbogenflagge am Revers durch die Gegend.

Ich hatte großes Glück. Die anstaltseigene Orientierungsfigur für schwule Sozialpädagogen im Anerkennungsjahr hieß Thomas[16] und hatte die Freundlichkeit, mich eigeninitiativ zum Kaffee in ihre nicht minder inoffizielle Beratungsstelle einzuladen: sein Haus. Dieses Reihenhäuschen stand im Dienstwohnungsbereich für einen bestimmten Kreis von JVA-Bediensteten direkt außerhalb der Gefängnismauern. Thomas war seines Zeichens AVDler, also im Allgemeinen Vollzugsdienst tätig. Damit gehörte er zu denen, die im Fall eines Alarms schnell reagieren mussten. Deshalb wohnte er in dieser kleinen Reihenhaussiedlung direkt neben seinem Arbeitsplatz – und zwar mit seinem Mann.

Mehr als ein Kaffeekränzchen brauchte es nicht, damit Thomas für mich zu einer Art Rollenvorbild wurde. Mit seiner unerschrockenen Lebensweise war er die reinste Offenbarung: In diesem angsteinflößenden, ruppigen, klischeehaft homophoben Umfeld und nur einen Steinwurf vom Gefängnis mit all seinen Delinquent:innen entfernt lebte also ein schwuler Mann ganz offen mit seinem Partner. Völlig selbstverständlich wohnten sie dort in direkter Nachbarschaft neben den heterosexuellen Kolleg:innen mit ihren Partnern und Kindern.

Damit will ich nicht sagen, dass meine Angst unbegründet gewesen wäre, die JVA kein homophober Ort war und es für einen schwulen Mann kein gesünderes Umfeld geben könnte. Die Handschellen an Thomas' Gürtel waren keineswegs von der plüschigen Sorte. Er hatte sich nicht für das Comingout und die offene Lebensweise entschieden, weil ihm das leichtgefallen wäre, sondern nur aus einem einzigen Grund: Die Alternative wäre noch viel brutaler gewesen.

Im Laufe der Jahre hatte er gelernt, sich der dummen Sprüche und Drohungen seitens der Insass:innen zu erwehren – und das unvermeidliche Getuschel der Kolleg:innen zu ignorieren. Meine größte Befürchtung konnte er mir also keineswegs nehmen: Ein Gefängnis ist das reinste Gerüchte-Biotop, und gerade die Kolleg:innen im AVD begnadete Tratschtanten und -onkel. Zu meiner Überraschung war sein Rat an mich aber nicht, immer schön aufzupassen und mich möglichst bedeckt zu halten. Thomas, das schwule Vorbild, hatte einen ganz anderen Tipp parat: Wenn du die Menschen nicht ändern kannst, ändere deine Sichtweise. »Lass sie sich doch das Maul zerreißen! Auf Dauer kannst du das sowieso nicht verhindern.«

Es gibt sie also durchaus, die Vorbilder an deutschen Arbeitsplätzen. Vielleicht bist du auf deinem Weg schon dem einen oder anderen begegnet. Die Wahrscheinlichkeit einer solchen Fügung hängt nicht zuletzt davon ab, wie hoch du es bereits auf der Karriereleiter gebracht hast. Eines hat sich mir in meinen Gesprächen für dieses Buch mit frappierender Klarheit gezeigt: Untenrum ist so manches Unternehmen schwul – und dafür obenrum umso zugeknöpfter.

Leopolds Story:
Augen zu und durch

Sexualität war in meiner Karriere kein Thema, weil ich kein Thema daraus gemacht habe. Ich bin kein Kämpfer in dieser Sache. Eher bin ich der Ansicht: Wir sind in der Firma dazu da, um miteinander zu arbeiten, und das Privatleben des Einzelnen tut da nichts zur Sache. Das ist in meiner Branche zwar so eine Sache, weil wir viel von den Mitarbeitern verlangen. Da sollen sie sich in ihrer beruflichen Umgebung natürlich auch wohlfühlen. Wenn jemand über sein Schwulsein reden will, sollte er die Möglichkeit haben. Ich selbst habe einfach nicht den Bedarf gehabt, weil ich mir gesagt habe: Das ist eine private Angelegenheit.

Es mag dadurch beeinflusst sein, dass ich selbst einen Chef hatte, der gesagt hat: Wir mögen zwar ganze Tage vom Frühstück bis zum Abendessen miteinander verbringen, aber es ist mir egal, was ihr zu Hause macht und mit wem ihr schlaft. Damit hat er privaten Themen gewissermaßen einen Riegel vorgeschoben. Das war vor zwanzig Jahren; in der heutigen Zeit ist das ein bisschen anders. Auch bei uns rücken Diversity und das Wohlbefinden des Einzelnen jetzt langsam mehr ins Bewusstsein. Da müssen wir uns als Arbeitgeber etwas anders positionieren. Für mich selbst hieß es immer: Kommunizieren ja, aber angepasst, um trotzdem auf der Karriereleiter weiterzukommen. Ich wollte meine Zeit und Kraft nicht damit verschwenden, mit so etwas umzugehen.

In meinem Auftreten oder meiner Leistungsfähigkeit gehemmt hat mich das nicht. Gegenüber Kunden muss man sich professionell verhalten und gewissen gesellschaftlichen und beruflichen Normen anpassen. Zum Beispiel in einem Workshop hat man Profi zu sein. Wenn ich es mal ge-

> braucht habe, habe ich mir eben Zeit für mich genommen, um nicht dem Gruppenzwang zu erliegen.
> Ich bin jemand, der Privat- und Berufsleben trennt. Ich steige montags in den Flieger und bin beschäftigt, und dann komme ich freitags wieder und habe Zeit für meinen Partner und mich. Das sind zwei Welten, die ich sauber trennen kann. Und das lebe ich seit zwanzig Jahren so.
> Schwule, ambitionierte Männer sollten ihre Persönlichkeit im Beruflichen ein bisschen zurückhalten, weil sie einige damit erschrecken.

Das Karriere-Kryptonit des schwulen Managers

Die Distanziertheit zum Thema sexuelle Identität, die ich bei meinem Gespräch mit Leopold spürte, ist nicht zuletzt ein Merkmal seiner Manager-Generation. Einerseits beschrieb er den Spießrutenlauf des Ungeouteten nicht unähnlich anderen Männern in meinen Interviews. Andererseits hatte ich den Eindruck, dass er sich regelrecht der Vorstellung verweigerte, diese Zerrissenheit könnte sich irgendwie auf sein Lebensgefühl und seine Leistungsfähigkeit ausgewirkt haben.

Interessant ist das vor allem deshalb, weil Leopold einer der hochrangigsten Manager ist, mit denen ich für dieses Buch gesprochen habe. Er hat eine Spitzenposition in seiner Branche inne. Damit gehört er zu den Managern, die das Klima in ihren Unternehmen mitprägen und beeinflussen können, wenn sie das wollen. Dass ausgerechnet er mit seinem Standing sich in unserem Gespräch so zurückhaltend, sogar skeptisch gegenüber dem Thema Comingout äußerte, verblüffte mich zuerst – bis ich darin ein Muster erkannte.

Viele schwule Männer erleiden ab einer bestimmten Position in der Unternehmenshierarchie eine Art identitäre Amnesie. Sogar diejenigen, die bis dahin relativ offen mit ihrem Schwulsein umgegangen sind, werden von einem Drang erfasst, ihren hart erarbeiteten Status zu konservieren. Mit einer Stelle in der Unternehmensführung oder einem Vorstandsmandat in Aussicht sind sie plötzlich bereit, Teile ihrer Persönlichkeit wenigstens temporär stummzuschalten. Und wer schon immer im Verborgenen unterwegs war, verweigert an diesem Punkt erst recht jegliche Experimente. Mächtige Männer legen ohne Not ein Schweigegelübde ab, das mindestens bis zum Ruhestand gilt. Ronald, den ich oben schon erwähnt habe, hat es ja ausgesprochen: »Ich werde jetzt Vorstand – da muss man höllisch aufpassen.«

Warum verhalten sie sich so, die Top-Kandidaten? Warum biegen die, die Vorbilder werden könnten, vorher noch schnell mit quietschenden Reifen Richtung Heterohausen ab? Letztlich aus demselben Grund, warum Berufsanfänger zunächst im ersten Gang auf Sicht fahren, bis ihnen jemand den Weg weist. Weil es ihnen an einem Vorbild fehlt, an dem sie sich auf ihrem steinigen Pfad in luftiger Höhe orientieren könnten. Berufsanfänger haben vielleicht Glück und finden ihre unsichtbaren Held:innen; untenrum stehen die Chancen je nach Unternehmen und Branche nicht schlecht. Aber obenrum? Schwule Vorbilder im DAX-Vorstand: Fehlanzeige.

Vielleicht kennst du das Phänomen schon aus eigener Erfahrung, vielleicht kommst du noch an diesen Punkt: Irgendwann steht der entscheidende Karrieresprung bevor. Das kann angestellt innerhalb einer Firmenhierarchie sein, in der du dich jahrelang hochgearbeitet hast. Genauso gut kann dieser Moment der langersehnte Sprung in die Selbstständigkeit sein, wenn du alles auf eine Karte setzt. Plötzlich geht es um richtig viel. Jetzt bräuchtest du wieder ein Vorbild, das dir auch auf dieser Karrierestufe vorlebt, dass man die Angst überwinden kann und alles möglich ist. Und dann läufst du gegen eine Wand.

Denn diese Art Vorbild – nicht der unsichtbare Held im Kleinen, sondern der sichtbare Superstar an der Spitze – existiert nicht. Dass es in der deutschen Wirtschaft eine gläserne Decke für offen schwule Männer gibt, bringt logischerweise mit sich, dass es oberhalb dieser gläsernen Decke keine schwulen Vorbilder für die gibt, die von unten nach oben schauen. Natürlich gibt es – außerhalb der DAX-Riege – Ausnahmen von dieser Regel, auf die wir noch zu sprechen kommen. Doch statistisch betrachtet ist die Wahrscheinlichkeit, dass du auf eines dieser Vorbilder triffst, leider ziemlich gering. Plötzlich stehst du, im wichtigsten Moment deiner Karriere, allein da.

Warum ist das so? Warum kriegen die Superstars oben nicht hin, was die nicht ganz so raren unsichtbaren Held:innen weiter unten vorleben? Der Grund ist so einfach, wie die klaffende Vorbild-Lücke groß ist: Wenn es um die Top-Jobs geht, kann plötzlich alles Angriffsfläche sein. Und Homosexualität ist die ideale Zielscheibe in der Männerwirtschaft. Das ist der Grund, warum auch die, die Vorbilder sein könnten, sich dagegen entscheiden. Superman darf nicht schwul sein, weil Schwulsein sein Kryptonit ist.

Das alles heißt natürlich nicht, dass der eine oder andere Top-Manager nicht doch schwul wäre – Männer wie Ronald, Thorben und Michael zeigen es ja. Doch es scheint, als ob ab einer gewissen Gehaltsstufe andere Regeln gelten: Je stärker die Identifikation mit dem Unternehmen, die von einem Manager verlangt wird, desto hilfreicher die Fähigkeit zur identitären Abstraktion. Sie wird vorgelebt von Generationen von Clark Kents im Top-Management.

In gewisser Weise ist es sogar logisch: Männer ohne Unterleib tun sich leichter mit Entscheidungen, die sich hin und wieder anfühlen mögen wie ein Tritt in selbigen.

Heckenschützen

Der Mangel an schwulen Vorbildern ist leider nicht der einzige entmutigende Faktor, der schwule Männer in den entscheidenden Momenten ihrer Karriere ausbremst. Während die Luft auf der Zielgerade zu einer entscheidenden Beförderung immer dünner wird, geschieht noch etwas: Das Sperrfeuer nimmt zu. Denn die Zahl der heterosexuellen Heckenschützen, die in den luftigen Gefilden der höheren Karrierestufen gern unter sich bleiben würden, wächst auf jeder Etage. Mit jedem Karriereschritt brauchst du ein dickeres Fell, um der Versuchung des Abtauchens zu widerstehen. Und je höher du schon gestiegen bist, desto mehr Negativerfahrungen hast du gesammelt.

Nicht jeder hält diesem Sperrfeuer auf Dauer stand – oder ist bereit, die notwendigen Opfer zu bringen. Es gibt schwule Männer, die irgendwann einfach nicht mehr weiterwollen, weil sie aus zu vielen Wunden bluten. Die Sollbruchstellen der Karriere sind eben auch Stellen, an denen wir besonders angreifbar sind – und besonders leichte Beute für Heckenschützen. Das gilt für jeden Mann; der schwule Mann ist nur die bessere Zielscheibe.

Ich selbst habe das homophobe Sperrfeuer in einem Fall besonders bewusst erlebt, als ich zu Beginn meiner Selbstständigkeit als Führungskräftetrainer an einem wichtigen Punkt meiner beruflichen Entwicklung angelangt war. Erst seit einigen Monaten führte ich für Unternehmenskunden Trainings mit Teams von Führungskräften und Mitarbeitenden durch. Nach monatelanger Vorarbeit hatte ich einen starken, zukunftsträchtigen Kunden, einen großen Energieversorger, gewonnen, den ich unbedingt meinen Referenzen hinzufügen wollte. Das erste Training mit einem Team aus diesem Hause lief zu meiner großen Freude sehr gut. Allerdings kam es im Laufe des Tages zu einem Intermezzo, das erschreckende Auswirkungen haben sollte.

Zu dieser Zeit hatte ich mich noch nicht dazu durchgerungen, mich zu Beginn jedes Trainings in der Vorstellungsrunde zu outen. Allerdings ergab sich mitten im Trainingsablauf eine Situation, bei der ich mich vor die Wahl gestellt sah: Entweder musste ich meine Identität verleugnen und mich wegducken oder aber für mich einstehen, indem ich reinen Tisch machte.

Der Schwerpunkt des Trainings war die Mitarbeitendenkommunikation. Ich erläuterte gerade eine Technik des empathischen Zuhörens – eine Methode, an deren Effektivität heute selbst in stark zahlengetriebenen Unternehmen und Abteilungen kaum noch jemand zweifelt. Seit die Bedeutung von wertschätzendem Teamwork, Motivation und anderen vormals »weichen Faktoren« des Unternehmenserfolgs hinreichend erforscht und belegt ist, gehört die Kommunikation zu den Kernthemen der Personalentwicklung.

Einer der Teilnehmenden, eine männliche Führungskraft aus dem Sales-Bereich, hatte mit dem Zuhören aber offenbar nicht so viel am Hut. »Das ist aber ganz schön schwul«, warf er mitten in meinen Ausführungen über Empathie ein.

Alltags-Homophobie ist ein Sammelbegriff für homophobe Äußerungen und Verhaltensweisen, derer sich die Verursachenden in der Regel nicht bewusst sind. Oft ist die fragliche Formulierung in der Alltagssprache derart üblich oder die Verhaltensweise so eingeschliffen, dass sie nicht mehr hinterfragt wird; ihre homophobe Bedeutung ist semantisch oft vom Kontext der Aussage entkoppelt. Ähnlich wie Alltags-Rassismus und Alltags-Sexismus ruft der Hinweis auf das Verletzungspotenzial der Äußerung bei den Verursachenden oft Unverständnis und Abwehrreaktionen hervor. Oft reagieren sie als Teil der Mehrheit in der fraglichen Situation defensiv und leugnen diese Bedeutungsebene, anstatt sich von der Formulierung und ihrer Wirkung zu distanzieren.

»Schwul« als Schimpfwort: nur eine der typischen Formen von Alltags-Homophobie, die ich aus dem Strafvollzug und anderen Kontexten längst gewöhnt war. Um ehrlich zu sein – die ist jeder schwule Mann, jede LGBTIQ*-Person gewöhnt, die sich nicht zu Hause in ihrem Zimmer einschließt. Deshalb musste ich nicht lange darüber nachdenken, wie ich damit umzugehen hatte. Geoutet oder nicht – so etwas kann man als Führungsperson vor einer Gruppe nicht stehen lassen, wenn man einen Funken Selbstachtung in sich trägt. Schon gar nicht kann man es während eines Kommunikationstrainings ignorieren, in dem es um einen wertschätzenden Umgang geht.

In solchen Fällen hilft nur eine klärende Reaktion, ohne dabei auf das Niveau der oder des Angreifenden zu sinken und zum Gegenangriff überzugehen. Am besten äußert man sich klar in der Sache, aber wertschätzend zur Person – auch wenn es schwerfällt. Um die oder den Verursachenden nicht zu provozieren, sprach ich den Teilnehmer nicht direkt an, sondern sagte zur Gruppe: »Leute, kurzer Hinweis: Ich lebe selbst mit einem Mann zusammen und finde es unpassend, wenn das Wort schwul in abwertender Weise verwendet wird.«

Danach herrschte zwar ein paar Minuten lang eine etwas

betroffene Atmosphäre, doch nach einer Weile bekamen wir wieder die Kurve und konnten konstruktiv weiterarbeiten. Am Ende des Tages verlor niemand mehr ein Wort über den Zwischenfall. Und ich war froh, dass das erste Training mit diesem für mich wichtigen Kunden gut gelaufen war.

Umso überraschender war die Wendung, die diese Zusammenarbeit nahm. Einige Tage später führte ich ein Feedback-Gespräch mit dem Referenten für Personalentwicklung, der mich für das Training gebucht hatte. Er selbst war an dem Tag nicht dabei gewesen. Seinem Urteil über mich schien das allerdings keinen Abbruch zu tun: »Ich finde es unmöglich, dass Sie Ihren Teilnehmern das Du angeboten haben. Das geht doch nicht in so einem Seminar. Für die Zukunft verbitten wir uns das. Und im Übrigen ist es uns wichtig, dass Sie als Referent persönlich die Distanz zu unseren Mitarbeitern wahren.«

Leider sah er keine Veranlassung, mir näher zu begründen, worauf er sich mit dieser Andeutung bezog und was er mir damit sagen wollte. Da es abgesehen von der beschriebenen Situation zu keinerlei weiteren Auffälligkeiten gekommen war, musste ich allerdings auch nicht lange darüber nachdenken, woher der Wind wehte.

Ich zog auf der Stelle die Konsequenz: »Wenn Sie bestimmte Wünsche haben, was die Ansprache und meinen Umgang mit Ihren Mitarbeitenden betrifft, hätten Sie mir das vorher mitteilen können. An diesem Punkt kann ich nur feststellen, dass wir offensichtlich keine gemeinsame Grundlage für eine Zusammenarbeit haben. Deshalb möchte ich sie an dieser Stelle beenden.«

Leicht fiel mir das nicht: Ich hatte ein Stück weit mit diesem Kunden gerechnet. Nicht nur weitere Aufträge, sondern auch die prominente Referenz hätte ich gut gebrauchen können. Und doch war ich als Selbstständiger noch in einer relativ angenehmen Situation. Im Gegensatz zu den angestellten

Mitarbeitenden im Verantwortungsbereich dieses Zeitgenossen konnte ich immerhin Bye-bye sagen und den Hörer auflegen. Einfach war es trotzdem nicht: Noch ein, zwei Schlüsselkunden mehr, die sich als homophob entpuppten, und es hätte damals auch schnell wieder vorbei sein können mit meinem Traum von der Selbstständigkeit.

Viele Jahre später stieß ich durch einen Zufall auf einer Netzwerk-Plattform auf den Personalleiter dieses Energieversorgers, der in dieser Funktion auch Mitglied der Geschäftsführung ist. Leider hatte ich zu ihm damals keinen Kontakt gehabt, weil der Referent für Personalentwicklung die Fortbildungsmaßnahme im Alleingang abgewickelt hatte. Wie sich nun herausstellte, war seinem Vorgesetzten aber doch irgendwann zu Ohren gekommen, was damals vorgefallen war. Es kam zu einem Zoom-Call, bei dem der Personalleiter mich auf den Zwischenfall ansprach. Wie sich herausstellte, hatte er erst Monate später davon erfahren. Der Personalreferent hatte das Ganze unter der Decke gehalten. »Es hat Jahre gedauert«, erklärte der Manager mir nun, »aber der Referent, der damals so mit Ihnen umgegangen ist, arbeitet heute nicht mehr in meinem Bereich. Er wurde auf eine Stelle versetzt, wo er besser aufgehoben ist und keinen so großen Schaden mehr anrichten kann.«

Homophobie wird leider nur in wenigen Unternehmen konsequent aufgedeckt, geschweige denn geahndet. Und Alltags-Homophobie als Kommunikationsgewohnheit kommt selten allein. Homophobe Manager-Machos nehmen es auch Frauen und internen Konkurrenten gegenüber in Sachen Anstand und ihrer Wortwahl meistens nicht so genau – geschweige denn ihren Mitarbeitenden und vermeintlich »Schwächeren« gegenüber. Wer weiß, wen der Diskriminator vom Dienst noch so alles vor den Kopf gestoßen hatte ...

Mir selbst verschafften die Neuigkeiten leider nur sehr

bedingt Genugtuung. Ich weiß, wie viele mehr es von seiner Sorte gibt, wo dieser Mensch hergekommen war. Persönliche Ignoranz ist etwas, für das schwule Männer früher oder später eine Art mentale Hornhaut entwickeln – nicht, dass ich stolz darauf wäre. Problematisch für die Karriere wird das homophobe Verhalten irgendwann, weil diese Ignoranz ein kollektives Phänomen ist. Unter den Potentaten der Männerwirtschaft gehört ein gewisses Maß an Homophobie gewissermaßen zum Umgangston dazu. Schließlich muss man sich der Eindringlinge in den erlauchten Männerclub erwehren. Neben schwulen Männern betrifft das natürlich auch Frauen und alle anderen Emporkömmlinge, deren Motive und Assets man nicht zuverlässig berechnen kann, weil sie irgendwie, naja: anders sind als der typische deutsche Vorstand.

»Politiker denken, dass der Einkauf keine schwierige Tätigkeit wäre. Die glauben, das kann jeder, das macht ihre Frau ja auch«, sagte der Präsident eines Wirtschaftsverbands kürzlich zu einer großen Tageszeitung, ohne mit der Wimper zu zucken. Die Redaktion hielt es ihrerseits offenbar auch nicht für nötig, diese phänomenal alltagssexistische Bemerkung zu kommentieren. Es galt eine Botschaft zu einem anderen Thema zu transportieren – da kann man über ein bisschen Sexismus schon mal hinwegsehen. Ich kann ja auch nachvollziehen, dass die Journalisten keinen Bock hatten. Versuchen Sie mal, diesem präsidialen Alphatier zu erklären, warum seine Enkelin sich wahrscheinlich übergeben wird, wenn sie dieses Zitat ihres Großvaters liest.

Auch wenn es ein schwacher Trost ist, liebe Enkel:innen: Euer Opa ist nicht allein schuld daran, dass das Klima in deutschen Chef:innenetagen so ist, wie es ist. Das Problem ist nicht der eine alltagshomophobe Spruch des Personalreferenten, nicht einmal die einzelne gezielte Attacke oder der typische diskriminierende Kollege. Das Problem ist, dass du in all den Jahren des beruflichen Aufstiegs so viele dieser Seitenhiebe und Querschüsse einsteckst, dass du irgendwann den Schmerz nicht mehr spürst. Eine kuratierte Auswahl besonders schöner Sauereien gibt es im nächsten Kapitel zu lesen. Es ist egal, wie selbstbewusst und schlagfertig du dich in dieser ganzen Zeit nach oben gekämpft hast. Irgendwann kann es auch der oder dem Besten von uns passieren, dass die anhaltende Kanonade von Drohungen, Warnungen und Anfeindungen eben doch etwas bewirkt – sei es nun bewusst oder unbewusst.

Dann stehst du eines Tages genau an dieser Sollbruchstelle deiner Karriere – kurz vor dem großen Sprung, auf den du jahrelang, vielleicht jahrzehntelang hingearbeitet hast. Und dann fragst du dich: Zeige ich mich jetzt als der Mensch, der ich bin, und riskiere alles – oder gehe ich doch lieber auf Nummer sicher und rette mein Lebenswerk?

Mag sein, dass es nur eine richtige Antwort auf diese Frage gibt. Aber die meisten von uns haben auch nur die eine Karriere, die sie aufs Spiel setzen können. Wie auch immer du dich entscheiden wirst: Du bist es, die oder der danach jeden Morgen in den Spiegel schauen muss. Es ist einfach nicht fair, dass du dich zwischen Karriere und Identität, zwischen Erfolg und Liebe entscheiden sollst.

Reverse Homophobia: Was schwules Spitzenpersonal vom Comingout abhält

Bisher haben wir vor allem die Phase des Karrieremachens betrachtet, die bei den meisten Angestellten ein Arbeitsleben lang anhält – zumindest solange noch Luft nach oben ist. Was aber ist mit denen, die ganz oben angekommen sind und keinen Karriereknick mehr zu fürchten haben? Was ist mit den schwulen CEOs und Vorständen, Star-Entrepreneuren und Industriellen? Welchen Grund haben sie dafür, sich weiterhin zu verstecken? Warum halten sich auch ein Thomas Sattelberger, ein Ronald oder ein Nicolas zurück, die trotz oder wegen ihres Versteckspiels im Verborgenen alles erreicht haben, wofür sie ein Leben in Freiheit geopfert haben?

Das ist eine Frage, die selbst bei einer so kleinen Gruppe von Menschen nur im Einzelfall belastbar beantwortet werden kann. Auch Top-Manager und Erfolgs-Unternehmer sind Menschen mit Gefühlen und einer Vergangenheit (auch wenn es nicht immer so wirken mag). Allerdings gibt es einen Faktor, der aus meiner Sicht in den meisten, wenn nicht allen Fällen eine große Rolle spielt.

Reverse Homophobia (»umgekehrte Homophobie«) kann als logische, aber keineswegs zwingende Folge tiefsitzender, anhaltender Homophobie in einer Gesellschaft und/oder in einem bestimmten Umfeld betrachtet werden. Der Begriff beschreibt das Phänomen, dass schwule Männer selbst sich von anderen schwulen Männern und deren vermeintlich »offensichtlichem« Verhalten distanzieren, um zu verhindern, dass sie mit ihnen assoziiert und deshalb selbst für schwul gehalten werden – gerade weil sie es tatsächlich sind. In diesem Zusammenhang steht auch die wissenschaftliche Erkenntnis, dass heimlich schwule Männer oft besonders homophobe Verhaltensweisen und Äußerungen an den Tag legen, um von sich selbst abzulenken. Das wurde zuerst bei einem US-amerikanischen Experiment[17] aus dem Jahr 1996 untersucht. Dabei wurden die teilnehmenden Männer zunächst zu ihrer Einstellung zu Homosexualität befragt. In einem zweiten Schritt wurden ihnen sowohl hetero- als auch homoerotische Videos gezeigt und dabei ihre Erregung (anhand ihrer Erektion) gemessen. Wie sich herausstellte, wurde ausgerechnet die Gruppe der Männer, die zuvor als homophob identifiziert worden waren, von den homoerotischen Bildern zum einen messbar erregt und schaute sie sich zum anderen wesentlich länger an als die andere Gruppe. Daraus wurde geschlossen, dass es bei manchen Männern einen Zusammenhang zwischen Homophobie und der eigenen Sexualität gibt. Diese These hat in der Wissenschaft bis heute Bestand und ist seither von weiteren Ergebnissen gestützt worden. Deshalb ist es im Zusammenhang mit Homophobie besonders wichtig, im Einzelfall zwischen Person und Verhalten zu unterscheiden: Homophobes Verhalten kann sowohl auf eine tatsächliche Ablehnung von Homosexualität als auch auf eine eigene Homosexualität des Betreffenden hindeuten – und im Falle internalisierter Homophobie sogar beides gleichzeitig. Ein Beispiel ist der ungarische Europa-Abgeordnete József Szájer. Als Mitglied einer nationalkonservativen Partei bezeichnet er Homosexualität öffentlich als verwerflich. Dennoch wurde er in flagranti auf einer schwulen Sex-Party in Brüssel erwischt.

Umgekehrte Homophobie ist ein naheliegender Erklärungsansatz dafür, dass bei allem gesellschaftlichen Fortschritt im Mikrokosmos der Wirtschaftselite so wenig vorangeht. Manager, die sich ein Leben lang von ihrer eigenen sexuellen Identität distanziert und oft sogar privat von anderen schwulen Männern ferngehalten haben, wollen ihre soziale Stellung an der Spitze der Hackordnung weiterhin verteidigen. Zum Teil mag es schlicht Gewohnheit geworden sein, in der sie der Einfachheit halber verharren, um nicht noch einmal aufs Neue um die Legitimation als Führungskraft kämpfen zu müssen.

Möglicherweise spielt aber auch ein schlechtes Gewissen gegenüber »ihresgleichen« eine Rolle. Schließlich wird einem Manager dieses Kalibers durchaus bewusst sein, dass er mit seinem Verhalten dazu beiträgt, das homophobe Klima in der Wirtschaft aufrechtzuerhalten und weiter zu befördern. Möglicherweise hat er im Laufe seiner Karriere sogar verbrannte Erde hinterlassen, indem er schwule Kollegen und Konkurrenten bewusst geschnitten oder sogar verraten hat, um sich selbst einen Vorteil zu verschaffen.

Auch noch aus einem anderen Grund ist *Reverse Homophobia* ein wichtiges Schlagwort im Zusammenhang mit der schwulen Karriere. Stell dir vor, du wirst als schwuler Mann bei einem ungeouteten schwulen Personaler vorstellig, der entweder aufgrund von umgekehrter Homophobie oder aus Sorge des Vorwurfs der Kungelei keine schwulen Männer einstellt. Leider weiß ich aus meinem Umfeld, dass das keine graue Theorie ist, sondern tatsächlich vorkommt. Das bedeutet, es kann ein schwuler Mann sein, der dir als schwulem Mann die Karriere in seinem Unternehmen verbaut, um sich selbst zu schützen.

Thorben, der in diesem Kapitel bereits Erwähnung gefunden hat, verriet mir, dass er aus genau diesem Grund aufgehört habe, bei Whatsapp Kuss-Smileys zu versenden – weil er befürchtet, dass das als homoerotische Anzüglichkeit irgendwann gegen ihn verwendet werden könnte. Er trägt sozusagen eine permanente innere Geheimpolizei mit sich herum, die ihn auf »homosexuelles Verhalten« zensiert.

Der Einfluss der umgekehrten Homophobie wäre natürlich im Einzelfall jedes Top-Managers zu überprüfen, da belastbare Daten nicht existieren. Aufgrund der Unsichtbarkeit der Betreffenden wird das wohl auch auf absehbare Zeit so bleiben. Der Verdacht, dass die hochrangigsten unter den schwulen Managern sich der Macht stärker verbunden fühlen als ihrer schwulen Identität, liegt allerdings nahe. Letztere haben sie schließlich über sehr lange Zeit konsequent verleugnet, um Zugang zu Ersterer zu bekommen.

Das ist auch genau der Grund, warum ich bei allem Verständnis für die emotionalen Herausforderungen und biografischen Untiefen des Einzelnen keine Nachsicht mehr für das Verhalten dieser Männer übrighabe – nicht in unserer Zeit. Auch wenn man ihnen zugestehen möchte, ihr lebenslang aufgebautes Selbstbild aufrechtzuerhalten. Sie haben die Macht, wirklich etwas zu verändern. Nicht in einem symbolischen Sinne, sondern ganz direkt. Es gibt nur eine begrenzte Zahl von Konzern-CEOs, Vorständen und Top-Unternehmern in unserem Land. Jeder einzelne von ihnen hat sowohl regulatorisch als auch politisch die Möglichkeit, die Position schwuler Männer und anderer diskriminierter Gruppen in der deutschen Wirtschaft zu verbessern. Schon ein einziger schwuler DAX-Vorstand, der sich *on the job* outet, könnte ein Signal von revolutionärer Tragweite setzen. Er allein könnte den Stein ins Rollen bringen.

Dieselbe Wirkungsmacht gilt leider auch umgekehrt. Jeder von ihnen, der es nicht tut, versäumt unwiederbringlich eine Chance, die Welt für buchstäblich Millionen von Menschen zu einem besseren Ort zu machen. Jeder schwule Spitzenmann, der sich nicht für Chancengleichheit einsetzt, verwirft ein Vermächtnis von unschätzbarem Wert.

Umgekehrte Homophobie ist vielleicht nicht der einzige, gewiss aber ein gewichtiger Faktor in der Frage, warum die unsichtbare Elite unsichtbar bleibt, die andere schwule Männer und alle LGBTIQ*-Menschen als Vorbild so dringend nötig hätten.

Es wird nur schlimmer

Nun magst du dich zu Recht fragen: Was ist die Konsequenz aus all dem für mich? Vielleicht stehst du noch am Anfang deiner beruflichen Laufbahn und hast die Frage nach dem richtigen Zeitpunkt für dein eigenes Comingout bisher aufgeschoben. Vielleicht hast du aber auch schon Fuß gefasst und die ersten Sprossen der Leiter erklommen. In diesem Fall kann es sein, dass du noch auf die passende Gelegenheit wartest und Sorge hast, mit Blick auf deine nächste Beförderung das falsche Timing zu erwischen.

Vielleicht hast du – ob geoutet oder ungeoutet – in deinem Berufsalltag aber auch negative Erfahrungen gemacht, die dich Selbstsicherheit gekostet haben. Womöglich hat dich ein homophober Konkurrent – oder eine homophobe Konkurrentin – sogar an einer Gabelung deines Weges erwischt, und du musstest tatsächlich bereits spür- und messbare Karrierenachteile aufgrund deiner Identität in Kauf nehmen. Die Bandbreite der möglichen Konstellationen ist unüberschaubar; deshalb gibt es ja so viele Unklarheiten und Unsicherheiten und so viele Menschen, die im Zweifel dann doch lieber auf Nummer sicher gehen. Wo gibt es in Karrierefragen schon eine Universallösung für alle und jeden?

Hier, in genau dieser Frage, gibt es sie: die völlig klare und (beinahe) uneingeschränkte Handlungsempfehlung. Ich kann nicht die Hand dafür ins Feuer legen, dass du dir damit nur Freunde machen wirst. Ich kann dir noch nicht einmal versprechen, dass du in deinem konkreten Umfeld keine Nachteile erleiden wirst. Aber ich kann dir garantieren, dass du auf Dauer darunter leiden wirst, wenn du dich über längere Zeit hinweg selbst verleugnest. Wenn du zu denen gehörst, die sich aus Sorge vor einem Karriereknick oder Nachteilen noch nicht geoutet haben – und noch einmal: Diese Sorge ist ganz eindeutig berechtigt! –, weißt du selbst am besten, wovon ich spreche: Keine:r von uns ist in der Lage, ihre oder seine Identität an der Pforte abzugeben. Und keine:r von uns sollte dazu gezwungen werden.

Tatsächlich kann es in der zunehmend heterogenen, vielfältigen Arbeitswelt der Zukunft sein, dass dir gerade das Versteckspiel zum Nachteil erwächst. Wenn es dumm kommt, stellst du dir damit selbst ein Bein. Denn längst herrscht in der Arbeitsforschung Einigkeit darüber, dass Mitarbeitende bessere Leistungen bringen und sich stärker engagieren, wenn sie sich in ihrem Team und an ihrem Arbeitsplatz wohlfühlen. Und das kannst du nicht, wenn du dein wahres Ich versteckst und dich von morgens bis abends innerlich selbst zensierst.

Deshalb ist meine Empfehlung eindeutig: Bis auf extrem wenige Ausnahmefälle ist das frühestmögliche Comingout am Arbeitsplatz immer die richtige Wahl. Dein eigenes Wohlergehen und deine Leistungsfähigkeit sind ein Grund dafür – und zweifellos der wichtigste. Ein weiterer ist die Tatsache, dass ein Comingout im Laufe der Zeit immer schwieriger wird, je länger du deiner Umgebung – und vielleicht dir selbst – schon etwas vorgemacht hast. Zum einen richtest du es dir in der gewohnten Scheinwelt ein, die sich sicher anfühlt, ohne es je zu sein. Zum anderen wird deine Sorge, wie die anderen reagieren, nur immer größer werden. Schließlich musst du deinem Umfeld irgendwann eingestehen, dass du die ganze Zeit unaufrichtig warst. Das können manche langjährigen Kolleg:innen dir durchaus übelnehmen. Der dritte Grund für ein frühestmögliches Comingout ist schließlich: Je früher du den ersten Schritt machst, desto leichter wird es dir fallen, diesen authentischen Kurs auch bis zum Höhepunkt deiner Karriere durchzuhalten – auch an den Weggabelungen und sogar, wenn dein großer Durchbruch ins Haus steht. Die Angst vor der Ablehnung ist wie alle Ängste sozusagen ein autarker Dämon, der sich selbst füttert. Je tiefer du dich in ihr vergräbst, desto schlimmer wird sie. Je länger du wartest, desto mehr kostet dich die Überwindung. Je weniger Mut du dir selbst zutraust, desto mehr wird er dich verlassen. Von selbst wird es nicht besser, sondern immer nur noch schlimmer.

Sieh es einmal so: Die meisten Superheld:innen, die wir aus Comics und Hollywood-Filmen kennen, entdecken ihre besondere Gabe schon als Kinder. Sie wurde ihnen meistens in die Wiege gelegt oder unfreiwillig zuteil. Wie du und ich haben sie frühzeitig die Erfahrung gemacht, dass Widerstand gegen diesen Teil ihrer Identität zwecklos ist. Also haben sie ihre Besonderheit gegen alle inneren Zweifel, gegen alle Ängste und sogar gegen reale Ausgrenzung und Angriffe verteidigt und weiterentwickelt. Erst als sie sich der Welt als die gezeigt haben, die sie wirklich sind, konnten sie schließlich feststellen, dass sie unschlagbar sind – gerade weil sie so sind, wie sie sind.

Je eher du aufhörst, dich dagegen zu wehren, wer du bist, desto schneller wirst du auf deine Weise erfolgreich sein. Der Weg der queeren Superheld:innen beginnt so früh wie möglich. Ich meine, komm schon: Superman und Spiderman sind in Strumpfhosen damit ganz gut durchgekommen …

KAPITEL 3

DISKRIMINIERT, GEMOBBT UND KALTGESTELLT

Die ganz normale Homophobie in deutschen Büros

Zu schwul für diese Welt?

Du und ich, wir arbeiten in einem Land, in dem sich manche Menschen von unserer bloßen Präsenz gestört oder bedroht fühlen. Nicht irgendwelche Menschen, sondern gestandene Manager:innen in ihren besten Jahren. Die allermeisten von ihnen sind natürlich Männer. Führungskräfte, die Verantwortung für viele Menschen tragen. Sie sind der personifizierte Grund, warum Diskriminierung und Homophobie auch heute noch zur ganz normalen Realität in deutschen Büros gehören. Sie sind es auch, die aus dem persönlichen, psychologisch bedingten Problem ein systemisches, gruppendynamisches machen. Damit verschleppen sie ein in unserer Kultur intellektuell, politisch und juristisch weitgehend überwundenes, altes Verhaltensmuster, das in den dunkelsten Zeiten unserer Zivilisation für Machtzwecke instrumentalisiert wurde und öffentlich längst geächtet wird. Täglich werden LGBTIQ*-Führungskräfte in Deutschland ausgegrenzt, gemobbt und gefeuert. Legal ist das alles schon längst nicht mehr, geschweige denn von der Mehrheit der Gesellschaft akzeptiert. Alltag ist es dennoch.

Wie bereits berichtet beginne ich jedes meiner Seminare mit einer Vorstellungsrunde, wie das in Trainings und Workshops üblich ist. Wie meine Teilnehmer:innen erwähne ich dabei auch meinen privaten Status, also dass ich verpartnert bin und mit meinem Mann zusammenlebe.

Vor einiger Zeit kam in der Kaffeepause im späteren Verlauf des Workshops ein Teilnehmer um die 50 auf mich zu, schaute mich über den Rand seines Kaffeebechers an und fragte: »Muss das denn wirklich sein, Matthias?«

»Was muss sein, Dieter?«, fragte ich den Betriebswirt aus dem mittleren Management. Zuerst wusste ich gar nicht, wovon er sprach – die Vorstellungsrunde lag schon eine Weile zurück.

»Dass du hier so offen deine sexuellen Vorlieben verkündest, meine ich. Ihr seid doch sowieso schon total überrepräsentiert.«

Man muss schon einigen mathematischen und psychologischen Aufwand betreiben, um als Führungskraft in einem deutschen Großunternehmen bei dieser Schlussfolgerung anzukommen und den vollkommen weltfremden, kontrafaktischen Unsinn dann auch noch selbst zu glauben.

Brechen wir die Zahlen doch einmal herunter, damit wir es hinter uns haben. Bis vor einigen Jahren war der beste statistische Hinweis auf den Anteil von LGBTIQ*-Personen an der Gesamtbevölkerung immer noch der sogenannte Kinsey-Report aus dem Jahr 1948. Er ging davon aus, dass etwa zehn Prozent der Bevölkerung nicht heterosexuell seien.

Erst 2016 führte das Meinungsforschungsinstitut Dalia schließlich die erste repräsentative Befragung zum Thema durch, und zwar europaweit. Dabei zeigte sich, dass die Schätzung von damals eher zu kurz gegriffen hatte: Zwar identifizierten sich »nur« 7,4 Prozent der befragten Deutschen selbst eindeutig als LGBT. Bei der deutlich offener gestellten Folgefrage, die mehr Positionierungsmöglichkeiten zuließ und keine binäre Festlegung verlangte, ging die Zahl allerdings schon nach oben – hier lässt das Studiendesign leider einige Präzision vermissen. Berücksichtigt man diesen Faktor und vor allem die wahrscheinlich hohe Dunkelziffer in der demografisch überalterten deutschen Gesellschaft, kann von einem wesentlich höheren Anteil in der Gesamtbevölkerung ausgegangen werden.[18]

Das Ergebnis in den jüngeren demografischen Gruppen zeigt deshalb umso deutlicher an, wie relevant das Thema für den Arbeitsmarkt der Zukunft ist: Mehr als elf Prozent der 14-

bis 29-jährigen Deutschen ordneten sich in der Dalia-Befragung bereits offen dem LGBT-Spektrum zu. In anderen Ländern waren es in derselben Altersgruppe zum Teil noch mehr. In Spanien etwa lag der Anteil bei knapp 15 Prozent.[19] Von der Dunkelziffer auch in dieser Altersgruppe ganz zu schweigen, zumal in traditionell konservativ bis homophob geprägten Kultur- und Bevölkerungsgruppen.

Es ist davon auszugehen, dass diese Zahlen (unter anderem aufgrund von Meilensteinen wie der »Ehe für alle«) inzwischen eher noch gestiegen sind. Auch diese Umfrage ist inzwischen schließlich schon wieder einige Jahre alt. In der schwulenpolitischen Zeitrechnung, die in Deutschland erst vor etwa 50 Jahren in ihre intensivere Phase trat, ist das eine lange Zeit.

Runden wir dennoch bürokratisch-vorsichtig ab und gehen stark konservativ davon aus, dass nur jede:r zehnte Deutsche nicht zur heterosexuellen Mehrheit gehört. Bei einer geschätzten Zahl von etwa vier Millionen Führungskräften in Deutschland kann somit von einer mittleren sechsstelligen Zahl von nicht heterosexuellen Führenden ausgegangen werden. Legen wir denselben Maßstab für die Zahl der Erwerbstätigen insgesamt an, können wir von derzeit mindestens fünf Millionen Menschen in Deutschland ausgehen, deren Karriere unter einem besonderen Stern steht. Das ist etwa so viel wie die Bevölkerung von Berlin und München zusammengenommen.

Angsthasen in Nadelstreifen

Kehren wir von diesen schwindelerregenden Dimensionen wieder in Dieters Welt zurück. In seinem mehrere Dutzend Mitarbeiter umfassenden Verantwortungsbereich war dem

Anschein nach nicht ein einziger schwul (lesbisch, bi-, trans-, intersexuell oder queer natürlich auch nicht). Theoretisch möglich ist das natürlich. Statistisch gesehen ist es schlichtweg unwahrscheinlich. Trotzdem sehen sich Führungskräfte wie Dieter durch die Unsichtbarkeit des Themas in ihrem eigenen Umfeld in ihrer Haltung bestätigt. Umgekehrt wäre die Schlussfolgerung ja auch wesentlich unbequemer: die Unsichtbarkeit queerer Mitarbeiter als Folge des Führungsverhaltens.

Dieters Abteilung ist nur eines von vielen Beispielen, von denen dir in diesem Buch noch viele begegnen werden: Karriere ist für uns eben nicht selbstverständlich. Es braucht die Innensicht in die deutsche Unternehmenslandschaft, um zu verstehen, warum ich im dritten Jahrzehnt des 21. Jahrhunderts dieses Buch schreiben muss – nur um andere LGBTIQ*-Menschen zu ermutigen, offen Karriere zu machen. Es braucht den ungefilterten Einblick in die Gebäude mit den langen Fluren, in das Getuschel hinter vorgehaltener Hand in der Kaffeeküche und in die Machenschaften in den Chef:innenetagen, um die Probleme dort wiederzufinden, wo sie sich vor dem Wind der Veränderung verkrochen haben: in den Nischen und Winkeln der Männerwirtschaft, in denen unverändert darüber entschieden wird, wer Karriere machen darf und wer nicht.

Ja, wir schwulen Männer mit Ambitionen lassen uns noch viel zu oft von unseren eigenen Befürchtungen und schlecht verwachsenen Traumata aus Kindheit und Jugend ausbremsen. Auch und gerade dagegen will ich mit diesem Buch ein Zeichen setzen. Ich möchte den Unsichtbaren unter uns helfen, sich aus ihrem Versteck zu wagen. Doch die größten Angsthasen von allen sind Machos in Nadelstreifen wie Dieter, die ihre Vorbildrolle missbrauchen und ihren Vorurteilen Vorrang vor Gleichberechtigung, Menschlichkeit und Qualifikation geben.

Leider kann ich dir nach zwei Jahrzehnten am Puls der

deutschen Führungskultur keine bessere Nachricht überbringen: Homosexualität ist eines der letzten Tabus in deutschen Chef:innenetagen. Dabei können wir inzwischen über so vieles diskutieren – flexible Arbeitszeitmodelle, Homeoffice, Erziehungsurlaub für Männer. Selbst eine Frauenquote ist für die Herren Vorstände nicht mehr tabu, nachdem sie es nach Jahrzehnten feministischer Emanzipationsbewegung noch immer nicht anders gebacken kriegen (und selbst mit der Quote bisher nicht wirklich). Aber schwule Manager, geschweige denn Vorstände? Wissen die denn überhaupt, was man als Patriarch den ganzen Tag so macht, wenn die Ehefrau nicht zusieht?

Sei es in deinem Umfeld nun aufgrund von Homophobie oder infolge von fahrlässiger Achtlosigkeit gegenüber den eigenen Mitarbeitenden: Was in Managerköpfen so vor sich geht, ist manchmal schwer zu verstehen. Mit der geistigen Unbeweglichkeit vieler Chefs haben sogar Mitarbeitende zu kämpfen, die nicht aufpassen müssen, was sie auf private Fragen bei der Weihnachtsfeier antworten. Für schwule Männer ist es umso traumatischer, wenn sie wegen ihrer sexuellen Identität zum Opfer von Führungswillkür werden.

Führung mit zweierlei Maß

Christoph ist ein Manager in hoher Position, dessen Lebenspartner im selben Unternehmen arbeitete, allerdings in einer ganz anderen Abteilung. Beide waren schon längere Zeit im Unternehmen und hatten sich während dieser Zeit kennengelernt. Im Tagesgeschäft hatten sie nicht das Geringste miteinander zu tun. Von Vetternwirtschaft oder Karrierevorteilen konnte also absolut keine Rede sein. Ganz im Gegenteil, beide gingen mit ihrer Beziehung bewusst ein doppeltes Risiko ein: als Paar und als schwul enttarnt zu werden. Denn beide waren am Arbeitsplatz nicht geoutet.

Eines Tages flog die Beziehung auf. Bis heute ist unklar, wer die beiden verraten und die Information im Unternehmen verbreitet hat, doch irgendwie machte der Tratsch die Runde. Bei einem heterosexuellen Paar würde man darüber im 21. Jahrhundert mit den Achseln zucken. Solange die beiden nicht direkt zusammenarbeiteten oder einer dem anderen unterstellt war, würden die meisten Vorgesetzten und Kolleg:innen so eine Beziehung gleichgültig zur Kenntnis nehmen. Immerhin begegnen sich laut Umfragen bis zu einem Drittel aller Paare am Arbeitsplatz.[20]

Doch einer von Christophs Management-Kollegen sah sehr wohl Grund, Anstoß an der Beziehung zu nehmen. Der Vorwand einer unschicklichen Liaison am Arbeitsplatz schuf ihm nämlich einen Vorwand, seinen Konkurrenten ganz oben zwangszuouten und damit im Rennen um einen Vorstandsposten zu schwächen. Er setzte sich aktiv dafür ein, die Beziehung am Arbeitsplatz zu zerschlagen. Christophs Entlassung zu fordern hätte die Absichten des Mobbers allerdings allzu klar erkennen lassen. So war es letztlich Christophs Lebenspartner, der gehen musste – das kleinere Licht in der Hierarchie. Er fügte sich in sein Schicksal, um Christophs Manager-Karriere nicht zu zerstören.

So weit, so schlimm. Ihren traurigen Höhepunkt fand diese Geschichte allerdings erst eine Woche nach der Entlassung von Christophs Partner. Da bestimmte der mobbende Manager, der für den ganzen Schlamassel verantwortlich war, nämlich ein weiteres Mal das Gespräch auf den Fluren. Dieses Mal betraf die Neuigkeit, die er verbreitete, ihn selbst: Er gab seine eigene Verlobung bekannt und lud eine Reihe von Kolleg:innen, darunter auch Christoph, zu seiner Hochzeit ein.

Die Manager-Gattin in spe: seine eigene Sekretärin.

Natürlich sind Konkurrenzkämpfe in der Führung selten ein sauberes Geschäft. Auch untereinander versuchen sich heterosexuelle Manager mehr oder weniger subtil auszubooten. Der unfaire Nachteil von schwulen Anwärtern liegt darin, dass sie schon aufgrund ihrer Identität angreifbar sind – insbesondere, wenn sie nicht geoutet sind. Die selbstverständlichste Sache der Welt wird für sie zum Politikum und zu einer Achillesferse. Wie schamlos manche homophoben Kollegen die offene Flanke homosexueller Konkurrenten im Rennen um die nächste Beförderung zu ihren Gunsten nutzen, zeigt das Beispiel von Karsten.

Karstens Story:
Schmutzige Spielchen

Als ich meine schlimmste Erfahrung mit Homophobie im Arbeitsumfeld machte, war ich privat schon voll geoutet. Im Unternehmen wussten damals nur die Menschen Bescheid, mit denen ich ständig zu tun hatte: mein Team, meine Assistenz, mein Vorgesetzter und noch zwei, drei andere Kollegen, zu denen ich einfach einen guten Draht hatte. Locker und selbstverständlich ging ich damals noch nicht mit dem Thema um. Das lag zum einen daran, dass ich mit mir selbst noch nicht so ganz im Reinen war. Zum anderen wusste ich aber auch um die verknöcherte, patriarchalische Kultur in diesem Traditionsunternehmen.

Noch viel schwerer als mir fiel das Thema meinem direkten Vorgesetzten, einem der wenigen Eingeweihten. Das Wort »schwul« kam ihm nie über die Lippen, nicht einmal nach vielen Jahren enger Zusammenarbeit. Auch bei dem Gespräch nicht, in dem er mir meine bevorstehende Beförderung ankündigte – und zwar auf einen intern sehr begehrten Posten auf der Ebene direkt unterhalb des Vorstands.

Ich spürte regelrecht, wie sich da einer selbst am Kragen in die Modernität hievte. »Sie sind einfach der Beste für den Job«, teilte er mir mit. »In der Konstellation, wie Sie leben, wäre das vor ein paar Jahren sicherlich nicht möglich gewesen. Aber heute geht so was.«
Irgendwie sickerte die Nachricht offenbar durch – auch zu den internen Konkurrenten, die die Stelle selbst gern bekommen hätten. Bei einer Tagung kurze Zeit später stand ich in einer Pause mit einer kleinen Gruppe zusammen: mein Chef, ein Vorstandsmitglied und einige Kollegen auf meiner Hierarchieebene. Es war typischer Pausen-Smalltalk, bei dem über alles Mögliche geredet wurde. Irgendjemand erwähnte beiläufig die aktuelle Klatsch-Story eines Prominenten, der gerade beim Fremdgehen erwischt worden war. Dabei fiel mir auf, wie das Gesicht eines Kollegen plötzlich aufleuchtete. Er gehörte zu denen, die meinen zukünftigen Job ebenfalls gern gehabt hätten. Er war auch so ein junger Durchstarter-Typ, sehr ehrgeizig und leider auch sehr eifersüchtig. Er suchte immer die Rivalität. Völlig unvermittelt hakte er bei der Promi-Geschichte ein und sagte: »Na ja, jeder hat eben so seine Vorlieben. Das ist ja auch völlig okay. Jeder soll das ja so machen, wie er will.« Dann fuhr er an mich gerichtet fort: »Bei dir ist das ja auch so, Karsten. Das ist ja schon speziell. Aber du stehst da wahrscheinlich halt drauf, wenn dir ein richtiger Mann mal zeigt, wo der Hammer hängt.«
Es war offensichtlich: Er hatte nur auf eine Gelegenheit gewartet, diesen Spruch abzulassen. Vorher hatte sich das Gespräch gar nicht auf einer so vulgären Ebene bewegt; die Überleitung war vollkommen aufgesetzt und durchschaubar. Wahrscheinlich hatte er verzweifelt nach einer Chance gesucht, mir eine reinzuwürgen, um meine Beförderung doch noch zu verhindern. Und wenn ihm das schon nicht

gelang, wollte er mich vielleicht wenigstens vor versammelter Mannschaft erniedrigen.
Direkt neben mir stand mein Vorgesetzter und sagte: nichts. Neben ihm stand ein Mitglied des Vorstands und sagte: auch nichts.
Für mich war die Situation emotional kaum auszuhalten. Es war wirklich schlimm. Heute wüsste ich, was ich ihm entgegnet hätte. Damals, in diesem Moment, war ich einfach nur völlig gelähmt. Regungslos starrte ich den Täter an und konnte nicht glauben, was da gerade aus seinem Mund gekommen war. In meinem Kopf raste es: Was machst du denn jetzt, was machst du denn jetzt? Aber die Gedanken fanden nirgendwohin.
Ich weiß gar nicht, was als Nächstes passiert wäre, wenn nicht ein – wohlgemerkt heterosexueller – Kollege das Schweigen gebrochen hätte und mir zur Hilfe geeilt wäre. »Genau, Karsten! Das ist die einzig richtige Art, auf so ein Arschloch zu reagieren: eiskalt ignorieren.«
Erst da gelang mir ein nervöses Lachen und ein »Ja, genau. Ich gehe dann mal kurz auf die Toilette«. Nach außen hin wirkte ich wahrscheinlich relativ gefasst, aber innerlich war ich fix und fertig. Ich schwitzte und zitterte, meine Knie wurden weich, richtig extreme Stresssymptome. Es dauerte eine ganze Weile, bis ich die Toilette wieder verlassen konnte.
Für eine gewisse Zeit war ich danach sogar noch unsicherer als vorher, weil sich meine schlimmsten Befürchtungen erfüllt hatten. Mir war völlig klar: Die Herren Kollegen und Vorgesetzten, die jetzt schnell wieder fröhlich über Fußball und schlecht über ihre Frauen redeten, als wäre nichts gewesen, würden bei jeder Begegnung mit mir an diese Situation denken.
Letztendlich gab die Geschichte mir aber den nötigen An-

stoß, mich gleich nach meiner Beförderung aktiv anderswo umzuschauen und meine Scheu vor dem Thema zu überwinden. Bei meinem neuen Arbeitgeber outete ich mich dann schon im Bewerbungsgespräch, und dort hat es nie Probleme gegeben.
Heute würde ich diesen Kollegen auf der Stelle anzeigen und all die schweigenden Anwesenden in die unangenehme Rolle von Zeugen bringen, die dann gegen ihn aussagen müssten. Vor allem würde ich aber unmissverständlich Konsequenzen von meinem Vorgesetzten fordern, der tatenlos danebenstand.

Diskriminierung: Gefühl oder Tatbestand?

Keine Frage: Karstens unfassbares Erlebnis mit dem karriereneidischen Kollegen ist eines der extremen Sorte. Offener und aggressiver kann man am Arbeitsplatz kaum noch diskriminiert und homophob angegriffen werden. Eine Seltenheit sind solche Übergriffe in der Männerwirtschaft aber leider nicht.

Karstens Geschichte verdeutlicht, dass Diskriminierung zwei Dimensionen hat: eine juristische und eine emotionale. Die juristische ist nach langen, generationenübergreifenden Kämpfen heute sehr eindeutig definiert. Was Diskriminierung (am Arbeitsplatz) ist, steht ziemlich klar im Allgemeinen Gleichstellungsgesetz (AGG) geschrieben und wird durch praktische Rechtsprechung untermauert. Eine allgemeinverständliche Definition liefert zum Beispiel das Handbuch »Rechtlicher Diskriminierungsschutz« der Antidiskriminierungsstelle des Bundes:

> »Eine *Diskriminierung* im rechtlichen Sinne ist eine Ungleichbehandlung einer Person aufgrund einer (oder mehrerer) rechtlich geschützter Diskriminierungskategorien ohne einen sachlichen Grund, der die Ungleichbehandlung rechtfertigt. Die Benachteiligung kann ausgedrückt sein z. B. durch das Verhalten einer Person, durch eine Vorschrift oder eine Maßnahme.«[21] Dabei gehören »Diskriminierungen wegen der sexuellen Identität« eindeutig zu den in §1 AGG abgedeckten Diskriminierungskategorien.

Wie universell diese Regeln gelten und dass sogar der Staat hier Täter sein kann, bekam der Gesetzgeber selbst zu spüren, als das Bundesverfassungsgericht am 28.10.2010 erklärte: »Benachteiligungen eingetragener Lebenspartnerschaften gegenüber der Ehe stellen eine unmittelbare Benachteiligung wegen der sexuellen Orientierung dar, weil nur homosexuelle Paare eine Lebenspartnerschaft eingehen können.«[22] Die Folge dieser Rechtsprechung war die weitestgehende Gleichstellung homosexueller Partnerschaften und der Ehe. Im Jahr 2017 folgte schließlich die Einführung der sogenannten »Ehe für alle«.

Darüber hinaus wird gesetzlich zwischen verschiedenen Arten von Diskriminierungsverboten unterschieden: Zum einen gelten für bestimmte, gesetzlich genannte Diskriminierungsgründe die Bestimmungen des AGG oder auch das Diskriminierungsverbot in Artikel 3 Absatz 3 des Grundgesetzes (obwohl die sexuelle Identität dort aller Dringlichkeit zum Trotz immer noch nicht schwarz auf weiß als Diskriminierungsgrund aufgenommen wurde). Zum anderen gibt es allgemeine Vorschriften, die auch bei anderen Diskriminierungserfahrungen greifen. Im zivilrechtlichen Bereich gehören dazu zum Beispiel der Schutz des Persönlichkeitsrechts und der Straftatbestand der Beleidigung.

Im Fall von Christoph und seinem Partner hätten theoretisch die Klauseln des AGG gegriffen, in Karstens Fall die Gesetze zu Beleidigung und Persönlichkeitsrecht, je nach Auslegung auch noch weiterführende Tatbestände wie Rufschädigung, sexuelle Belästigung, Nötigung oder auch Mobbing.[23]

Die einerseits relativ komplexe, andererseits aber auch breit anwendbare Rechtslage stellt klar, dass es sich bei Diskriminierung aufgrund von sexueller Identität keineswegs um ein Kavaliersdelikt handelt. Vielmehr stellt sie einen strafverfolgungswürdigen Tatbestand mit potenziell ernsten juristischen Konsequenzen dar. Diskriminierung kann also richtig gefährlich für die Karriere und darüber hinaus werden. Und dieses Mal meine ich nicht die Karriere des Opfers, sondern die des Täters. Vorausgesetzt natürlich, das Opfer ist bereit, sich zu wehren ...

Leider ist vielen Führungskräften in der Männerwirtschaft das noch immer nicht wirklich bewusst. Von den Gefahren sexistischen Verhaltens haben die meisten inzwischen schon einmal gehört. Anderen Männern gegenüber wähnen sie sich noch oft auf der sicheren Seite. In so einer heiteren, heteronormativen Runde wie in Karstens Geschichte wird manches als Herrenwitz weggelacht und unter den Tisch gekehrt, was vor dem Gesetz schon längst einen Straftatbestand erfüllen kann. Deshalb ist es wichtig, sie im Moment der Diskriminierung darauf hinzuweisen: die Täter, die Vertuscher und die Mitwisser, aber auch die potenziellen Zeug:innen. Hätte Karsten seine Möglichkeiten ausgeschöpft, hätte der Kollege sich nicht nur moralisch, sondern womöglich auch als Angeklagter in einem Strafprozess auf dem heißen Stuhl wiedergefunden. Und das kann wohl kaum im Interesse des Unternehmens sein – nicht einmal in der verschnarchtesten Bastion der Männerwirtschaft.

Neben der juristischen Dimension einer Diskriminierungserfahrung gibt es allerdings auch noch die emotionale – und das ist natürlich die, an der die Opfer stärker zu kauen haben. Denn der Eindruck, ausgegrenzt zu werden und in einem homophoben Umfeld gefangen zu sein, macht sich in der Seele breit wie eine schwarze Wolke. Es muss nicht erst zu juristisch relevanten Aussagen oder Verhaltensweisen kommen, um trotzdem Diskriminierung am eigenen Leib zu spüren. Empfundene Diskriminierung ist noch viel variantenreicher als der justiziable Tatbestand. Sie kann auch in Umfeldern auftreten, in denen sich die Täter sehr wohl der Gefahr bewusst sind, in die sie sich mit ihrem Tun begeben. Die besonders gerissenen unter den Kollegen und Konkurrenten werden höllisch aufpassen, keine juristischen Grenzen zu übertreten, oder aber darauf achten, dass ihnen nichts nachzuweisen ist.

Wahrscheinlich kannst du sofort Beispiele aus deinem eigenen Erleben abrufen: Um Menschen faktisch zu diskriminieren, braucht es nicht zwingend die rechtgültig diskriminierende Handlung. Der zweideutige Witz, die beiläufige Geste oder das deplatzierte Zwinkern können Menschen mit anderer Geschlechtsidentität mindestens ein mulmiges Gefühl geben. Wenn bestimmte Kollegen oder gar dein ganzes Team dir ohne Begründung die kalte Schulter zeigen, kann das vollkommen ausreichen, um dir das Arbeitsleben zur Hölle zu machen – auch ohne dass der Grund für die Ausgrenzung jemals zur Sprache kommt.

Dieser Tatsache sollten sich alle Vorgesetzten – auch und gerade die »toleranten« – bewusst sein: Aus Sicht des ausgegrenzten Mitarbeitenden ist die empfundene Diskriminierung genauso real wie die juristisch relevante. Der Unterschied ist, dass Betroffene selbst manchmal wenig dagegen unternehmen können. Für ein Klima der Akzeptanz einzutreten und die notwendige Konsequenz vorzuleben ist deshalb eindeutig Führungsaufgabe. Tatenlos danebenstehen ist keine Option:

Diskriminierung ignorieren heißt Diskriminierung fördern. Für beides sollte in jedem Unternehmen, in jedem Team und in jedem Vorstand Nulltoleranz gelten.

Diversity beginnt da, wo jedes ernstzunehmende Führungsprinzip beginnt: bei der Selbstreflexion.

Der fehlgeleitete Beschützerinstinkt der väterlichen Führenden

Das Schlimme an der empfundenen Diskriminierung ist, dass sie oft noch nicht einmal beabsichtigt, sondern eine Folge von Unachtsamkeit ist. Manchmal kommt das homophobe Verhalten nicht als gewollter Angriff und noch nicht einmal als entgleistes Konkurrenzgehabe daher, sondern sogar als wohlmeinendes, patriarchalisches Führungsverhalten. Weh tut es trotzdem. Besonders, wenn du schon mal einen – meist männlichen – Vorgesetzten älteren Semesters hattest, weißt du vielleicht sofort, was ich meine: Es gibt Führungskräfte, die ihre Mitarbeitenden vor der »harten Realität da draußen« schützen wollen – und gar nicht realisieren, dass sie damit selbst die diskriminierenden Muster der Männerwirtschaft fördern.

So erging es mir mit einem Vorgesetzten, dem ich ansonsten sehr viel verdanke. Wir hatten ein hervorragendes Verhältnis zueinander, er förderte mich nach Kräften, und ich habe viel von ihm gelernt. Ich bin sogar überzeugt, dass er selbst nicht das geringste Problem mit meiner sexuellen Identität hatte. Doch auch er war in seinem väterlichen Führungsverständnis ein Kind des ökonomischen und akademischen Patriarchats – und das bekam leider auch ich zu spüren.

Parallel zu meinem Studium arbeitete ich eine Zeitlang für

diesen Akademiker, der neben seiner Lehrtätigkeit auch als Experte Unternehmen zu seinem Forschungsthema beriet. Ich assistierte ihm in beiden Bereichen. Er war einer dieser wertschätzenden Chefs, die sich jeder wünscht: Immer wieder lobte er meine Arbeit und mein Engagement. »Ich weiß gar nicht mehr, wie ich früher ohne dich zurechtgekommen bin«, versicherte er mir mehr als einmal. Überhaupt pflegten wir ein sehr freundschaftliches Verhältnis, gingen mittags oft gemeinsam essen und duzten einander sogar. Dementsprechend wusste er auch um meine sexuelle Identität und kannte meinen damaligen Freund persönlich. Sogar bei Liebeskummer – ich führte damals eine Fernbeziehung – stand er mir mit väterlichem Rat zur Seite und tröstete mich.

In seiner Tätigkeit für die Wirtschaft führte er oft großangelegte Veranstaltungen durch, bei denen er als Organisator und Moderator auch im Mittelpunkt und im Licht der Branchenöffentlichkeit stand. Zu diesen Terminen begleitete ich ihn oft und war dann natürlich auch an seiner Seite sichtbar, wenn er mit Kund:innen, Partner:innen und Branchenkolleg:innen im Austausch war. Als integrer, fördernder Chef legte er Wert darauf, mich in viele Aspekte seiner Arbeit einzuweihen und mich den Menschen, mit denen wir zu tun hatten, auch als seine rechte Hand vorzustellen. Deshalb war ihm daran gelegen, dass ich eine gute Figur machte. Ich bin bis heute überzeugt, dass es ihm dabei mehr um Anerkennung für mich als um sein eigenes Image ging, denn er meinte es wirklich gut mit mir.

Leider ist gut gemeint und gut gemacht nicht immer dasselbe. Vor dem Aufbruch zu einer dieser Branchenveranstaltungen packte ich im Büro gerade meine Sachen zusammen, als er offensichtlich im Scherz sagte: »Das mit dem schwulen Detlef-Täschchen da, das geht aber nicht.«

Die Bemerkung trudelte so beiläufig von der Seite in mein

Bewusstsein, dass ich sie erst einmal gar nicht in ihrer ganzen Bedeutung registrierte. Stattdessen reagierte ich einfach locker-flockig, wie das unter uns so üblich war: »Was fällt dir ein, so über meine Tasche zu reden?« Vielleicht nahm ich den Spruch auch deshalb nicht so recht ernst, weil die Tasche weder besonders feminin noch rosa noch sonst irgendwie verdächtig war, jedenfalls nicht für meine Altersgruppe: Es war eine ganz normale Umhängetasche von einer Trendmarke, wie sie in den Neunzigern in Mode waren.

Doch mein Chef gab nicht so leicht klein bei. Hartnäckig riss er einen Gag nach dem anderen über das »Täschchen«. Er wollte erkennbar verhindern, dass ich mit diesem Accessoire bei seiner Business-Veranstaltung aufschlug. Offenkundig glaubte er, dass Männer mit Taschen in seiner Welt keinen guten Stand hätten. Die Absicht war positiv: Er wollte verhindern, dass ich anecken und Nachteilen ausgesetzt sein könnte.

Bei mir erreichte er damit aber natürlich etwas ganz anderes: Verunsicherung. Wenn jemand in seiner Position sich über so etwas Gedanken machte – wirkte ich vielleicht wirklich total tuntig und gab eine dankbare Zielscheibe auf zwei Beinen ab? Wenn jemand, zu dem ich so aufblickte, sich um mich sorgte – war ich vielleicht so etwas wie ein rosa Elefant inmitten eines Minenfelds? Wenn er Schwulsein für ein Risiko im Business-Umfeld hielt – vielleicht hatte ich tatsächlich ein echtes Problem? Dieser verunsichernde Effekt wurde in der Folge noch dadurch verstärkt, dass sich diese Scherze regelmäßig wiederholten.

Was ich durch diese achtlose Bemerkung spürte, war die typische Angst vieler queerer Menschen, die mich schon mein ganzes junges Leben lang begleitete: Bin ich so nicht richtig – ist etwas falsch an mir? Gute Absicht schützt vor Verletzung nicht; wenn ausgerechnet ein wichtiger Mensch diesen Verdacht schürt, kann das sogar besonders verletzend sein.

Wenn sogar er mich so sieht – wie sehr fühlen sich womöglich andere von mir gestört?

Nichts von alldem beabsichtigen fürsorgliche Führungskräfte, die Maßstäbe aus ihrem Umfeld und vielleicht auch aus einer anderen Zeit anlegen. Und trotzdem ist ihr Verhalten nicht nur unzeitgemäß, sondern auch achtlos. Obwohl sie keine homophoben Persönlichkeiten sind, handelt es sich dabei eindeutig um Alltagshomophobie. Zudem ist ihre Beschützerhaltung nicht zu Ende gedacht. Indem sie uns darin bestärken, uns weiterhin zu verstecken, tragen sie dazu bei, das eigentliche Problem weiterhin zu vertuschen: die diskriminierende Natur der heteronormativen Männerwirtschaft, in der Generationen von Führungskräften nach dem Vorbild ihrer patriarchalischen Förderer geklont werden.

Die Motive der Mobber: Woher Diskriminierung kommt

In den meisten Fällen ist diskriminierendes Verhalten leider durchaus absichtsvoll – kein unbewusster, sondern ein ganz gezielter Versuch der Bestandswahrung. Zwei Gründe für Diskriminierung haben wir schon benannt: Erstens den Egoismus, der sich im Kampf um den Karrierevorteil des Täters in schmutzigen Mitteln ausdrückt. Karstens Fall kann für das extreme Ende dieses Spektrums stehen. Zweitens die fehlgeleitete Fürsorge patriarchalisch eingestellter Führungskräfte.

Darüber hinaus kommen als persönliche Motive für Diskriminierung grundsätzlich alle Ursachen von Homophobie infrage, die die Psychologie kennt. Oft sind sie den Ursachen für andere Formen von Vorurteilen und Diskriminierung sehr ähnlich. Die Neigung, andere abzuwerten, hat oft mit dem

Schubladendenken zu tun, zu dem der Mensch generell neigt. Wir müssen die Welt gedanklich sortieren und vereinfachen, um sie einigermaßen verstehen zu können. Deshalb bilden wir – oder vielmehr das Gehirn – Kategorien, die ihm verstehen helfen. Es packt soziale Gruppen in Schubladen, dann kann es leichter damit umgehen. Ob diese Schubladen korrekt beschriftet sind und wie viel sie mit der komplexen Realität zu tun haben, ist dabei erst einmal egal. Hauptsache, man blickt irgendwie durch.

Natürlich bedeutet das nicht, dass Homophobie sich mit der Funktionsweise unseres Gehirns entschuldigen ließe – die meisten Menschen haben die Tendenz zum unreflektierten, vorsintflutlichen Schubladendenken durchaus im Griff. Wir ziehen einander ja auch keins mehr mit der Keule über den Schädel, um den Konflikt über einen Cheeseburger zu klären – die meisten von uns jedenfalls nicht. Dennoch ist es hilfreich zu wissen, dass Homophobie etwas damit zu tun hat, wie das Denken im Allgemeinen funktioniert. Dann ist es von Fall zu Fall nämlich leichter, ideologischen Hass von Ahnungslosigkeit oder soziokultureller Vorprägung zu unterscheiden. Und das kann einen großen Unterschied machen bei der Frage, wie ich mit homophoben Äußerungen oder diskriminierendem Verhalten jeweils umgehe. Der Blick auf die Ursachen hilft mir, zwischen Person und Verhalten zu trennen. Das ist ein wichtiger Schritt zur Auflösung der Situation, sei es durch Klärung oder durch Trennung.

Ein weiterer Grund für diskriminierendes Verhalten ist das Bedürfnis, sich selbst positiv betrachten zu wollen. Das bringt im Umkehrschluss mit sich, dass alles falsch sein muss, was anders ist als ich selbst. »Gerade dann, wenn man sich im eigenen Selbstwert bedroht sieht oder den zugehörigen Gruppenwert als bedroht wahrnimmt, wertet man andere Gruppen ab, um gut dazustehen«, zitiert das WDR-Wissenschaftsmagazin

Quarks dazu den Sozialpsychologen Ulrich Klocke von der Humboldt-Universität Berlin.[24] Verwandt mit dieser Tendenz ist auch die evolutionär begründete Neigung, alles Fremde und Unbekannte erst einmal abzulehnen, ja sogar Angst davor zu haben.

Ein sehr großer Faktor bei Homophobie und der Neigung zu ausgrenzendem Verhalten ist natürlich die Sozialisierung, also die Prägung des eigenen Denkens durch die Erziehung und das soziale Umfeld. Wer sehr konservativ erzogen wurde oder in einem schwulenfeindlichen Umfeld aufwächst, muss sich in seinem Denken stärker emanzipieren, um diese Prägung zu überwinden – sogar dann, wenn frau oder man selbst betroffen ist und mit der eigenen Homosexualität hadert. Viele der Männer, mit denen ich für dieses Buch gesprochen habe, sind durch heftige, jahrelange innere Kämpfe gegangen, bis sie sich selbst akzeptieren konnten – mich selbst eingeschlossen.

Eine große Rolle spielt in diesem Zusammenhang auch die Art, wie Sprache im eigenen Umfeld verwendet wird. Psychologische Studien haben gezeigt: Wem – besonders im Kindes- oder Jugendalter – ständig diskriminierende Begriffe um die Ohren fliegen, hat oft automatisch eine negativere Einstellung gegenüber Schwulen. Das gilt genauso natürlich für negativ verwendete Bezeichnungen für andere soziale Gruppen, etwa rassistische Wörter für Menschen mit anderer Hautfarbe.[25] Wer an diskriminierende Sprache gewöhnt oder gar damit aufgewachsen ist, dem sitzt sie naturgemäß lockerer. Das ist ein Problem, das sich durch die sprachliche Verrohung in Internetforen und vergleichbare Entwicklungen noch verstärkt. Auf diese Weise trägt der Sprachgebrauch zur Normalisierung diskriminierenden Denkens bei – ein Umstand, den schwulenfeindliche Subkulturen und homophobe Meinungsmacher:innen gezielt für ihre Zwecke nutzen können.

Eines haben fast alle homophoben Menschen ungeachtet der individuellen Ursachen für ihre Einstellung gemeinsam: Wer diskriminierendes Denken und Verhalten in irgendeiner Weise von außen übernommen hat, war oft sein Leben lang von den Menschen isoliert, die er sich vom Leib halten möchte. Er hat also letztlich gar keine Ahnung, wen er ausgrenzt. Dass es in den jüngeren Generationen tendenziell weniger Homophobie und Diskriminierung gibt, hängt vermutlich auch damit zusammen, dass LGBTIQ*-Menschen inzwischen präsenter in der Gesellschaft sind. Wer persönlichen Kontakt mit schwulen Klassenkamerad:innen oder Kolleg:innen pflegt, fühlt sich naturgemäß weniger oder gar nicht von diesen »Anderen« bedroht – weil sie oder er die Erfahrung gemacht hat, dass sie keine Gefahr darstellen.

Das »Neandertaler:innen-Hirn« braucht die positive oder wenigstens harmlose Erfahrung, um sich sicher zu fühlen und die Keule beiseitezulegen. Das Wissen um andere kann praktisch alle Gründe für Homophobie und Diskriminierung widerlegen – vorausgesetzt natürlich, man ist für diese Erfahrung offen. Das Rezept gegen Alltagsdiskriminierung heißt: Begegnung. Genau dieser Gedanke steckt letztlich auch hinter Veranstaltungen wie dem Christopher Street Day, die dazu dienen, ein Bewusstsein für queeres Leben in der Gesellschaft zu schaffen. Auch bei den meisten LGBTIQ*-Initiativen in Gesellschaft, Bildung und Wirtschaft ist derselbe Gedanke sinngebend. Und selbstverständlich trägt genau dieser Gedanke auch dieses Buch: Wer der Diskriminierung ein Ende setzen will, muss in der Begegnung den Anfang machen.

Das Problem ist: Das klappt nur, wo und wenn das Gegenüber auch mitspielt. Viel zu oft sind schwule Männer, die sich tief in ihrem Innersten nichts mehr wünschen als Versöhnung, noch immer darauf zurückgeworfen, sich ihrer Haut zu erwehren beziehungsweise ihre berufliche Existenz zu sichern.

Mikes Story:
Gibt's dich auch in hetero?

Das jährliche Personalgespräch mit meiner Bereichsleiterin und ihrem Stellvertreter bei einem großen regionalen Wellness-Anbieter verlief sehr positiv. Ich dachte schon, der Termin sei vorbei, als meine Chefs plötzlich den Blickkontakt abbrachen und begannen herumzudrucksen. Es war, als ob da noch etwas wäre und sie nicht wussten, wie sie es sagen sollten. Auf meine Nachfrage, ob es noch etwas zu besprechen gebe, ließen sie es sich aus der Nase ziehen. Ja, sie hätten da noch ein »ganz besonderes Thema« auf dem Herzen.
»Bist du dir denn bewusst darüber, wie du manchmal bist, wenn du mit dem Team und mit Gästen umgehst?«, fragte meine Vorgesetzte mich kleinlaut. Offensichtlich war sie sich der Tatsache bewusst, dass sie auf dünnem Eis unterwegs war, und konnte es sich dennoch nicht verkneifen.
»Ja«, antwortete ich, »ich würde schon sagen, dass ich mein Verhalten ganz grundsätzlich reflektiere und auch differenziert wahrnehme. Worum geht es denn genau?«
»Du weißt schon, worum es geht, Mike.«
»Na ja, ich kann es mir denken, also spreche ich es mal aus: Es geht darum, dass ich schwul bin, oder?« An dieser Stelle herrschte betretenes Schweigen, bis ich fortfuhr: »Wo ist denn das Problem?«
»Na ja, wir haben manchmal das Gefühl, dass Teile des Teams dich nicht so ganz ernst nehmen.«
Das war mir neu, und das brachte ich auch zum Ausdruck: »Ich habe nicht das Gefühl, dass irgendjemand hinter meinem Rücken tuschelt oder mich nicht ernst nimmt und seine Aufgaben schleifen lässt, wenn ich das Tagesgeschäft leite. Ganz im Gegenteil, ich habe eher den Eindruck, dass das Team sehr gut, sehr motiviert arbeitet.«

»Wir wollen dich doch nur unterstützen, Mike. Wir haben ja nichts dagegen, wie du bist. Wir wollen dir nur helfen, damit du nicht in konfrontative Situationen gerätst.«

»Ich bin mir nur leider keines Problems bewusst, das gelöst werden müsste«, entgegnete ich – denn langsam dämmerte mir, woher der Wind wehte. Die wahre »konfrontative Situation« erlebte ich jetzt gerade.

Daraufhin änderten die beiden ihre Gesprächsstrategie.

»Wenn du dir darüber bewusst bist, wie du bist – kannst du das denn nicht abschalten, solange du auf der Arbeit bist?« Genauso gut hätten sie mich fragen können, ob es mich nicht auch in hetero gäbe.

»Nein«, gab ich entschieden zurück, »oder könnt ihr euch morgens zu irgendeinem Teil abschalten, bevor ihr ins Unternehmen kommt? Ich glaube nicht, oder?«

Damit endete das Gespräch – und zwar mit einem sehr mulmigen Gefühl bei mir. Zu 95 Prozent hatte ich ein super Feedback bekommen, doch dieses letzte Thema hatte alles wieder zunichtegemacht. Und meine Beziehung zu meinen Vorgesetzten ebenfalls. Immerhin hatte ich noch die Geistesgegenwart, deutlich zu machen, dass ich dieses Thema kein weiteres Mal dulden würde, ohne weitere Schritte einzuleiten.

Danach verhielten sie sich mir gegenüber vorsichtiger. Doch einige Zeit später kam es noch einmal zu einer ähnlichen Situation: Ich erklärte einem Kollegen, mit dem ich mich sehr gut verstand, gerade einen Ablauf, und wir alberten dabei ein wenig herum. In diesem Moment kam meine Chefin herein, sah die Situation und warf mir ohne jede Frage nach dem Kontext an den Kopf: »Geht das auch weniger schwul?«

Gaslighting the gay guy

Was Mike erlebt hat, ist eine Form der Diskriminierung, die in Zeiten wachsender Mitarbeitendenrechte Hochkonjunktur hat. Weil auch Führungskräfte sich heute nicht mehr überall herausnehmen können, was ihnen einfällt, verlegen sich einige von ihnen auf subtilere Formen der Diskriminierung, um keine rechtlichen Konsequenzen zu riskieren. Wieder anderen ist es selbst unangenehm, die sexuelle Identität ihrer Mitarbeitenden zum Thema zu machen. Doch aus ihrer Homophobie oder auch aus Sorge um ihr eigenes Ansehen im Unternehmen können sie trotzdem nicht anders. So schieben sie die angebliche Sorge um den queeren Mitarbeiter oder ein Unterstützungsangebot vor, um sich nicht angreifbar zu machen.

Gaslighting ist ein Begriff aus der Psychologie, der eine Form von Manipulation, Psychoterror oder systematischem Missbrauch beschreibt. Dabei trifft die Täterin oder der Täter dem Opfer gegenüber irreführende Aussagen bzw. gibt ihm falsche Informationen in der Absicht, dass das Opfer seiner eigenen Wahrnehmung misstraut und schließlich sogar an seinem Verstand und seiner mentalen Gesundheit zweifelt. Ziel ist es dabei, das Opfer zu verunsichern und einzuschüchtern, damit es in die Defensive gerät und leicht isoliert werden kann. Ist das Gaslighting erfolgreich, beginnt das Opfer irgendwann, sein Verhalten oder sogar sein Leben zu ändern. Gaslighting kommt oft in Verbindung mit Mobbing oder Bossing vor, kann aber auch in privaten Beziehungen auftreten. Die Täter:innen inszenieren sich im Zuge ihrer Desorientierungsstrategie oft selbst als Ritter:innen in glänzender Rüstung, die dem Opfer helfen wollen. Dazu passt,

> dass Gaslighting besonders oft von Führungskräften mit narzisstischen Tendenzen eingesetzt wird, die ihr eigenes, tiefsitzendes und meist verborgenes Gefühl der Unzulänglichkeit zu kompensieren versuchen. »Für die Betroffenen ist es das Wichtigste, das Prinzip von Gaslighting zu erkennen und sich darüber bewusst zu sein, denn jeder Mensch kann Opfer eines solchen Psychoterrors werden, wobei Gaslighting in der Regel eine schleichende Entwicklung nimmt. Betroffene sollten daher stets auf Lügen achten, auf erfundene Feinde, denn je mehr man darauf achtet, desto besser kann man sich dagegen wehren.«[26]

Dass LGBTIQ*-Mitarbeitende am Arbeitsplatz Gaslighting erleben, ist leider keine Seltenheit. Auf diese Weise geben homophobe und/oder um ihr Ansehen besorgte Vorgesetzte ihnen das Gefühl, falsch zu sein und an ihrem eigenen Verhalten zu zweifeln. So können sie die Betroffenen leicht zu Sündenböcken für alles machen, was in ihrem Verantwortungsbereich schiefgeht. Fallen Mitarbeitende, die vielleicht sowieso bereits unter Unsicherheit litten, auf diese Masche herein, kann es durchaus vorkommen, dass sie tatsächlich versuchen, sich anzupassen und für die oder den Vorgesetzten zu verändern.

Mike war zum Zeitpunkt dieses Ereignisses ein Stück weit im Unternehmen gefangen. Er hatte erst kurz zuvor ein duales Studium aufgenommen und war somit an den Arbeitsplatz gebunden, wenn er nicht alles hinschmeißen wollte. Solche Abhängigkeiten nutzen Führungskräfte, die sich des Gaslightings bedienen, typischerweise schamlos aus. In seiner Identität ließ Mike sich zum Glück jedoch nicht angreifen. Er weigerte sich, das Opfer zu sein, das die Führung gern aus ihm gemacht hätte. Nach dem Abschluss seines Studiums reichte er umgehend die Kündigung ein.

Kaltgestellt: Die hohen Mauern der Männerwirtschaft

Nicht minder perfide als das Gaslighting ist eine weitere Strategie homophober Manager:innen, um ihre heteronormativen Spielplätze frei von queeren Eindringlingen zu halten: das Abschieben von ambitionierten queeren Anwärter:innen auf ungefährliche Posten, in ungeliebte Zweigstellen oder andere Karriere-Sackgassen.

In manchen Unternehmen werden LGBTIQ*-Mitarbeiter schlicht kaltgestellt, sobald die Chef:innenetage Wind von ihrer Geschlechtsidentität bekommt. Besonders häufig kommt das natürlich in sehr konservativ aufgestellten Traditionshäusern oder konfessionell angebundenen Einrichtungen vor. Letztendlich braucht es jedoch nicht mehr als einen einzigen homophoben Entscheidungsträger, um selbst ein normalbuntes Unternehmen zu einem homophoben Hotspot zu machen. Leider werden Managerposten – auch und gerade solche mit hoher Personalverantwortung – in der Regel ja nicht nach persönlicher und psychologischer Eignung für Menschenführung besetzt, sondern nach formaler Qualifikation, Dienstjahren oder auch Zugehörigkeit zu einem internen Männerclub. Homophobie ist leider kein Ausschlusskriterium fürs höhere Management. In manchen Unternehmen ist es sogar ein heimliches Asset.

Die Vorstellung homophober Männerclubs mag sich anhören wie eine schmutzige Verschwörungstheorie. Tatsächlich ist die Realität, wie so häufig, um einiges dreckiger. Die meisten Frauen, die es in höhere Managementpositionen geschafft haben (oder auch beim Versuch gescheitert sind), werden davon ebenfalls ein Lied singen können. Im Zuge meiner Interviews für dieses Buch habe ich – *off the record* – von Männercliquen in hoher Position gehört, die sich nicht nur gegenseitig die Posten zuschacherten, sondern auch gemeinsam auf Unternehmenskosten im Bordell die Sau rausließen.

Auch wenn solche Strukturen heute viel leichter auffliegen und sich vieles zusehends zum Besseren verändert: Die alten, weißen, heteronormativen Männer, die sich im entscheidenden Moment gerade noch rechtzeitig die weiße Weste überstreifen, haben noch immer in vielen Unternehmen das Sagen. Sie schützen sich nicht nur gegenseitig; sie schützen auch ihre Herrenclubs vor jedem kleinen Lüftchen der Veränderung. Da stößt so mancher Mitarbeitende plötzlich an eine gläserne Decke und weiß gar nicht, wie ihr oder ihm geschieht.

Von dieser systematischen Form der Diskriminierung – nennen wir es internalisiert homophobes Management – zeugt die Geschichte von Jakob[27]. Er wurde in seinem Unternehmen schon kaltgestellt, bevor von einer Karriere auch nur die Rede sein konnte.

Jakobs Story:
Du kommst hier nicht weit

Meine Ausbildung zum Sortimentsbuchhändler habe ich bei einer großen Buchhandelskette gemacht, damals die bedeutendste in der Region. Zuerst arbeitete ich in der größten Filiale, und zwar in der Belletristik-Abteilung. Das hat mir großen Spaß gemacht, weil ich gern lese, und der Kundenkontakt lag mir auch.

Zur selben Zeit war ich in einer schwulen Jugendgruppe in der Region aktiv. Diese Gruppe wollte Mitglied in einem regionalen Dachverband für Jugendarbeit werden. Das war wichtig, um öffentliche Fördergelder für unsere Aufklärungsarbeit in Anspruch nehmen zu können. Doch der Verband lehnte unsere Mitgliedschaft mit himmelschreiend

homophoben Argumenten ab: Wir seien eine Gefahr für die anderen Jugendgruppen, hieß es da, und wollten doch nur die anderen Jungs verführen.
Also nahmen wir uns einen Anwalt und gingen vor Gericht. Schließlich hatten wir nicht mehr die 50er Jahre. Der Richter verpflichtete den Verband, uns aufzunehmen. Auf den Prozess gab es ein Riesen-Presseecho. In einer der auflagenstärksten Regionalzeitungen erschien ein Foto, auf dem ich zu sehen war.
Dadurch wurde ich bei meinen Vorgesetzten geoutet, machte mir aber nicht weiter Gedanken darüber. Bei meinen Kollegen war ich zuvor schon geoutet. Was in die Chef:innenetage durchdrang, war mir ziemlich egal. Ich war immer selbstbewusst genug, um zu sagen: Ich bin schwul, na und? Kurze Zeit später kam dann die Überraschung: Von einem Tag auf den nächsten wurde ich ohne jede Erklärung in eine Nebenfiliale versetzt. Und zwar in eine, deren Hauptgeschäft das sogenannte moderne Antiquariat war, im Klartext also: Wägen mit Ramschbüchern auf der Straße. Meine Aufgabe bestand im Wesentlichen darin, die Ramschwägen morgens bei Wind und Wetter auf die Straße zu räumen und abends wieder zurück. Viel mehr gab es dort nicht für mich zu lernen. Und in dieser Filiale hing ich für die gesamten restlichen zweieinhalb Jahre meiner Ausbildung fest. Das widersprach sämtlichen Vorschriften und Gepflogenheiten einer Lehre im Buchhandel. Eigentlich war im Ausbildungsplan vorgesehen, dass ich alle drei Monate in einem neuen Bereich des Unternehmens hospitieren sollte.
Natürlich bat ich diverse Male darum, in andere Filialen und Abteilungen versetzt zu werden, wie der Ausbildungsplan es verlangte. Doch sämtliche Anfragen wurden ignoriert. Natürlich hat nie jemand offen ausgesprochen, dass das mit meiner Sexualität zu tun hatte und dass der Zeitungs-

> artikel der Auslöser gewesen war. Doch es lag auf der Hand. Schließlich bekamen alle anderen Auszubildenden die übliche Behandlung, nur ich versauerte auf dem ungeliebten Außenposten. Es war offensichtlich, dass ich kaltgestellt worden war und in diesem Unternehmen gar nicht erst Fuß fassen sollte.

Wie du dich gegen Diskriminierung wehrst

Fälle wie der von Jakob sind nichts anderes als systemische, vom Management beschlossene und implementierte Diskriminierung als Maßnahme der heteronormativen Unternehmenskultur. Das Problem in seinem Fall war – wie so oft – der Faktor Sichtbarkeit: Hätte er keine Aufklärungsarbeit geleistet und wäre öffentlich unsichtbar geblieben, wäre seine Ausbildung ganz normal verlaufen. Hätte er sich und seine Überzeugungen verleugnet, hätte er mitspielen dürfen. Doch sobald er den Kopf hob, wurde er ihm abgeschlagen.

Natürlich kann Jakob sich heute damit trösten, dass eine Karriere in diesem Unternehmen unter diesen Umständen wohl sowieso nicht das Richtige für ihn gewesen wäre. Doch ihm wurde Unrecht getan – im Sinne seiner Ausbildungsordnung sogar greifbar und nachweislich. Wie so oft ist die Führung leider auch in diesem Fall damit durchgekommen, weil sie im Gegensatz zu Jakob nicht mit offenen Karten spielte.

Die Beispiele in diesem Kapitel zeigen, wie real die Homophobie im Herzen der deutschen Wirtschaft ist. Schwulsein ist in vielen Unternehmen ein Karrierekiller. Dass das Management heute in aller Regel gerissen genug ist, seine wahren Motive zu vertuschen, macht das Problem nur noch bedrohlicher. Auf diese Weise wird die latente Karriereangst queerer

Menschen noch verstärkt. Sie wissen oft gar nicht, wie ihnen geschieht, weil ihnen die Erklärung verweigert wird. Sie spüren nur, dass sie irgendwie falsch sind – in diesem Unternehmen. Eben darum geht es den Täter:innen: Wir sollen in das Versteck zurückkriechen, aus dem wir gekommen sind, und nicht auch noch Karriere machen.

Wenn du dich fürchtest, halte dir immer vor Augen: Auf der anderen Seite herrscht bei genauer Betrachtung die größere Angst. Denn nichts anderes liegt der Homophobie letzten Endes zugrunde.

Angst – der eigenen und der des Aggressors – kann man nur mit Mut begegnen. Genauso systematisch, wie in deutschen Büros diskriminiert wird, müssen wir uns auch dagegen wehren.

Wie du dir ein dickes Fell zulegst und dein Konfrontationsvermögen als schwule Karrierekompetenz aufbaust, ist das Thema von Kapitel 8. Doch schon an dieser Stelle möchte ich dir einige Tipps an die Hand geben, wie du dich gegen krasse Fälle von Diskriminierung und homophobem Verhalten zur Wehr setzen kannst: Was tun, wenn du mehr oder weniger offen ausgegrenzt oder attackiert wirst? Was, wenn dir eine Beförderung verweigert wird, weil du nicht heterosexuell bist? Wie reagieren, wenn ein Kollege oder Vorgesetzter dich auffordert, deine Geschlechtsidentität zu unterdrücken? Was, wenn dir homophobe Schimpfwörter um die Ohren fliegen oder Witze auf deine Kosten erzählt werden? Kurz: Welche Schritte kannst du gehen, wenn du Opfer – oder Zeuge! – von Diskriminierung wirst?

1. Grenzen setzen

Die wichtigste Maßnahme, auf deren Anwendung im Einzelfall wir in Kapitel 8 noch zu sprechen kommen, ist immer dieselbe: Grenzen setzen. Am besten tust du das sofort. Doch es ist ganz wichtig zu wissen: Diskriminierung verfällt nicht. Wie einige der Beispiele zeigen, sind viele nach einer homophoben Attacke im ersten Moment wie gelähmt. Es ist ganz normal, wenn du in so einer Situation emotional wirst und erst einmal Luft holen musst! Keine Sorge: Wenn du erst später den Mut aufbringst, das Problem anzusprechen, ist das völlig in Ordnung. Wichtig ist, dass du deinem Frust und deiner Enttäuschung überhaupt Luft machst – natürlich auf kontrolliert-konstruktive Art und Weise, um den Täter:innen nicht in die Hände zu spielen.

Bedeutsam ist das aus zwei Gründen. Zum einen, damit die Täterin oder der Täter sieht, dass sie oder er damit bei dir nicht ungestraft davonkommt und mit Gegenwehr zu rechnen hat. Zum anderen brauchst du es für dein eigenes Seelenheil. Sobald du dich wehrst – auch und gerade beim ersten Mal – schaffst du damit für dich und andere einen Präzedenzfall: So nicht, nicht mit mir! Es ist sehr wichtig, dass du dir das nicht aus Angst um deine Karriere, dein Ansehen oder die Zuneigung deines Umfelds verbietest. Ein Umfeld, in dem du so behandelt wirst, hat Rücksicht nicht verdient. Oft ist die Angst vor Konsequenzen oder vor einer offenen Konfrontation vor allem Kopfsache. In der Regel ist es bei allen berechtigten Zweifeln und Sorgen einfacher als du denkst, derjenige zu sein, der in deinem Unternehmen den Stein ins Rollen bringt.

Wie kann das Grenzensetzen aussehen? Was kannst du sagen, wenn du angegriffen, der Lächerlichkeit preisgegeben oder offen ausgegrenzt wirst? Am besten findest du die richtigen Worte für dich selbst – auch wenn dir das vielleicht nicht im ersten Moment gelingst. Beim Formulieren helfen dir folgende Grundregeln:

Beziehe dich bei deiner Erwiderung auf die Beobachtung, indem du die homophobe Äußerung oder das diskriminierende Verhalten konkret benennst: Was hat dein Gegenüber gesagt oder getan? Dann liegen die Karten auf dem Tisch und die- oder derjenige kann nicht so tun, als wüsste sie oder er nicht, wovon die Rede ist.

Sprich dann klar aus, dass dieses Verhalten für dich inakzeptabel ist und du es nicht hinnehmen wirst, wenn so mit dir gesprochen oder umgegangen wird.

Kündige eine konkrete Konsequenz an, zum Beispiel die Einbeziehung eines Rechtsbeistands, und ziehe sie je nach Schwere und Umständen sofort, spätestens im Wiederholungsfall unbedingt auch durch.

Wenn du nicht zu den spontan Reaktionsfreudigsten unter uns gehörst, empfehle ich dir: Leg dir im Geiste einfach mal ein paar schlagfertige Sätze zurecht, damit du sie im Bedarfsfall direkt parat hast. Wie weit du darüber hinausgehen willst, liegt je nach Situation in deinem Ermessen. Wenn es sich klar um Diskriminierung handelt, gibt es keinen Grund, mit einer mindestens betriebsinternen Eskalation zu zögern – in besonders heftigen Fällen gar mit einer Anzeige.

2. Vorgesetzte einbeziehen

Führe möglichst bald nach dem Vorfall ein Gespräch mit deinem oder deiner Vorgesetzten – wenn du dazu in der Lage bist, am besten sofort. Handelt es sich bei der Täterin oder beim Täter um deine:n direkte:n Vorgesetzte:n, wende dich gleich an die nächsthöhere Instanz. Dies ist ein Anlass, der das Überspringen von Hierarchiestufen durchaus rechtfertigt, wenn du das für nötig erachtest. Setze sie oder ihn über den Vorfall in Kenntnis und bitte darum, dass Konsequenzen aus dem Ereignis gezogen werden.

An der Reaktion der Führung wirst du erkennen können, ob du in diesem Unternehmen Unterstützung erwarten kannst oder nicht.

Sollte sich herausstellen, dass du dich in deinem Team tatsächlich nicht gegen offenes Unrecht wehren kannst, ohne dadurch Nachteile zu erfahren, dann ist dieses Unternehmen auf Dauer für dich nicht das richtige Umfeld. Es mag unfair sein, dass du dich bewegen musst, obwohl du im Recht bist. Doch im Zweifel kannst du nicht darauf warten, bis in diesem Laden vielleicht irgendwann mal ein anderer Wind weht. Wenn deine Gegenwehr keine Wirkung zeigt, zieh lieber so schnell wie möglich Konsequenzen daraus und geh – allerdings nicht, bevor du reinen Tisch gemacht und die Täter im Rahmen deiner Möglichkeiten belangt hast. Wenn du einfach sang- und klanglos flüchtest, haben die homophoben Kräfte gewonnen und ihr Ziel erreicht, ohne die Konsequenzen dafür zu tragen.

Achtung: Sprich jedoch nie im Affekt vorschnell eine Kündigung aus – egal, wie wütend du in der Situation bist und wie gern du alles hinschmeißen möchtest! Konsultiere vor einem solchen Schritt immer zuerst eine Spezialistin oder einen Spezialisten für Arbeitsrecht. Wähle am besten eine Anwältin oder einen Anwalt, die oder der sich auf Diskriminierung am Arbeitsplatz spezialisiert hat. Hilfe bei der Suche bekommst du bei lokalen oder regionalen LGBTIQ*-Beratungsstellen, Berufsverbänden und Antidiskriminierungsstellen.

3. Den Vorfall dokumentieren

Egal, ob du vorhast, den oder die Täter anzuzeigen oder nicht: Dokumentiere das Ereignis unbedingt für dich, indem du ein ausführliches, schriftliches Gedächtnisprotokoll anfertigst. Sei dabei so detailliert wie möglich. Am besten erledigst du das, solange die Erinnerung noch ganz frisch ist. Zitiere alle Beteiligten in deinen Aufzeichnungen möglichst genau und ausführlich mit wörtlicher Rede. Notiere auch Details wie die Uhrzeit, den Ort des Geschehens, die Umstände, weitere Anwesende usw. Datiere das Gedankenprotokoll und bewahre es an einem sicheren Ort (nicht am Arbeitsplatz) auf. Es kann dir im Fall eines Prozesses als Gedächtnisstütze dienen und wird in der Regel als Beweismittel anerkannt.

4. Rechtsschutzmöglichkeiten prüfen

Ob du es mit einem juristisch relevanten Fall von Diskriminierung zu tun hast, bei dem dir Rechtsschutzmöglichkeiten zustehen, kannst du anhand der folgenden Schrittfolge prüfen.[28] Die erwähnten Gesetzestexte und näheren Bedingungen findest du u. a. auf der Website der Antidiskriminierungsstelle des Bundes: www.antidiskriminierungsstelle.de.

Schritt 1 – Besteht ein Rechtsanspruch wegen eines ausdrücklichen Diskriminierungsverbotes?
Zum Beispiel: AGG, § 33c SGB I, Art. 3 Abs. 3 GG Ist der betroffene Lebensbereich geschützt? (z. B. Arbeit, Werbung) Ist die betroffene Diskriminierungskategorie geschützt? (z. B. Geschlecht, sozialer Status) Ist die verantwortliche Person an das spezifische Diskriminierungsverbot gebunden? (z. B. Arbeitgeber, Arbeitskollegin) JA → Sind die prozentualen Voraussetzungen eingehalten? JA → Anspruch besteht NEIN → weiter zu Schritt 2
Schritt 2 – Greift eine allgemeine Rechtsvorschrift?
z. B. § 185 StGB, Art. 3 Abs. 1 GG JA → Anspruch nach Voraussetzungen des Rechtsgebietes geltend machen NEIN → Es besteht kein Anspruch, Möglichkeiten außerrechtlicher Intervention prüfen

Abb. 1: Prüfungsschritte für Rechtsschutzmöglichkeiten gegen Diskriminierung gemäß Antidiskriminierungsstelle des Bundes.

Wenn du nach dieser Prüfung zu dem Schluss kommst, dass es sich um einen juristisch relevanten Fall von Diskriminierung handelt, zögere nicht: Suche anwaltlichen Rat und handle – mit Konsequenz und größtmöglichem Nachdruck. Wenn du es mit eindeutig beleidigendem, nötigendem oder gar aggressivem Verhalten zu tun bekommst und du dich in der Situation emotional oder gar körperlich bedroht fühlst, kannst du selbstverständlich auch die Polizei rufen und direkt Anzeige erstatten. Zögere nicht, andere Anwesende offen als Zeugen zu benennen – am besten direkt in der Situation und im Beisein der Täterin oder des Täters. Das mag für die Betreffenden unangenehm sein; verglichen mit dem, was du gerade erlebst, ist das gar nichts. Auf die Zustimmung von Kolleg:innen, die diskriminierendem Verhalten tatenlos zusehen und sich in so einer Situation nicht bereitwillig auf deine Seite stellen, kannst du in Zukunft ohnehin verzichten.

Aufstehen, Krönchen richten, weitergehen

Das Ziel von Diskriminierung ist Einschüchterung. Täter:innen geht es darum, dich in deiner Denk-, Rede- und Handlungsfreiheit einzuschränken, mundtot zu machen, aus dem Verkehr zu ziehen, kurz: handlungsunfähig zu machen. Man will dich brechen. Wenn du dich wegduckst, stumm bleibst und den Kopf in den Sand steckst, ist es gelungen.

Du kannst drei Dinge tun, um handlungsfähig zu bleiben. Erstens kannst du dich selbst bedingungslos lieben und lieben lassen; Hass ist chancenlos gegen Menschen, die von Liebe erfüllt sind. Die Voraussetzung dafür ist natürlich, dass du wenigstens außerhalb des Büros offen schwul bzw. queer lebst. Zweitens kannst du dich wie beschrieben zur Wehr setzen.

Und drittens kannst du nach vorn schauen. Wenn das im aktuellen Umfeld nicht möglich ist, mag dein Weg dort in der Tat vorbei sein. Entscheidend ist aber, wie du diese Einsicht wertest. Entweder kannst du sie als Niederlage betrachten. Dann wirst du dich unzulänglich fühlen und im schlimmsten Fall den Mut verlieren, weil du glaubst, im nächsten Job müsse alles genauso laufen. Oder du kannst einen klaren Schnitt machen und dich darauf fokussieren, was du beim nächsten Mal, im nächsten Unternehmen anders machst. Zum Beispiel kannst du dich schon beim Bewerbungsgespräch outen und auf diese Weise das Betriebsklima testen. Auch den Kreis relevanter Arbeitgeber:innen von vornherein auf bekanntermaßen LGBTIQ*-freundliche Unternehmen zu beschränken, ist heute in vielen Branchen eine völlig legitime Option bei der Jobsuche, wenn auch leider bei Weitem noch nicht überall.

Wenn du nicht bis zur Rente in Angst leben möchtest, mach dir eines bitte unmissverständlich klar: Wird in deinem Unternehmen systematisch diskriminiert oder Diskriminierung geduldet, ist es nicht das richtige Unternehmen für dich. Da spielt es letztlich keine Rolle, wie sehr du den Job magst – er mag dich nämlich nicht. Über einseitige Liebe muss ich dir ja wohl keinen Vortrag halten, oder? Denk nicht nur an dich, denk auch an andere: Mit jedem Tag, den du bleibst, unterstützt du ein menschenfeindliches System. Du hilfst sogar noch dabei mit, dass Menschen wie du weiterhin ungestraft diskriminiert, gemobbt und kaltgestellt werden – vom Auszubildenden bis zur Managerin.

Sei selbst der Wandel, den du in der Arbeitswelt sehen willst. Zeige dich, wehre dich und grenze dich ab. Wie viele blaue Augen auch immer du dir unterwegs holst: Was dich nicht umbringt, macht dich freier. Aufstehen, Krönchen richten, weitergehen. Du musst diesen Kampf niemals und nirgendwo allein führen. Du bist viele.

KAPITEL 4

ANDERSRUM INS LEBEN

Der steinige Weg der Selbstbehauptung

Schwul? Wer? Ich?

Wie bei den meisten Menschen erwischte mein sexuelles Erwachen mich kalt. Damit meine ich jetzt nicht die üblichen Überraschungen und Peinlichkeiten, die der Teenager-Körper uns manchmal von einem Tag auf den nächsten ohne Vorwarnung zumutet. Ich meine die plötzliche Erkenntnis, die sich erst rückblickend über längere Zeit angeschlichen hat: Moment mal, mit dieser Geschlechtersache hat es scheinbar doch irgendwas auf sich! Nur fiel mir das nicht an mir selbst auf, sondern eher an allen anderen. Meine Freunde hatten plötzlich alle Freundinnen. Ich nicht. Und im Gegensatz zu ihnen war ich irgendwie auch nicht besonders scharf drauf.

So begann das Nachdenken über meine Sexualität, und davon ausgehend auch über meine Identität im Großen und Ganzen. Das Gefühl des Andersseins war der Aufhänger. Damit, das haben mir viele Gespräche über die Jahre gezeigt, bin ich nicht allein. Wenn man in der Hormonrallye der Teenagerzeit mit quietschenden Reifen abbremst und scharf in eine andere Richtung abbiegt als alle anderen, nimmt man das als sehr einschneidend wahr. Schlagartig findet man sich einsam und allein auf einer sehr ungemütlichen Buckelpiste wieder, ohne zu wissen, wohin die überhaupt führt. Was man sehr wohl erkennt, ist, dass sie sich sehr rasant von der schnurgeraden Piste entfernt, auf der die Altersgenossen davoneilen. Das ist eine ziemlich prägende Erfahrung – zumal man in diesem Moment noch gar nicht weiß, wie einem geschieht. Was genau ist bei mir eigentlich anders? Gehört das so? Und warum geht es scheinbar nur mir so? Das waren Fragen, die mich einiges mehr an Schlaf kosteten als die üblichen hormonellen Wallungen. Es war hart, mich selbst dabei zu beobachten, wie langsam der Groschen fiel.

Vom ersten Schreckmoment an dauerte es vielleicht ein paar Wochen, bis sich ein Verdacht herauskristallisierte: »Vielleicht, lieber Matthias, hast du ja eine gewisse Tendenz hin zu Männern statt zu Frauen ...«

Die Antwort von innen war erst einmal große Ungläubigkeit. »Schwul? Was? Ich?«, fauchte mein rallyefahrendes Teenager-Ego empört, während es einem weiteren heterosexuellen Golf auf Kollisionskurs auswich und eine steile Kurve querfeldein zog.

»Andersrum!«, brüllte ich zurück, und biss mir sogleich auf die Zunge.

Was für ein Chaos! Was meine Klassenkameraden reihenweise taten, kam für mich leider nicht wirklich infrage: ausprobieren. Ich konnte ja schlecht den nächstbesten heißen Typen auf dem Schulflur anhalten und sagen: »Entschuldigung, können wir kurz knutschen? Es ist rein wissenschaftlich, ich muss mal was überprüfen.« Meine Testanordnung beschränkte sich für den Moment auf den Konsum von *Baywatch*, und da war das Ergebnis eindeutig. Liebe heterosexuelle Männer, ihr müsst jetzt tapfer sein: Sogar im Vergleich zu Pamela hatte Billy bei mir einfach die besseren Argumente.

Die Verunsicherung war groß. Ich brauchte einen Wegweiser durch den hormonellen Nebel. Vielleicht hatte ich ja nur irgendwie die Wegskizze nach Köln-Vagina falschrum gehalten. Also beschloss ich, mich meinem kampferprobten Co-Piloten anzuvertrauen: meinem damals besten Freund Willi. Nein, nicht die Biene, ein echter Freund; das mit den Blümchen hatten wir hinter uns. Er war in dieser ersten, großen Verwirrung und Unsicherheit der Erste, dem ich mich nach zähem Ringen mit mir selbst anzuvertrauen wagte – denn vor einem Zwangsouting an der Schule hatte ich geradezu panische Angst. Schwul, ich, und alle wissen davon? Schon beim bloßen Gedanken daran qualmten meinem Flucht-Ego die Reifen.

Und Willi so? Willi reagierte, wie Willi immer reagierte: völlig cool. Willi, der heterosexuelle Willi, fuhr später sogar ganz entspannt mit mir ins Lulu – dem damals größten schwulen Club in Köln. Willi war eine Wucht, eine Bank, ein Fels in der Brandung. Nur eines konnte auch er mir nicht wirklich verschaffen – nämlich die Orientierung, die ich so dringend brauchte. Auch mein Vater kam dafür nicht in Frage; er war verstorben, als ich acht Jahre alt war.

So angestrengt ich auch suchte: kein Wegweiser, nirgends. Wenn unter meinen Schulkameraden noch andere waren, denen es ähnlich ging, hielten sie sich gewiss genauso bedeckt wie ich. Ich war allein auf der Buckelpiste – ohne Vorbilder, an denen ich mir ein Beispiel hätte nehmen können.

Schlimm genug für einen Jungen in den frühen 90ern auf der Suche nach seiner Identität. Doch es gab noch höhere Hürden. Der Begriff »AIDS« beendete damals noch immer viele Sätze, die mit dem Wort »schwul« begannen. Manche der wenigen Promis, über die man überhaupt Bescheid wusste, hatten sich das nicht einmal ausgesucht: Hape Kerkeling und Alfred Biolek waren erst 1991 vom Filmregisseur und Aktivisten Rosa von Praunheim zwangsgeoutet worden. Der bezeichnete diese höchst umstrittene Aktion später selbst als »Verzweiflungsschrei auf dem Höhepunkt der AIDS-Krise«.[29] Klaus Wowereit war noch Tempelhofer Bezirksstadtrat für Volksbildung und Kultur und ein ganzes Jahrzehnt von seinem historischen Satz entfernt. Ich habe genauso wenig Freude daran wie jeder andere schwule Mann, meine eigene Jugend aus einem historischen Blickwinkel zu betrachten, aber es hilft ja nichts: Es war eine andere Ära. In einer Geschichte, die erst im letzten Jahrhundert wirklich Fahrt aufnahm, sind 30 Jahre eine lange Zeit.

Schlimmer, viel schlimmer noch ist, dass manches auch heute noch erschreckend ähnlich läuft. Die Orientierungslosigkeit, die Unsicherheit, das eigene Anderssein als Grundlage der Identitätssuche: Das erleben viele LGBTIQ*-Menschen nicht nur in der Jugend, sondern auch in ihrer beruflichen Karriere noch immer. Es gibt unzählige Gründe dafür, warum es für einige schwieriger ist als für andere. Manche Familien sind entspannter und offener als andere; manche kulturellen Umfelder kennen weniger Tabus und Verbote als andere; manche sind mit größerem Selbstbewusstsein geboren oder erzogen als andere. Doch auch, wenn es in größerer und besserer Gesellschaft geschieht als damals: Die Erfahrung, mit der eigenen Identität von der Norm abzuweichen, macht jeder queere Teenie heute noch genauso wie ich. Und noch immer fehlt es vielen in den entscheidenden Momenten der Menschwerdung an einem Vorbild, wenn wir dies am dringendsten brauchen.

Der unendliche Hürdenlauf

Spätestens wenn es bei der Berufsentscheidung oder in der Karriere einmal ums Ganze geht, fällt den meisten schwulen Männern auf, was sie im glückseligen Fall einer glimpflich verlaufenen Jugend vielleicht lange erfolgreich verdrängen konnten: Schwules Leben kann ganz schön anstrengend sein. Und nein, damit meine ich nicht die unendlichen Stunden im Fitnessstudio und die generalstabsmäßig durchgetaktete Dating-Routine. (Denn selbstverständlich sind wir alle stets bis in die Zehenspitzen durchtrainiert und können uns an jedem Tag der Woche vor Sexualpartnern kaum retten, aber das ist eine andere Geschichte.) Was ich meine, ist die ständige Überwindung von Hürden, die andere einfach links liegenlassen.

Wer schon seit frühester Jugend unter Selbstzweifeln und

Unsicherheit gelitten hat, legt das als Erwachsene:r nicht mal eben ab, nur weil frau oder man jetzt sein eigenes Geld verdient. Die Zweifel halten lange vor; die latente Unsicherheit ist für viele eine Lebensaufgabe. Manche formt sie zu »insecure overachievers«, die es gerade aufgrund ihrer Selbstzweifel besonders weit bringen. Andere, die sich nicht wehren, hält sie klein – nicht selten ein Leben lang. Die Liste der schwulen Männer, die unter ihren Möglichkeiten bleiben, ist so lang, dass dieses Buch nicht genug Seiten hätte.

»Schwule Männer müssen doppelt so gut sein«, bestätigte mir einer meiner Gesprächspartner während unseres Interviews für dieses Buch. Er selbst hat eine beispielhafte Karriere in der Unternehmensberatung und als Executive hingelegt. »Uns ist die übliche heteronormative Kungelei nicht zugänglich, die alles einfacher macht. Ich bin während meiner Konzernzeit eben nicht mit den anderen Führungskräften über Weihnachten ins Luxus-Skiressort gefahren, um beim Après-Ski zu netzwerken. Ich habe eben keine adrette Freundin mit zur Sommerparty auf der Mittelmeerinsel gebracht, um einen auf große Familie zu machen. Ich habe mich nicht getraut, da mit meinem Freund aufzutauchen – im Herzstück des deutschen Establishments. Wenn es um die hohen Positionen geht, stellen sich Fragen wie: Wollen wir mit dem spielen? Darf der seine Füße unter unseren Tisch stellen? Geben wir dem ein Stück vom Kuchen ab? So wichtig die Leistung ist, am Ende spielt auch der Nasen-Faktor eine Rolle: Passt uns diese Nase ins Konzept? In dem Augenblick, wo du dich abhängig machst, wo du Schulden hast, wo du Hypotheken abzahlen möchtest, überlegst du dir dreimal, welche Priorität das Comingout im Vergleich dazu hat – so traurig das ist.«

Sogar geoutete Männer sind in den seltensten Fällen frei von Sachzwängen und nötigenden Umständen, die ihren Kollegen und Konkurrenten völlig fremd sind. Immer wieder müssen wir uns erklären, immer wieder müssen wir uns beweisen. Wo andere unter Schulterklopfen durchsprinten, klettern wir in derselben Zeit noch über zusätzliche Hürden, ohne jemals eine Medaille dafür zu bekommen. Denn die Zugangsvoraussetzungen für den Erfolgsclub wurden nun mal von Vertretern der Mehrheit gemacht.

Auch wenn die politische und soziale Akzeptanz heute auf einem ganz anderen Niveau ist als in den Neunzigern des letzten Jahrhunderts: Für den heteronormativen Vorgesetzten ist die Geschlechtsidentität anderer immer erst wirklich ein Thema, wenn er selbst davon betroffen ist. Zum Beispiel, weil er plötzlich einen schwulen Mitarbeiter hat, der sein Potenzial erst mal zeigen muss. Und dann will der auch noch eine Extrawurst gebraten bekommen – Chancengleichheit, Einladungen »mit Partner«, Akzeptanz statt Toleranz und so.

Da können wir uns noch so gut anpassen: In der Wahrnehmungs-Minderheit sind wir trotzdem. Im Zweifel ist der Hetero fast immer die einfachere Wahl. Warum sich stattdessen für den entscheiden, der alles komplizierter macht? Es sei denn natürlich, er ist leistungsmäßig unschlagbar ...

Also schuften viele von uns für zwei, bis zum Schluss, selbst wenn sie es gar nicht mehr nötig hätten. Die Zweifel bleiben, der Hürdenlauf geht weiter – bei manchen ein Leben, bei vielen eine Karriere lang.

Auch wenn die Zweifel und die Unsicherheiten sich ähneln – gesät werden sie auf sehr unterschiedliche Weise. Sehr oft geschieht das an dem einen Ort, wo man normalerweise wächst und gedeiht, wo man Sicherheit und Geborgenheit erfährt und wo alle an einen glauben ... sollten: zu Hause.

Ein ganzes Leben auf einem Zettel

»ÜBRIGENS, ICH BIN SCHWUL!«

So stand es auf dem Zettel, den ich gut sichtbar auf meinem Schreibtisch liegenließ – in der Gewissheit, dass meine Mutter ihn finden würde. In diesen vier Worten steckte die ganze Geschichte meines jungen Lebens bis zu diesem Moment: die Einsamkeit, die Verzweiflung, die Wut. Dass mir die größte Enttäuschung erst noch bevorstehen sollte, ahnte ich da noch nicht.

Meine Mutter war nicht in der Lage, es mir leicht zu machen. Seit mein Vater im Alter von 40 Jahren an Krebs verstorben war, war nichts mehr leicht gewesen – für sie nicht, und deshalb auch für mich nicht. Vom Schicksal gebeutelt, von den Eltern auch finanziell im Stich gelassen, mit zwei Kindern im Alter von acht und zwei Jahren und Verpflichtungen in Bezug auf das Haus verfiel meine Mutter in eine tiefe, anhaltende Deprimiertheit, um es vorsichtig auszudrücken. Während sie nach außen die Fassade der perfekten Familie mit Ballettunterricht für meine Schwester, Tennisunterricht für mich und regelmäßigen Urlaubsreisen aufrechterhielt, verpasste sie es leider, sich um ihre eigenen Probleme zu kümmern. Eine freikirchliche Gemeinde wurde ihre Zuflucht und ihre geistige Heimat, und ich wurde Projektionsfläche für alle Überforderung. Im Gegensatz zu meiner Schwester, die immer gut in der Schule war und nie negativ auffiel, bot ich mich für diese Rolle an: Ich war das unbequeme und pflegeintensive Kind.

Als es zum oben beschriebenen Affekt-Outing kam, war ich 21 Jahre alt, hatte bereits mit dem Studium begonnen und stand kurz vor dem Auszug aus meinem Elternhaus. Fast ein Jahrzehnt lang hatte ich aufgrund von Auseinandersetzungen mit meiner Mutter kaum je in Frieden schlafen können.

Angst, Demütigung, emotional unberechenbare Situationen und Aggression prägten meinen Alltag und leider oft genug auch die Nächte zu Hause. Während meine Mitschüler sich an immer mehr Freiheiten erfreuten, fühlte ich mich in einem immer engeren Gefängnis.

Mehrfach rief ich in all den Jahren vernehmbar um Hilfe, doch nichts geschah. Einmal kam eine Bekannte der Familie vorbei, um nach dem Rechten zu sehen. Am Telefon hatte ich sie angefleht, mich endlich da rauszuholen. Sie erschien auch tatsächlich, plauderte dann bei einem Kaffee mit meiner Mutter, ließ sich einlullen und ging mit einem Achselzucken und einem verunsicherten Blick in meine Richtung wieder zur Tür hinaus. Mit ihr ging mein Mut – es war nicht der erste verzweifelte Ausbruchsversuch gewesen. Nach außen hin konnte meine Mutter das Bild der perfekten Familie glänzend aufrechterhalten.

Nach mehr als zehn Jahren des Hinnehmens konnte ich schließlich nicht mehr die andere Wange präsentieren. Die Freiheit des Auszugs in ein selbstbestimmteres Leben vor Augen, aufgewühlt durch einen besonders heftigen Streit, beschloss ich mich schließlich zu wehren. An diesem Tag – ich gebe es zu – wollte ich meine Mutter verletzen; endlich einmal wollte ich mich für alles rächen. Am Morgen ließ ich absichtlich die Rollladen vor meinem Fenster geschlossen – wohl wissend, dass sie dann in mein Zimmer gehen würde. Den Zettel legte ich gut sichtbar mitten auf den Schreibtisch, wo sie ihn nicht übersehen konnte, und fuhr wie jeden Tag zur Uni.

Bei meiner Rückkehr rechnete ich mit einem rasenden Tobsuchtsanfall. Was tatsächlich geschah, war noch schlimmer. Meine Mutter war von der Situation maximal überfordert. Sie brüllte nicht; sie flüsterte, während sie mich umkreiste wie eine Tigerin. Inhaltlich gestaltete sich ihr Vortrag allerdings wie erwartet: jedes Wort ein Messer in meinem Rücken. Liebevolle Sorge und ernsthaftes Interesse an ihrem Sohn? Fehlanzeige. Die Frage, wie sie mich als Mutter emotional unterstützen könnte? Kam in ihrer Litanei ebenfalls nicht vor. Was sie umtrieb, waren die Auswirkungen dieser jüngsten Störung auf ihre Pläne. Am meisten schien ihr die Vorstellung zuzusetzen, dass mir nun die statusträchtige und lukrative akademische Laufbahn verwehrt sein könnte, die ihr vorschwebte: »Bist du dir darüber im Klaren, was das für die Karriere heißt?«

Mein Vater war in seinem Beruf als Pädagoge sehr anerkannt gewesen. Als Experte für innerdeutsche Fragen hatte er Vorträge an der Bundeszentrale für Politische Bildung gehalten und in Bonn einen gut situierten Freundeskreis gepflegt. Viele der verbliebenen Bekannten meiner Mutter stammten aus diesem Umfeld, das aber leider stockkonservativ bis religiös verbohrt war. »Schwul darfst du sein, aber leben darfst du es nicht«, sagte ein Mitglied des Ältestenrates ihrer Kirchengemeinde kurz darauf einmal zu mir. »Das wäre ein Sündenfall.«

Auf genau den konzentrierte sich auch der Vortrag meiner Mutter – alle vermeintlichen Strafen Gottes eingeschlossen. »Schwul – wie soll das gehen?« Peng – nach jedem Satz schnippte sie zwanghaft mit den Fingern. »Hast du noch nichts von AIDS gehört? Was ist, wenn du das bekommst?« Peng. »Oma und Opa dürfen das auf keinen Fall erfahren. Die fallen auf der Stelle mit einem Herzinfarkt tot um.« Peng. So ging das weiter, über Stunden.

Was am Ende kam, konnte mich trotz allem noch überraschen. Meine Mutter hatte offenbar keine Zeit verloren und bereits eine Strategie entworfen, wie sie diese »Störung« beseitigen konnte. Noch während ich in der Uni gewesen war, hatte sie mit einer Freundin der Familie – ihres Zeichens Psychoanalytikerin – telefoniert. Die hatte ihr versichert, das sei nur eine Phase und ginge ganz gewiss vorüber. Selbst nicht unerfahren in der »Therapie« schwuler Männer riet sie dringend zu professioneller Begleitung. Aufgrund der Nähe zur Familie wollte die »Expertin« mich glücklicherweise jedoch nicht selbst »umdrehen«. Stattdessen hatte sie meiner Mutter einen anderen Therapeuten empfohlen, der sich meiner zeitnah annehmen sollte.

»Da gehst du hin«, verkündete meine Mutter wild entschlossen. »Sonst kannst du deinen Umzug und die Möbel für dein Studentenzimmer vergessen.«

Welche Wahl hatte ich schon? Nichts, aber auch gar nichts war wichtiger, als endlich Freiheit zu erlangen. Zum Schein gab ich nach und stimmte der geplanten »Behandlung« zu.

Keine Frage: ein Tiefpunkt in meinem Leben. Doch Würde war ein Luxus, den ich mir in diesem Moment nicht leisten konnte. Die, das hatte ich schon vor langer Zeit beschlossen, würde ich mir später zurückerobern.

Wozu Unternehmen Schutzräume brauchen

Die Würde des queeren Menschen ist nicht unantastbar. Man muss nicht verdroschen, von religiösen Eiferern zum Sünder erklärt oder zur Konversionstherapie gezwungen werden, um diese Erfahrung zu machen. Allein die Sehnsucht nach Gleichbehandlung reicht manchmal vollkommen aus, um daran erinnert zu werden, dass man anders ist. Nichts hält einen verunsicherten Menschen effektiver klein, als ihm die Akzeptanz zu verweigern und mit Ausgrenzung zu drohen. Der bereits zitierte Interviewpartner hat es treffend formuliert: Wenn es um das Fundament der Existenz geht, überlegt man sich zweimal, welche Priorität das Comingout zum Beispiel am Arbeitsplatz hat.

Da gibt es nichts zu beschönigen: Es ist eine würdelose Art zu leben, wenn man sich selbst nicht zu helfen weiß und keine Hilfe von außen bekommt.

Was ich als Kind gebraucht hätte, unterscheidet sich nicht wesentlich von dem, was man auch später braucht, wenn man verurteilt und abgewiesen wird. Auch wenn es nach außen nicht immer so aussieht: Nicht jeder schwule Mann ist ein krisenfester, geborener Aktivist mit Nerven aus Stahl, einem Schutzschild aus Teflon und einem spitzzüngigen Talent zur Selbstbehauptung. Wir alle haben an gewissen Punkten auf unserem Weg Schutzräume nötig: geistige und physische Orte, an denen wir in Sicherheit und in guter Gesellschaft sind. Bei vielen Initiativen in anderen Feldern, etwa bei der Sozial- und Jugendarbeit, ist der Begriff der »psychological safety«, also der psychologischen Sicherheit, handlungsleitend bei der Koordination konkreter Maßnahmen. Gegen Ablehnung und Ausgrenzung helfen Gemeinschaft und Unterstützung.

In einem durchschnittlichen deutschen Unternehmen gibt es solche Schutzräume nicht – weder für die Geouteten noch für die Ungeouteten. Im Fall des Falles fühlen sich weder Personalabteilungen noch Betriebsräte, geschweige denn direkte Vorgesetzte verantwortlich, wenn LGBTIQ*-Mitarbeitenden übel mitgespielt wird. Niemand will etwas davon wissen, wenn die Chef:innenetage systematisch verhindert, dass queere Manager:innen dieselben Karrierechancen bekommen wie alle anderen.

Für viele selbstbewusste junge Talente in guten Teams mit verantwortungsvollen Vorgesetzten ist das heute vielleicht kein großes Thema mehr, solange bis zur gläsernen Decke noch etwas Raum ist. Doch je weiter du nach oben kletterst, desto dünner wird die Luft – und desto weniger Unterstützung hast du zu erwarten. Was du dann bräuchtest, wäre ein:e Mentor:in oder wenigstens ein greifbares Vorbild, an dem du dich aufrichten kannst. Jemand, die oder der auf höchster Ebene geschafft hat, was du anstrebst. Es bräuchte zum Beispiel den schwulen DAX-Vorstand und den Pfad, den er eingeschlagen hat, als Orientierung.

Womit wir wieder beim schwulen Führungsvakuum wären. Es gibt ihn nicht, diesen schwulen DAX-Vorstand. Auf den härtesten letzten Metern einer Top-Level-Karriere bist du allein unterwegs, immer noch.

Was es gibt, sind Vereinigungen wie der Völklinger Kreis, in dem auch hochkarätige schwule Führungskräfte organisiert sind. Der Arbeitskreis bewirkt mit seiner Aufklärungsarbeit viel für die Rechte schwuler Männer in der deutschen Wirtschaft und kämpft vor allem für ein größeres Problembewusstsein in den Führungsetagen des Landes. Doch der Völklinger Kreis kann nicht überall sein, so wie auch ich nicht alle queeren Karrierewilligen bei ihren persönlichen Herausforderungen coachen kann.

Was es über die anhaltende Aufklärung und den unverzichtbaren Aktivismus hinaus braucht, sind konkrete, von der Führung ausgehende Initiativen innerhalb des einzelnen Unternehmens: offene Zusammenschlüsse von Mitarbeitenden und Führungskräften, die mit tatsächlichen Entscheidungsbefugnissen ausgestattet sind und konkret unterstützen können. Dazu gehört natürlich auch, dass sie von Diskriminierung und Mobbing betroffenen Mitarbeitern einen geschützten Raum bieten. Vor allem aber müssen sie die nötigen Schritte zur Sanktionierung der Täter:innen in die Wege leiten können, wenn Gespräche sich als nutzlos erweisen.

In einem solchen Kontext könnten Menschen mit diversen Geschlechtsidentitäten auch am Arbeitsplatz das tun, was schon die unsicheren Teenager am nötigsten hätten: sich so zeigen, wie sie wirklich sind – ohne Angst vor irgendwelchen blöden, unreflektierten Erstreaktionen, die sie gleich wieder zurück in ihr Versteck treiben. Idealerweise werden sie dabei nicht nur von anderen LGBTIQ*-Menschen, sondern auch von aufgeklärten heterosexuellen Kolleg:innen und Manager:innen unterstützt. Je mehr Heteros sich freiwillig in einem solchen Schutzraum aufhalten und sich freiwillig in ihrem heteronormativen Grundgerüst erschüttern lassen, umso besser. In einer idealen Welt wären sie irgendwann sogar in der Überzahl – weil der Schutzraum von der Krücke zur Normalität geworden ist. Das ist das Ziel.

Wie solche Initiativen und Räume formal und operativ aussehen können, zeigen die Best-Practice-Beispiele in Kapitel 7. Worauf es jedoch ankommt, ist der Wille zur Veränderung. Das ist ein Impuls, der nur von der Führung ausgehen kann. Selbstbehauptung ist ein Weg, den jeder von uns selbst gehen muss. Doch die Führung kann den Rahmen dafür schaffen. Das wäre wichtiger als die politisch korrekten Lippenbekenntnisse und die öffentlichkeitswirksamen Diversity-Kampagnen, die nichts mit der Lebenswirklichkeit zu tun haben.

Was nützt mir eine Regenbogenflagge in der Imagebroschüre, wenn ich mir den Kopf an einer gläsernen Decke grün und blau stoße? Was nützt mir die christliche Nächstenliebe, wenn sie als Konversionstherapie daherkommt?

Tiefpunkte sind Wendepunkte

Meinen ersten Termin bei Dr. Töpfer[30] hatte ich nur Tage nach dem katastrophalen Comingout bei meiner Mutter. Je schneller ich zum Schein auf ihre Forderung einstieg, desto schneller würde ich von zu Hause verschwinden können, dachte ich. Damals wusste ich noch nicht alles, was ich heute über Konversionstherapien und die Menschen weiß, die sie durchführen – zum Glück. Denn sonst wäre ich vermutlich nicht hingegangen.

> Eine **Konversionstherapie** zielt darauf ab, die (Homo-)Sexualität eines Menschen so zu verändern, dass sie heteronormativen Vorstellungen entspricht. Die zugrundeliegende Überzeugung ist, dass alle Menschen grundsätzlich heterosexuell veranlagt sind und nur durch äußere Faktoren homosexuelle Tendenzen entwickeln. Die Therapiemaßnahmen bestehen in der Stärkung heteronormativer Überzeugungen und der Unterdrückung homosexueller Gedanken durch Konditionierung oder negative Konnotation.[31] In der Realität fügen diese »Therapien« den »Patienten« Leid zu, anstatt irgendetwas an ihrer sexuellen Identität zu ändern.

Die Bekannte der Familie war nüchtern betrachtet tatsächlich eine typische Vertreterin dieser Geisteshaltung: Konversionstherapien werden oft von spezialisierten Akteuren aus dem evangelikalen Spektrum angeboten und vermittelt. Damals waren solche meist verdeckt beworbenen Maßnahmen für Teenager nichts Ungewöhnliches. Durchgeführt werden sie sowohl von zugelassenen Psychotherapeut:innen als auch von nicht-professionellen Pseudo-Therapeut:innen und »Mentor:innen«.[32]

Geschichte, davon ist auszugehen, ist diese Scharlatanerie leider noch immer nicht. Es gab und gibt religiöse Mediziner:innen, die proklamieren, Homosexualität sei eine Krankheit, die behandelt werden müsse und könne. Der Bund Katholischer Ärzte (BKÄ) schrieb auf seiner Webseite bis vor Kurzem ganz offen, es gebe »religiöse, psychotherapeutische und medizinisch-homöopathische Möglichkeiten der ›Behandlung‹ bei Homosexualität und homosexuellen Neigungen«.[33] Seit dem gesetzlichen Verbot solcher »Möglichkeiten« und massiver öffentlicher Kritik sind die Verlinkungen zu den entsprechenden Texten und Empfehlungen auf der Webseite allerdings verschwunden.[34]

Glücklicherweise lehnen sämtliche renommierten und relevanten Ärzt:innenverbände weltweit solche Maßnahmen ab. So bezeichnet der Weltärztebund, dem auch die deutsche Bundesärztekammer angehört, jede anti-homosexuelle Therapie als »ernste Gefährdung für die Gesundheit und die Menschenrechte«.[35]

Die Warnung wirkt noch eindringlicher, wenn man sie vor dem Hintergrund der ohnehin kritischen Situation der Zielgruppe betrachtet: Das Suizidrisiko von lesbischen und schwulen Jugendlichen zwischen 12 und 15 Jahren wird als vier- bis siebenmal höher eingeschätzt als im Durchschnitt dieser Altersgruppe.[36] Kein Wunder: An der Zerrissenheit zwischen Gefühlen und Glaubenskultur, Familie und Ich-Werdung, unter der diese jungen Menschen leiden, kann man leicht zerbrechen. Statt ihnen zu helfen, machen Konversionstherapien alles nur schlimmer, indem sie die inneren Konflikte zuspitzen und Bedürfnisse abzutöten versuchen, die sich nicht abtöten lassen. Sie erhöhen den Druck nur noch weiter – und damit das Risiko, dass ein junger Mensch psychisch implodiert, weil sie oder er dem Stress nicht mehr gewachsen ist.

Aus diesen und vielen anderen, von wissenschaftlichen Erkenntnissen gestützten Gründen wurden Konversionstherapien an Minderjährigen in Deutschland 2020 gesetzlich verboten – einschließlich des Werbens und der Vermittlung. Auch wenn Erwachsene durch Täuschung, Irrtum, Zwang oder Drohung einer solchen Therapie zugeführt werden, gilt dieses Verbot grundsätzlich. »Wo keine Krankheit ist, braucht es auch keine Therapie«, sagte Gesundheitsminister Jens Spahn anlässlich der Vorstellung des neuen Gesetzes.[37]

Leider wurden einige wichtige Forderungen von Aktivist:innen – etwa des Lesben- und Schwulenverbands (LSVD) – dabei jedoch nicht berücksichtigt. Dazu gehört etwa die Heraufsetzung des Schutzalters nach dem Kinder- und Jugendschutzgesetz auf 26 Jahre. Aus diesem Grund können weiterhin weder Eltern noch Therapeut:innen bestraft werden, wenn die oder der Betroffene »freiwillig« mitmacht und bereits volljährig ist. Auch ich wäre durch das 2020 verabschiedete Gesetz also nicht geschützt gewesen. Hinzu kommt, dass Eltern bei eigenen »Umpolungsversuchen« noch immer zu lockere Grenzen gesetzt sind und sie sich auch bei der Mitwirkung an Konversionstherapien immer noch nicht generell strafbar machen. »Es ist zu befürchten, dass aufgrund erheblicher Mängel im Gesetz ein effektiver Schutz für Lesben, Schwule, bisexuelle und transgeschlechtliche Menschen nicht erreicht werden kann«, so das eindeutige Urteil des Bundesvorstands des LSVD.[38]

Einigkeit herrscht heute immerhin darüber, dass die gefährliche Scharlatanerie an der sexuellen Identität Schutzbefohlener verboten gehört. Von dieser Klarheit waren Politik, Medizin und Medien in den 90ern leider noch recht weit entfernt. Ich selbst war glücklicherweise schon etwas weiter. Verletzt wurde ich unzählige Male – gebrochen allerdings nicht. Ich kann nicht zählen, wie viele Menschen mir damals sagten, meine sexuelle Identität sei eine Phase, die man wegbeten könne. Doch gegen die Kräfte, die in mir arbeiteten, hatten sie keine Chance. Nicht einmal ich selbst war dagegen angekommen – und das nicht, weil ich es nicht versucht hätte. Nach jahrelangen, inneren Kämpfen hatte ich inzwischen anerkannt, dass jeder Widerstand zwecklos war. Ich bin nun mal, wer ich bin.

Als ich zum ersten Mal in Dr. Töpfers Sprechzimmer Platz nahm, hegte ich trotz aller Befürchtungen auch einen Funken Hoffnung. Irgendwann musste ich doch mal auf jemanden stoßen, der tatsächlich daran interessiert war, mich zu unterstützen. Also erzählte ich ihm meine Geschichte – die ganze Geschichte, und zwar aus meiner Perspektive. Meinen Lebensbericht schloss ich mit einer Ankündigung ab: »Sollte ich bemerken, dass Sie versuchen, bei mir irgendwas ›wegzumachen‹, stehe ich auf und gehe.«

Der Moment der Wahrheit war gekommen. Und Dr. Töpfer? Lachte. »Davor brauchen Sie keine Angst zu haben. Das will hier niemand.«

Tatsächlich: Endlich hatte ich einmal Glück gehabt. In ihrer Verblendung war die Bekannte meiner Mutter offenbar davon ausgegangen, dass die Umpolung bei jedem Psychotherapeuten auf dem Programm stand. Bei diesem Kollegen hatte sie sich glücklicherweise geirrt. Dr. Töpfer nahm nicht nur seinen Eid, sondern auch die Wissenschaft ernst und hatte mit Konversionstherapien nichts am Hut. Zwei Jahre lang ging ich regelmäßig zu ihm. Nach und nach lernte ich mit seiner Unterstützung, Emotionen zuzulassen, zu meinen Bedürfnissen zu stehen und mich als der Mensch zu behaupten, der ich nun einmal war. Sogar meinen ersten, festen Freund lernte ich in dieser Zeit kennen und zog schließlich mit ihm zusammen. Nach und nach erarbeitete ich mir etwas, das ich vorher nie erlebt hatte: Freiheit.

Der Tiefpunkt meines Lebens wurde zu einem Wendepunkt. Zum ersten Mal spürte ich auf meinem Weg der Selbstbehauptung Rückenwind.

Der Weg zur Veränderung führt durch die Angst hindurch

Nichts von dem, was mein Leben heute ausmacht, wäre ohne die Basis möglich gewesen, die ich unter Schmerzen gelegt habe: Selbstakzeptanz. Ich will nichts beschönigen – auch nach meinem privaten Comingout und meiner ersten schwulen Beziehung hat es noch Zweifel gegeben; Momente, in denen ich dachte, ich schaffe es nicht. Selbst heute bin ich weit davon entfernt, mich unverwundbar zu fühlen. Doch die Sicherheit, dass ich so richtig bin, macht mir niemand mehr streitig. Meine Sexualität allein definiert nicht, wer ich bin, doch sie ist ein unauslöschlicher Teil meiner Identität. Sie zu missachten hieße, mich zu verleugnen – immer. Auch wenn so eine kleine Selbstverleugnung zwischendurch aus Bequemlichkeit verlockend erscheint.

Wir schwulen Männer und anderen LGBTIQ*-Personen machen manchmal den Fehler, nachgeben zu wollen, wo wir hart sein müssen. Identität lässt sich nicht aufweichen oder »teilweise« an der Firmenpforte abgeben; mach sie zu deinem Fixpunkt. Alles andere im Leben ist entwickelbar. Jede Situation, jede Beziehung, jede Haltung lässt sich beeinflussen – auch wenn der Weg dahin oft mit Ängsten oder Sorgen verbunden ist.

Dieser Gedanke leitet auch die Akzeptanz- und Commitmenttherapie (ACT). Dabei handelt es sich um einen achtsamkeitsorientierten, verhaltenstherapeutischen Ansatz. Er hilft Menschen, Vermeidungsverhalten bezüglich unangenehmer Hindernisse abzubauen und in ihrem Handeln für sich und ihre Werte einzutreten, kurz: sich selbst zu behaupten. Das Vermeidungsverhalten nämlich ist es, das auf Dauer tatsächlich dazu beiträgt, dass psychische Störungen entstehen und bleiben. Auch im Alltag erweist sich der Grundgedanke von ACT als extrem nützlich – nämlich überall da, wo wir uns von Ängsten und Befürchtungen ausbremsen lassen, weil wir total in ihnen verfangen sind.[39]

Genau hier liegt in meinen Augen das zentrale Problem vieler queerer Menschen bei ihren privaten und beruflichen Herausforderungen: Wir lassen uns zu leicht von unserer Angst aufhalten. Zu oft meiden wir die Konfrontation mit potenziell unangenehmen oder angstbelegten Situationen. Statt die Beförderung oder Gehaltserhöhung einzufordern, hält frau oder man lieber still in der Befürchtung, den hart erarbeiteten Status quo wieder zu verlieren. Statt sich dem neuen Team zu öffnen, bleiben einige lieber in Deckung – aus Angst vor (erneuter) Ausgrenzung. Statt bei der Bewerbung für den Vorstand seine ganze Persönlichkeit in die Waagschale zu werfen, hüllt mancher sich lieber aus Sorge in Schweigen, den Posten vielleicht deshalb nicht zu bekommen.

Evolutionär hat Angst natürlich ihre Berechtigung. Sie kann uns vor Gefahren schützen und uns vor Risiken für Leib und Leben oder einem existenzbedrohenden Abstieg in der Gruppenhierarchie warnen. Doch bei den »Bedrohungen«, die wir als LGBTIQ*-Menschen im Alltag empfinden, handelt es sich in aller Regel nicht um lebensgefährliche Konstellationen. Ich finde: Wenn ein niederer Instinkt wie Angst den Vorrang vor deiner Würde bekommt, solltest du dir darüber klar werden, ob du dem ganz normalen Gefühl der Angst vor Ablehnung und Ausgrenzung tatsächlich die Gestaltungshoheit über dein Berufsleben überlassen möchtest.

Der Kerngedanke von ACT passt ideal zu unserer Lebensrealität. Denn die Herausforderungen, um die es dabei geht, begegnen dir sowieso: Regelmäßig musst du dich zu Verhaltensweisen überwinden, die für andere selbstverständlich sind. Dich selbst zu behaupten heißt, solche Situationen selbstbewusst mit voller Konsequenz in Angriff zu nehmen, obwohl du Angst davor hast. Vereinfacht dargestellt folgst du dabei folgenden Schritten:

Akzeptieren, wie es ist und auch deine unangenehmen Gefühle wie Angst annehmen.

Deine Werte wählen und die Richtung bestimmen, in die du im Leben gehen willst.

Trotz unangenehmer Gefühle tun, was diesen Werten entspricht, auch wenn es sich vielleicht (noch) nicht gut anfühlt.

Wenn du bereits irgendeine Art von Comingout hinter dir hast, bist du all diese Schritte schon einmal gegangen. So holprig bis traumatisch es auch war: Du hast es heil überstanden. Mehr noch: Es war eine ungeheure Befreiung, oder? Denselben Effekt hat diese vorwärtsgewandte Haltung auch in anderen Situationen, vor denen du zurückschreckst. Natürlich gibt es keine Garantie, dass deine Befürchtungen nicht auch einmal wahr werden können. Dass du deinen Mut bereuen wirst, ist trotzdem unwahrscheinlich. Schließlich hast du nicht aus irgendeiner Laune heraus gehandelt. Du hast getan, was du tun musstest. Identität ist keine Wahl, und Würde ist kein Luxus.

Selbst wenn einmal alle Stricke reißen: Wer sagt, dass dein mutiges Handeln nicht trotzdem etwas bewirkt? Nach allem, was du bisher gelesen hast, wirst du es wahrscheinlich kaum für möglich halten, doch es ist wahr: Meiner Mutter ist es irgendwann gelungen, meinen damaligen Freund zu akzeptieren und wirklich in ihr Herz zu schließen. Bis zu diesem Punkt musste ich manche Kröte schlucken, doch die Überwindung war nicht vergeblich. Leider kam es später aus anderen Gründen zum endgültigen Bruch zwischen uns. Doch bis dahin haben wir es gebracht, und darauf bin ich stolz.

Du kannst dich für den einfacheren Weg entscheiden. Du kannst dich weiterhin von deiner Angst bestimmen und limitieren lassen. Wenn dir ein leichtes (Berufs-)Leben erstrebenswerter erscheint als ein würdevolles, kann dir das niemand streitig machen. Doch wenn du dich für den Weg des geringsten Widerstands entscheidest, kannst du auch von deinem Umfeld keinen Fortschritt erwarten. Im Gegensatz zu dir gibt es für die Menschen um dich herum oft keinen direkten Anreiz, sich zu bewegen. Du hast den Leidensdruck.

Veränderung ist der natürliche Freund queerer Menschen. Angst versperrt der Veränderung viel zu oft den Weg; wir lassen uns von ihr einschränken, anstatt uns auszuleben. Nur wenn du dich veränderst, wird sich etwas verändern. Für dich. Für uns alle.

KAPITEL 5

DON'T ASK, DON'T TELL

Der Unterschied zwischen Toleranz und Akzeptanz

Ende mit Schrecken

Einer meiner besten Freunde während der Abiturzeit war Adrian, ein Mitschüler aus meiner Klassenstufe. Jahrelang verbrachten wir viel Zeit miteinander und waren uns so nahe, wie sich Teenager-Kumpels so kommen – soweit mir das in meinem inneren Versteck eben möglich war. Denn im Gegensatz zu Willi wusste Adrian nicht Bescheid. Das ist einer der Verluste, die wir als schwule Männer zu betrauern haben: Die romantische und sexuelle Selbsterkundung hat bei vielen von uns nur in der Fantasie stattgefunden. Während unsere Hetero-Freunde die schönsten Haupt- und Nebensachen des Lebens entdeckten, verzehrten wir uns nach fernen Idolen – seien es irgendwelche Stars, der coole Typ aus der nächsthöheren Klasse oder auch besagte heterosexuelle Freunde. Wenn wir doch mal einstiegen in die ersten Gespräche über Liebe, Sex und spontane Erektionen, sagten wir eben »sie«, wenn wir »er« meinten – eine Angewohnheit, die so mancher noch bis ins Berufsleben mitgenommen hat.

Entspannt pubertieren lässt es sich so natürlich nicht. Eines der wichtigsten Themen der Jugend war für mich ein einziger Krampf. Auch wenn sich heute viel mehr Jungs schon im Teenager-Alter outen: Zu viele verbringen diesen wichtigen Lebensabschnitt noch immer gefangen in ihren Ängsten, statt ihre Freiheit zu entdecken. Genau das war auch der Unterschied zwischen Adrian und mir: Unbeschwert und abenteuerlustig der eine, immer auf der Hut und abwartend der andere. Die üblichen scherzhaften Seitenhiebe beim Sportunterricht waren da auch keine große Hilfe: »Wie läufst du denn über den Fußballplatz, du Mädchen? Bist du schwul, oder was?«.

Wird Adrian etwas geahnt haben? Jeder schwule Mann,

der einen guten Hetero-Schulfreund hatte, kennt die Antwort: vielleicht.

Für jeden Betrachter sahen wir trotzdem aus wie jedes andere Freundespaar. Genau das waren wir ja auch: Adrian war eindeutig hetero, und ich zum Glück nicht in ihn verknallt. Kurz nach dem Abitur fuhr Adrian sogar mit meiner Mutter, meiner Schwester und mir gemeinsam in den Urlaub auf Ibiza. Dort lernten wir neue Leute kennen, mit denen wir gemeinsam die Insel unsicher machten, und hatten viel Spaß miteinander. Eines Nachts waren Adrian und ich nach einer Clubnacht auf dem Rückweg zur Ferienwohnung, als uns besoffenen Kopfes einfiel: Warum gehen wir nicht eine Runde in der Bucht baden – und zwar splitterfasernackt? Gesagt, getan: Adrian vorneweg, ich nach einigem Gezeter hinterher, schwammen wir ein paar Runden im pechschwarzen Wasser. Am Ende mussten wir sogar die Flucht ergreifen, weil die Polizei auftauchte und den Strand kontrollierte. Nächtliches Schwimmen war schließlich verboten. Spätestens da fühlten wir uns wie Outlaws; ein Vorgeschmack auf die Freiheit der Angstlosen, von der ich noch so selten gekostet hatte.

Solche Erlebnisse schweißen zusammen – sollte man meinen. Für mich war Adrian nicht nur ein enger Freund, sondern auch ein Wegbegleiter in dieser prägenden Zeit meines Lebens, obwohl ich damals leider noch nicht alles mit ihm teilen konnte.

Doch über der Freundschaft schwebte immer die eine Frage: Würden wir auch Freunde bleiben, wenn er alles über mich wüsste? Diese Unsicherheit nagte an meinem Vertrauen in all meine Freundschaften, genauso wie sie an meinem Selbstvertrauen nagte.

Einige Zeit später – inzwischen hatte ich mein Studium begonnen und lebte in einer WG in Köln – lud ich einige gute Freunde aus der Schulzeit ein, um meinen Geburtstag zu feiern. Unter ihnen war natürlich auch Adrian. Bei der Party sah ich meine Gelegenheit gekommen, diesen mir so vertrauten Menschen wörtlich und sprichwörtlich reinen Wein einzuschenken. Nach ein paar Gläsern outete ich mich vor der Gruppe. Einige hatten inzwischen schon Wind davon bekommen, andere nicht. Unter Letzteren war auch Adrian. Während viele andere es locker nahmen, konnte man seine Verunsicherung regelrecht mit Händen greifen; den Rest des Abends blieb er auf Abstand.

Von diesem Tag an klinkte Adrian sich aus meinem Leben aus. Zu sagen, die Freundschaft wäre abgekühlt, wäre untertrieben, schockgefrostet trifft es eher. Wenn er überhaupt noch auf Nachrichten von mir reagierte, tat er es einsilbig; seinerseits meldete er sich überhaupt nicht mehr. Schließlich verloren wir ganz den Kontakt; unsere Freundschaft war zu Ende.

Viele Jahre später – ich war inzwischen als Führungskräftetrainer erfolgreich und lebte bereits mit meinem Mann Markus im Pfarrhaus in Köln zusammen – lud ich Adrian nach Hause zum Essen ein. Zu meiner Freude nahm er die Einladung auch an. Doch den größten Teil des Abends über blieb das Gespräch an der Oberfläche: mein Haus, mein Auto, mein Boot.

Irgendwann hatte ich genug vom Smalltalk und stellte Adrian die Frage, die mich all die Jahre beschäftigt hatte: »War es unangenehm für dich, als ich mich damals geoutet habe? Ich habe gemerkt, dass sich da bei dir etwas verändert hat. Vielleicht hast du ja in unserer Freundschaft zurückgespult und dich an bestimmte Dinge erinnert, die dir plötzlich unangenehm waren. Gemeinsame Übernachtungen bei dir zu Hause, Nacktbaden auf Ibiza, solche Sachen. Ist es so?«

»Nein«, gab Adrian zurück. Viel mehr sagte er nicht.

Ich kaufte es ihm nicht wirklich ab und hakte noch ein

paarmal vorsichtig nach. »Kann sein, dass es mich für einen Moment verunsichert hat«, gestand er schließlich doch noch ein. Mehr war nicht zu machen. Der Wille zur Offenheit blieb einseitig. Mein alter Freund war als Fremder gekommen – und er fuhr auch als Fremder wieder ab.

Es war nicht die einzige Freundschaft, von der ich mich in vergleichbarer Weise verabschieden musste. Jeder schwule Mann, den ich kenne, kann von ähnlichen Erlebnissen berichten. Die einzelne Geschichte ist schon bedauerlich genug; viel schwerer wiegt aber, dass es selten dabei bleibt. Bei vielen ist das Ende einer wertvollen Freundschaft nur das erste von unzähligen Verlusterlebnissen. Es ist schwierig, diese kleinen und großen Traumen nicht auf sich zu beziehen. Und es ist leicht, sie auf die eigene Identität zurückzuführen, indem man sich seinen Befürchtungen hingibt: Dieser Mensch kann mich nicht mehr akzeptieren – hat mich wahrscheinlich also nie wirklich gemocht. Nur, solange ich mein Anderssein unterdrücke, werde ich von anderen angenommen.

Die Versuchung, sich weiter zu verstecken – wenigstens in bestimmten Umfeldern –, ist manchmal übermächtig. Deshalb fällt vielen das Comingout gerade den Menschen gegenüber besonders schwer, die ihnen sehr wichtig sind. Manch einer kann nicht nachvollziehen, warum manche queeren Menschen noch heute das Versteckspiel wählen. Das ist der Grund dafür: Den Verlust, wenn ein geliebter Mensch uns die Akzeptanz verweigert, kann kein Gleichstellungsgesetz der Welt kompensieren.

Die latente Bedrohung des Verlusts begleitet uns ein Leben lang. Später im Büro, im Verein, im Bekanntenkreis erleben wir dasselbe Muster erneut: Solange man nichts sagt, ist alles okay. Doch sobald man offen ausspricht und zeigt, wer man ist, gibt es immer die, die zurückweichen. Noch viel irritierender ist das bei den Personen, denen die sexuelle Identität vor dem Outing schon bekannt war oder zumindest vermutet wurde, ohne dass das etwas an der Beziehung verändert hätte. Doch kaum hat der rosa Elefant im Raum einen Namen, ist plötzlich Schluss mit lustig.

Als schwule Männer leben wir alle unsere Beziehungen nur auf Probe, bis wir uns offen zeigen. Erst dann zeigt sich, wer dich als den Menschen akzeptiert, der du wirklich bist. Viele Kollegen und Vorgesetzte können den Verdacht und sogar die Tatsache des Schwulseins tolerieren – aber keinen selbstbewusst schwul auftretenden Mann akzeptieren. Am häufigsten erleben wir dieses Verhalten bei Männern. Besonders in den traditionell maskulin geprägten Nischen unserer Gesellschaft scheint es Befürchtungen zu geben, was passieren könnte, wenn man Homosexualität als Normalität akzeptiert.

Das Problem ist, dass die Gesellschaft und ganz besonders die Männerwirtschaft immer noch an zu vielen Schnittstellen auf einem Prinzip aufbaut, das wir offiziell aus dem Militär und inoffiziell aus der Kirche kennen – den beiden historisch homophobsten Einrichtungen überhaupt.

Don't ask, don't tell (»frage nicht, sage nichts«) ist ursprünglich der Name eines Verhaltenskodexes aus dem US-Militär im Umgang mit Homosexualität in der Truppe. Die vollständige Formulierung lautete übersetzt »frage nicht, sage nichts, verfolge nicht, schikaniere nicht«. In der Umsetzung bedeutete das, dass homosexuelle Militärangehörige nicht über ihre Sexualität sprechen und auch nicht darauf angesprochen werden durften – sie waren also buchstäblich zum Schweigen verdonnert. Die offiziell von Präsident Bill Clinton installierte Regelung war von 1993 bis 2011 gültig. Zum Zeitpunkt seiner Veröffentlichung stellte das Gesetz einen großen Fortschritt dar; bis dahin war es Homosexuellen offiziell nämlich noch untersagt gewesen, überhaupt ins Militär einzutreten. Im Effekt setzte diese Politik jedoch den Bann fort, denn offene Homosexualität war weiterhin keine Option. Es wurde nur niemand mehr aktiv wegen seiner Homosexualität verfolgt und ausgeschlossen. Erst am 22. Dezember 2010 unterzeichnete Präsident Barack Obama das Gesetz zur Aufhebung dieser Regelung, die am 20. September 2011 offiziell endete. Erst seit diesem Tag ist es homosexuellen Frauen und Männern in den USA erlaubt, offen zu dienen. »Nie mehr werden Zehntausende Amerikaner in Uniform aufgefordert sein, eine Lüge zu leben, oder über ihre Schulter zu schauen, um dem Land dienen zu dürfen, das sie lieben«, sagte Barack Obama, als er das Gesetz unterzeichnete. Daraufhin zitierte er Admiral Mike Mullen, dessen Einsatz auf dem Weg zur Gesetzesaufhebung unter vielen anderen besonders zentral gewesen war: »Unsere Leute opfern viel für ihr Land, einschließlich ihres Lebens. Keiner von ihnen sollte auch noch seine Integrität opfern müssen.«

In der Bundeswehr hat es nie eine vergleichbare, offizielle gesetzliche Regelung wie »Don't ask, don't tell« gegeben. Bis 1969 galt für Soldaten dasselbe gesetzliche Verbot homosexueller Handlungen wie für alle Deutschen. Allerdings stellte sich die Realität auch in Deutschland bis 1999 so dar, dass homosexuelle Soldat:innen nur dann gleichberechtigt Karriere machen konnten, solange sie unauffällig blieben.[40] Seit 2000 gilt – abgeleitet aus der Verpflichtung zur Kameradschaft – das Gebot der Toleranz. 2015 wurde im Bundesministerium der Verteidigung ein Stabselement »Chancengerechtigkeit« eingerichtet.

Ein Gebot der Toleranz gibt es auf dem Papier in vielen

gesellschaftlichen Bereichen. Auch in zahlreichen Firmenleitbildern ist es verankert. Doch Gesetze, Vorschriften und Leitbilder stoßen da an eine Grenze, wo aus Toleranz Akzeptanz wird – oder werden sollte. Ob ein:e Freund:in oder Kolleg:in mein Schwulsein duldet, also toleriert, oder mich als voll und ganz gleichwertig und gleichberechtigt betrachtet, also akzeptiert, ist ein großer Unterschied. Vor allem ist es einer, den wir im Alltag immer wieder schmerzhaft zu spüren bekommen.

Historisch betrachtet mag »Don't ask, don't tell« nur eine Phase in der Geschichte der LGBTIQ*-Emanzipation gewesen sein. In vielen Lebensbereichen und ganz besonders in den Führungsetagen unserer Unternehmen ist es bis heute Realität. Wer dagegen verstößt und dafür Repressalien erdulden muss, kann sich heute zwar juristisch wehren. Diskriminiert werden und an eine gläserne Decke stoßen können wir trotzdem. Der Grund dafür ist eine Mauer des Schweigens – eine Mauer in den Köpfen, die noch niemand endgültig zu Fall bringen konnte. Diese Mauer markiert den Unterschied zwischen Toleranz und Akzeptanz. Sie hat eine lange Geschichte, die noch längst nicht zu Ende erzählt ist.

Der Mythos Normalität

Wer die deutsche Gesellschaft aus der heteronormativen Mehrheitsperspektive betrachtet, kann leicht den Eindruck bekommen, dass queere Menschen heute wenig zu befürchten hätten. Es stimmt ja auch, dass sich viel getan hat – jedenfalls an der Oberfläche des sichtbaren Zeitgeists. Heute blicken wir zum Beispiel auf die Karriere eines offen schwulen Regierenden Bürgermeisters von Berlin und die eines nicht ganz so offen schwulen Vizekanzlers zurück. Klaus Wowereits Satz »Ich bin schwul, und das ist auch gut so!« hat Geschichte gemacht; vor allem deshalb, weil keiner vor ihm es gewagt hat, ihn auszusprechen.

Wir haben uns sogar von einem offiziell schwul verpartnerten, noch dazu christlich-konservativen Bundesgesundheitsminister und stellvertretenden Parteichef durch die größte medizinische Krise der vergangenen hundert Jahre lenken lassen. Zu Zeiten der letzten ausgewachsenen Pandemie in Deutschland, der »Spanischen Grippe«, hätte Jens Spahn selbst noch offiziell als krank gegolten, genau genommen: als geistesgestört. Quizfrage: Wann strich die Weltgesundheitsorganisation (WHO) Homosexualität von der Liste der psychischen Störungen? Das war 1991. Nur zur Einordnung: Da war ich schon auf dem Gipfel meiner Pubertät angekommen. Weil's so schön war, gleich noch eine Fangfrage hinterher: Wann verschwand auch Transsexualität von derselben Liste der Geisteskrankheiten? Die Antwort lautet: 2019.[41] Genau genommen sogar erst 2022. Denn 2019 wurde diese Änderung in der neuen Fassung 11 des ICD (International Classification of Diseases) nur beschlossen. Geltung hat sie erst ab 2022.

Der berühmt-berüchtigte »Schwulen-Paragraf« 175 im Strafgesetzbuch, der Homosexualität in Deutschland generell unter Strafe stellte, galt bis 1969 in vollem Umfang. Selbst danach war Sex zwischen Männern unter 21 allerdings weiterhin strafbar; ab 1973 wurde die Altersgrenze auf 18 gesenkt. Vollständig gestrichen wurde der Paragraf erst 1994.[42] Die Paragrafen in den Köpfen der Menschen allerdings vermochte niemand über Nacht zu löschen.

Auch wenn es noch nicht so lange her ist, wie viele gern glauben wollen: Früher war vieles schlechter, keine Frage. Mit meiner heutigen Lebensweise bin ich dafür selbst das beste Beispiel. Meiner Arbeit als Führungskräftetrainer und Geschäftsführer meines eigenen Coachingunternehmens kann ich in aller Offenheit nachgehen. Mit meinem Mann lebe ich seit vielen Jahren in einer offiziell eingetragenen Lebenspartnerschaft. Selbst die Ehe steht uns seit 2017 offen, denn sogar diese konservative Bastion ließ sich mit dem Verfassungsrecht irgendwann nicht mehr vereinbaren.

Trotz aller Rechte, die Generationen von Aktivist:innen uns erkämpft haben, gibt es für mich allerdings noch längst keinen Anlass, mit rosaroter Brille durch die Welt zu laufen. Ich lebe mit Mann, Hund und Karriere nämlich auch in einem Land, dessen erste weibliche Kanzlerin sich mit der Vorstellung vollständiger Gleichstellung ganz offen und öffentlich schwertat. Angela Merkel votierte selbst gegen die »Ehe für alle«, obwohl sie die Abstimmung maßgeblich mit auf den Weg brachte. Schwule Paare mit Kinderwunsch müssen bis heute einen beschwerlichen Weg gehen, wenn sie leibliche Kinder haben möchten. Auch eine gemeinsame Adoption ist und bleibt ein extrem schwieriges Unterfangen.

Kurz: Wer glaubt, homosexuelles Familienleben in Deutschland sei in der Normalität angekommen, der hat nicht genau hingesehen.

Unter *Toleranz*, auch als »Duldsamkeit« bezeichnet, wird das Geltenlassen oder Gewährenlassen anderer Überzeugungen, Handlungsweisen und Sitten verstanden.[43] Zwar wird der Begriff umgangssprachlich häufig gleichbedeutend mit »Gleichberechtigung« verwendet, dies ist von der ursprünglichen Wortbedeutung jedoch nicht gedeckt. Wenn wir etwas tolerieren, nehmen wir es hin oder lassen es zu – das ist etwas ganz anderes, als wenn wir einen Menschen anderer sexueller Identität, Hautfarbe oder Religion als vollkommen gleichwertig betrachten und ihm in jeder Hinsicht gleiche Rechte zugestehen.

Der Begriff der **Akzeptanz** kommt vom lateinischen *accipere*, was so viel bedeutet wie gutheißen, annehmen oder billigen. Der Begriff trägt also eine Werteebene in sich, die weit über eine bloße Duldung hinausgeht: Um etwas oder jemanden anzunehmen oder »gut«zuheißen muss ich mit dessen Wesen oder Identität einverstanden sein – also frei von Vorbehalten, etwa moralischer, religiöser oder politischer Natur.

Ein zentraler Unterschied zwischen den beiden Begriffen besteht auch darin, dass Toleranz im Sinne von Duldung erzwungen werden kann – etwa durch eine gesetzliche Regelung wie im Fall von »Don't ask, don't tell«. Akzeptanz dagegen beinhaltet ein zustimmendes Werturteil – entspricht also einer inneren Haltung, die auf Freiwilligkeit beruht.

Noch etwas mag manche Leser:innen überraschen: Ich lebe leider auch in einem Land, in dessen vermeintlicher schwuler Hochburg am Rhein ich keineswegs sicher vor gewalttätigen Übergriffen bin. Vor Jahren berührte ich an einer Kölner S-Bahn-Station im Gespräch nur flüchtig die Hand meines damaligen Freundes. Plötzlich baute sich wie aus dem Nichts eine Gruppe Jugendlicher vor uns auf. Einer zeigte sein aufgeklapptes Butterfly-Messer und zischte: »Wenn ihr das noch einmal macht, dann stech ich euch ab, ich schwöre.«

Ja, wir sind weit gekommen. Ja, ich lebe ein gutes Leben. Nein, wir sind nicht am Ziel – jedenfalls nicht, wenn das Ziel eine freie Gesellschaft ist. Trotz aller Fortschritte und positiven Entwicklungen bedeutet Freiheit noch nicht für alle Menschen in diesem Land dasselbe. Noch immer werden wir nicht überall und von jedem toleriert – und schon gar nicht können wir voraussetzen, dass unsere Nächsten uns dafür akzeptieren, wer wir sind. Erschreckenderweise gilt das ganz besonders in einer Welt, der sich kaum einer von uns entziehen kann: in der Wirtschaft.

Davids Story:
Haben Sie nicht irgendeine Freundin?

Ich hatte relativ schnell Karriere gemacht in einem Unternehmen, das allen Klischees entsprach, die man sich vorstellen kann: ungefähr 95 Prozent männliche Führungskräfte, im Vertrieb fast gar keine Frauen, extrem konservativ, mit entsprechendem Verhalten in der Führung.

Einmal im Jahr gab es ein großes, mit viel Prominenz gespicktes Event. Dazu wurden neben Wirtschaftsgrößen und Politikern auch einige wenige der bundesweit besten Führungskräfte eingeladen. Es war eine große Ehre, da teilnehmen zu dürfen.

Die Einladung war immer »mit Partnerin«, denn es gab ja nur Männer in den oberen Führungsetagen. Die Karten waren auch nicht etwa vorgedruckt und lagen noch vom Vorjahr rum, sondern wurden für jeden Einzelnen neu handgeschrieben.

Als ich meine Einladung bekam, freute ich mich erst einmal sehr. Doch dann las ich den Text noch einmal und kam ins Überlegen: Sollte ich meinen Partner mitnehmen oder nicht? Im Nachhinein bin ich mir gar nicht sicher, ob ich mich am Ende überhaupt getraut hätte, ihn mitzunehmen. Aber ich wollte es auf jeden Fall klären und darüber reden. Das war mir wichtig.

Ich rief also meinen Vorgesetzten an und bedankte mich für die Einladung. Nach etwas Smalltalk kam ich dann zum Punkt: »In der Einladung steht die Formulierung ›mit Partnerin‹. Nun wissen Sie ja, dass ich sicher keine Partnerin mitbringen würde, sondern dass ich einen Partner habe.«

»Richtig, klar, das weiß ich. Sorry, die Einladung wird immer so geschrieben, weil das ja die Norm ist bei uns.«
An dieser Stelle wartete ich, was nun kommen würde. Meine Erwartung wäre gewesen, dass er so etwas sagt wie: »Bringen Sie gern Ihren Partner mit, wenn Sie möchten – und sorry, dass wir das so formuliert haben.«
Diese Ansage kam aber nicht, sondern folgende: »Sie werden ja sicher irgendeine gute Freundin finden, die mitkommen möchte.«
Mir wurde richtig kalt. So schnell wie möglich beendete ich das Gespräch. Leider hatte ich da noch nicht die Stärke zu sagen: »Das ist nicht, was ich erwartet hätte.«
Ich hätte in dieser Situation die Unterstützung meines Chefs und Mentors gebraucht, der sagt: »Das finde ich total gut. Sie werden dann in der jahrzehntelangen Unternehmensgeschichte der Erste sein, der das tut. Sind Sie sich bewusst, was dann passieren wird? Ich unterstütze Sie gern, lassen Sie uns vorher darüber reden.« Das hätte mir geholfen. Stattdessen bekam ich eine eiskalte Abfuhr.
Nach langem Nachdenken habe ich dann kurz vor der Veranstaltung aus gesundheitlichen Gründen abgesagt. Zu einer deutlicheren Reaktion hat mir damals leider noch der Mut gefehlt. Ich habe aber gespürt, wie mich ein ganz großer Teil der Identifikation mit diesem Unternehmen verlässt. Vorher hatte ich nie darüber nachgedacht zu gehen; ich wäre womöglich dort in Rente gegangen. Jetzt wusste ich: Hier wirst du nicht alt.
Diese Geschichte hat mich gelehrt, wie Führungskräfte die Kultur prägen, und dass sie das auch total negativ tun können.

Die Natur des Kompromisses

Davids Geschichte ist ein typisches Beispiel dafür, wie viele Unternehmen »Don't ask, don't tell« praktizieren – natürlich ohne es so zu nennen. Solange die sexuelle Identität der Mitarbeitenden nicht zutage tritt, gibt es keine Schwierigkeiten. Davids Vorgesetzter wusste, dass er schwul war, und ignorierte es einfach. Doch als es darum ging, sich hinter einen seiner besten Mitarbeiter zu stellen und Farbe zu bekennen, machte er plötzlich die Schotten dicht. Dieses Risiko wollte der Manager dann doch nicht eingehen.

Über die Gründe kann man spekulieren. In der Regel steckt eines von zwei Motiven dahinter: Entweder hatte der Vorgesetzte Bedenken, seinem eigenen Ruf in der konservativen Männerclique zu schaden, wenn die anderen Top-Manager sich daran störten. Oder aber er hatte Sorge, die Information über Davids sexuelle Identität könnte »abfärben«, also zu Gerüchten über seine eigene führen. Darauf, dass dieses Unternehmen von internalisierter Homophobie durchdrungen war, laufen beide Szenarien hinaus.

Das Beispiel demonstriert, worum es sich bei dem Prinzip »Don't ask, don't tell« handelt und immer nur handeln kann: einen Kompromiss. Auf einen hervorragenden Mitarbeiter zu verzichten, nur weil er schwul war, kam für Davids Chef nicht infrage; in diesem konservativen Unternehmen progressiv mit dem Thema Homosexualität umzugehen allerdings genauso wenig. Also musste eine möglichst risikoarme Zwischenlösung her. Schweigende Duldung, auch »Toleranz« genannt, kann nie mehr sein als eine Zwischenstufe auf dem Weg zu echter Akzeptanz.

Tatsächlich handelte es sich auch bei der namensgebenden Verordnung, die unter Präsident Bill Clinton in Kraft trat, um nichts anderes als einen politischen Kompromiss. Der Demokrat legte großen Wert darauf, den Bann von Homosexualität im US-Militär abzuschaffen, der übrigens erst im Zweiten Weltkrieg installiert worden war. Das Thema war ihm so wichtig, dass er schon vor seiner offiziellen Amtseinführung Schritte in diese Richtung ankündigte. Dafür bekam er jedoch starken Gegenwind – nicht nur von den Republikaner:innen, sondern auch von Demokrat:innen mit starker Bindung ans Militär. Besonders die militärische Führung selbst sträubte sich. Die Generäle befürchteten, schon die Existenz schwuler Soldaten könnte die Moral der Truppe kompromittieren. Bei Lichte betrachtet ein geradezu absurder Einwand – so etwas wie ein »schwulenfreies Militär« hat es nie gegeben, so wie es keine »schwulenfreie Kirche« oder »homogen heterosexuelle Unternehmen« gibt.

Es kam zu einer hitzigen Debatte, an deren Ende Clinton schließlich Unterstützung für die Kompromisslösung bekam, die als »Don't ask, don't tell« bekannt wurde und sich kulturell weit über die USA und weit über die Institution des Militärs hinaus ausbreitete. Clintons Ziel aber war nie eine Politik des Schweigens gewesen, sondern ein Ende des Banns von Homosexualität im Militär. Auf dem Papier war ihm das gelungen; in der Realität jedoch fuhren die Kommandeure damit fort, queere Soldat:innen loszuwerden, wo sie konnten.[44]

Das ist der Nachteil jeder Politik der Duldung, die auf Vertuschung beruht: Sie verdammt die Opfer zum Schweigen.

In manchen unserer Unternehmen und auch in anderen Gemeinschaften, die großen Einfluss auf das gesellschaftliche Klima haben, ist »Don't ask, don't tell« alles andere als Geschichte. Vielen LGBTIQ*-Menschen in der Männerwirtschaft und darüber hinaus erscheint der Kompromiss des Schweigens noch immer als die beste Option, obwohl er juristisch, sozial und gesellschaftlich längst überwunden ist. Zu oft erhalten die überkommenen Regeln von Gemeinschaften, die für die Betreffenden einen hohen Stellenwert haben, den Vorrang vor der eigenen Identität – aus Angst vor Liebesentzug, Ausgrenzung, Verbannung. So schwer die innere Isolation und Einsamkeit zu ertragen ist, so bedrohlich wirkt auf manche die Alternative – aus Angst vor noch mehr Isolation, noch mehr Einsamkeit.

Das schwule Stigma der Kirche

Manchmal schreit das verordnete Schweigen so laut, dass mir die Ohren bluten. Nennen wir es das schwule Stigma.

Ich pflege eine gute Beziehung zu Jesus. Mit einem anderen von Gottes Kindern unterhalte ich eine geradezu intime Verbindung: Markus. Nicht der biblische, aber der bibelfeste: Mein Markus ist evangelischer Pfarrer – und mein Lebenspartner. Wir leben zusammen im Pfarrhaus seiner Gemeinde, denn da leben evangelische Pfarrer mit ihren Familien. Bisher ist kein Blitz auf uns herniedergefahren. Auch sonst sind wir von Plagen verschont geblieben, die man als eindeutige Signale hätte einstufen können. Ich habe Grund zu der Annahme, dass Gott nichts gegen unsere Verbindung hat – ganz im Gegensatz zu manchen seiner Schäfchen.

Es ist noch nicht lange her, als eine ehrenamtlich tätige Frau aus seiner Gemeinde meinen Mann um ein Gespräch bat. Sie habe Redebedarf und wolle etwas mit ihm klären, kündigte die ältere Dame an. Markus traf sich mit ihr. Als sie sich gegenübersaßen, konfrontierte sie ihn mit der Tatsache, aus der Markus vor seiner Gemeinde schon längst kein Geheimnis mehr machte: »Mir ist zu Ohren gekommen, dass Sie mit einem Mann zusammenleben. Stimmt das?«

Markus bejahte das natürlich. Darauf hob seine Gesprächspartnerin zu einer längeren Erklärung an, die sich etwa so zusammenfassen lässt: Sie sei immer gern zu seinen Gottesdiensten gekommen und hätte seine Predigten und seine Verkündigung immer sehr geschätzt. Doch jetzt, vor diesem Hintergrund, könne sie das alles nicht mehr annehmen. Unter »diesen Umständen« könne sie die Zusammenarbeit nicht mehr fortsetzen. Schließlich fügte sie hinzu: »Nehmen Sie es bitte nicht persönlich.«

Markus' Antwort: »Den Gefallen kann ich Ihnen leider nicht tun.«

Als schwule Männer können wir nicht anders, als manches persönlich nehmen, was andere ignorieren oder nicht so gemeint haben wollen. »Das muss man doch nicht noch betonen« oder »Das geht doch keinen was an« – jeder schwule Mann, jeder queere Mensch weiß, welche inneren Narben solche Sätze aufreißen, immer und immer wieder. Sie spotten der Normalität, die sie suggerieren wollen. Sie heucheln Toleranz. Und sie tun es leider auch in Umfeldern, in denen bedingungslose, unterschiedslose Akzeptanz angezeigt ware. Immerhin fand dieses Gespräch nicht an irgendeinem bierseligen Altherren-Stammtisch beim Skat statt, sondern unter zwei Mitgliedern einer Kirchengemeinde.

Nächstenliebe ist das Fundament jeder christlichen Gemeinschaft. Wenn die Lehre Jesu grundlegend ist für den persönlichen Glauben, und das dürfte sie nach meinem Verständnis bei jedem erklärten Christen sein, ist Diskriminierung per Definition tabu. »Ich bin Christ« und »ich habe etwas gegen Schwule« sind zwei Haltungen, die nicht zusammengehen. Wer den jesuanischen Weg einmal nachvollzogen hat, wird feststellen: Jesus hat zu jeder Zeit inklusiv gedacht und gehandelt. Er hat immer und überall jeden eingeschlossen – ungeachtet seiner Herkunft, seiner Erscheinung und seiner

Eigenschaften. Wer ihm folgt, kann und darf in keiner Weise exkludieren und sich dabei noch für gottgefällig halten.

So sehe ich das Vermächtnis Jesu. So verstehe ich, was geschrieben steht. So praktiziere ich meinen Glauben. Mit dieser Auslegung bin ich alles andere als allein. Allerdings gibt es erklärte Christen, die das ganz anders sehen. Sie können sich auf eine Reihe von Geistlichen berufen, die in Lehre und Praxis bewusst und systematisch exkludieren – und zwar mit dem »Segen« ihrer Obrigkeit.

Als in meiner Wahlheimat Köln einmal eine gute Freundin an einem Hochfest die Heilige Messe im Dom besuchte, wurden ihrem Bericht zufolge ganz offen Katholiken und Nicht-Katholiken separiert. Bevor das Abendmahl verteilt wurde, erklang der Hinweis: Wer nicht dem katholischen Glauben angehöre, dürfe zwar mit allen anderen vortreten. Er oder sie möge dem Geistlichen jedoch ein Signal geben, indem er die Arme vor der Brust verschränkt – damit dem Konfessionsfremden keine Hostie gereicht würde. Man wird als Nicht-Katholik also nicht nur vom Abendmahl ausgeschlossen – man soll buchstäblich vor Gott und aller Welt auch noch aktiv zur eigenen Ausgrenzung beitragen. Das ist nicht die Fiktion irgendeines Netflix-Dramas; das ist die von der Kanzel angekündigte Bedienungsanleitung für das Abendmahl im Kölner Dom im dritten Jahrzehnt des 21. Jahrhunderts.

Dazu muss gesagt werden, dass die Eucharistie Nicht-Katholiken vorenthalten bleibt, ist übliche Praxis im Katholizismus. Wie jeder Geistliche vor Ort das interpretiert und praktiziert, ist allerdings in hohem Maße seine Entscheidung. In anderen katholischen Gemeinden Kölns wird Eucharistie ganz anders gefeiert: Alle sind eingeladen, egal, wer sie sind.

Gnadenlos diskriminierende Systeme gibt es in allen Formen und Farben. Es gibt sie sogar unter den Institutionen, die über Jahrhunderte hinweg unsere Kultur und unsere Gemeinschaften geprägt haben. Diskriminierung, in welcher Form auch immer, färbt leider ab. Toleranz vorschützen und exkludieren ist als Prinzip der Lebensgestaltung immer einfacher als Akzeptanz wagen und inkludieren.

Jesus ist nicht dafür bekannt, den einfacheren Weg gewählt zu haben.

Angesichts der fortschreitenden politischen Liberalisierung und nach einer ganzen Reihe von Enthüllungen sexueller Natur in den letzten Jahren ist viel darüber spekuliert worden, ob die katholische Kirche ihre Verurteilung homosexueller Partnerschaften endlich überdenken würde – oder wenigstens ihre Haltung zu Homosexualität an sich. Immerhin wurde bereits 2013 mit Papst Franziskus einer der liberalsten Päpste der Geschichte ihr Oberhaupt. Das Statement, das im März 2021 schließlich verkündet wurde, zerschlug vorerst alle Hoffnungen, die die LGBTIQ*-Gemeinde und progressive Gläubige gehegt hatten. Darin bezeichnete der Vatikan gleichgeschlechtliche Verbindungen als eine »Wahl«, und zwar eine »sündige«, die »objektiv« nicht als Teil von Gottes Plänen anerkannt werden könne. »Die Segnung homosexueller Verbindungen kann nicht als zulässig betrachtet werden«, schrieb die Römische Glaubenskongregation, die oberste doktrinale Behörde der katholischen Kirche weiter, denn Gott »kann Sünde nicht segnen«.[45]

Ich erlaube mir zu widersprechen, was das Spannungsfeld zwischen Liebe und Lebensgestaltung anbelangt: Das Zölibat ist eine Wahl. Homosexualität nicht.

»Über Wut bin ich schon lange hinaus«, sagte der Ex-Benediktinermönch und Klostervorsteher Anselm Bilgri kurz nach Erscheinen des Statements dem Spiegel. Er hatte nur Tage zuvor seinen Lebenspartner geheiratet, nachdem er wenige Monate vorher aus der katholischen Kirche ausgetreten war. »Aus jedem Wort dieses Dekrets spricht die Geringschätzung für homosexuelle Menschen. Dabei sind es doch gerade die der Kirche zugewandten gleichgeschlechtlichen Liebenden, die den Segen erbitten und dann vor den Kopf gestoßen werden. Das muss sich niemand bieten lassen.«[46]

Auch andere gläubige Homosexuelle wird diese Position zutiefst enttäuschen. Im Leben vieler schwuler Männer, die dem Glauben oder der Kirche nie zugewandt waren, mag ein solches Statement wiederum nicht sonderlich relevant sein. Es ist nur so: Nicht nur mancher geistliche Würdenträger und manches besonders fromme Kirchenmitglied (gleich welcher Konfession) folgt einer solchen Auslegung des Christentums. Auch viele Führungsetagen in der Wirtschaft sind bis heute entsprechend geprägt. Gerade in wirtschaftlich besonders starken Regionen, in denen das mittelständische Herz der deutschen Wirtschaft schlägt, kommt das sehr häufig vor. Das ist – neben Homophobie und Angst ums eigene Image – ein weiterer Grund, warum ein überholtes Konzept wie »Don't ask, don't tell« in der Männerwirtschaft noch immer Hochkonjunktur hat.

Wie du das Schweigen brichst, ohne verbrannte Erde zu hinterlassen

Was das verbreitete Prinzip des duldsamen Schweigens so problematisch macht, ist nicht nur die rückständige Haltung, die dahintersteckt. Dass die Ablehnung sich hinter einer pseudohumanistischen Haltung versteckt, erschwert auch den Umgang mit einem so geprägten Umfeld. Schließlich kommt die Diskriminierung bewusst defensiv daher: Wir tolerieren deine Existenz, wenn du im Gegenzug auf offene Akzeptanz verzichtest. Davids Geschichte ist ein treffendes Beispiel dafür, ebenso wie die Haltung von Papst Franziskus: Zwar hat er sich schon früh in seiner Amtszeit dagegen ausgesprochen, Homosexuelle juristisch zu verfolgen. Als gleichwertige Gläubige akzeptieren will er sie trotzdem nicht. Auch Markus' Gespräch mit einer ehrenamtlich Mitarbeitenden weist dasselbe Muster auf: Als Respektsperson ernst nehmen könne man einen schwulen Pfarrer leider nicht, aber persönlich möge er das bitte schön nicht nehmen.

Diese paradoxe Haltung kann LGBTIQ*-Menschen den Alltag auch da zur Hölle machen, wo sie nicht offen ausgegrenzt oder angegriffen werden. Wer möchte sich schon dauerhaft in einem Umfeld bewegen, in dem man als Mensch zweiter Klasse betrachtet und behandelt wird? Das ist keine Voraussetzung für Leistung an einem Arbeitsplatz, an dem man sich wohlfühlen, entwickeln und aufsteigen will.

Liebe Unternehmer:innen, Personaler:innen und Führungskräfte mit Mitarbeitendenverantwortung: »Don't ask, don't tell« ist *nicht* genug. Nicht genug, um queere Mitarbeitende zu halten, die sich unwohl fühlen und das Versteckspiel satthaben. Und schon gar nicht genug, um sich Diversity auf die Fahnen zu schreiben – eine Debatte, der wir uns im nächsten Kapitel widmen.

Toleranz, oder was manche dafür halten, ist nicht das Ende der Fahnenstange. Ein Unternehmen, das mit der Forderung nach Akzeptanz überfordert ist, darf sich nicht mit Chancengleichheit brüsten. Das fällt übrigens nicht nur schwulen Männern wie mir auf, sondern auch allen anderen, die von der Männerwirtschaft diskriminiert werden – sei es offen oder verdeckt.

Die Frage ist: Wie geht man mit einer »Don't ask, don't tell«-Unkultur um, wenn man sich in ihr wiederfindet? In diese Situation kommen die meisten von uns nämlich häufig. Ignoranz ist, nicht nur am Arbeitsplatz, überall. Je nach Vorprägung muss man nicht einmal zwingend besonders doof sein, um der Versuchung zu erliegen, es sich leicht zu machen. Manche Menschen wissen einfach so wenig über uns, dass sie uns aus purer Unwissenheit für »fremd« halten. Für Toleranz reicht Neutralität; Akzeptanz braucht Überzeugung. Du kannst die- oder derjenige sein, der dein Umfeld überzeugt.

Vorab der Hinweis: Natürlich kannst du auch in einem solchen Unternehmen Diskriminierungserfahrungen machen. In diesem Fall kannst und darfst du dich genauso klar abgrenzen und genauso unmissverständlich wehren, wie in Kapitel 3 beschrieben. Wahrscheinlicher und viel häufiger wird es allerdings zu Situationen kommen, in denen du dich ausgeschlossen und verletzt fühlst, aber zugleich spürst, dass es sich nicht um böse Absicht handelt, sondern um Ignoranz. Das heißt allerdings nicht, dass du so etwas übergehen müsstest oder solltest. Es gibt nur einen Weg, die Ignoranz – und mit ihr die Grundlage von »Don't ask, don't tell« – zu brechen: Du musst das Schweigen durchbrechen und das Verschwiegene ansprechen.

Nehmen wir zum Beispiel an, du wirst gebeten, deine sexuelle Identität zu verleugnen, indem du eine Fake-Partnerin oder einen Fake-Partner zu einer Veranstaltung mitbringst. Ein anderes Beispiel: Du wirst gebeten, Kund:innen gegenüber dein Queersein zu verschweigen. Gerade in hohen Positionen kann es zum Beispiel passieren, dass man dir suggeriert, deinen Partnerschaftsstatus nicht öffentlich zu erwähnen. All diese Dinge deuten darauf hin, dass man um deine Geschlechtsidentität weiß, sie aber keinesfalls thematisiert wissen will. So hinterwäldlerisch und inhuman es im Effekt für dich und mich ist: Mancher ahnungslose Spießer oder konservative Knochen fühlt sich mit dieser Haltung nicht nur auf der sicheren Seite, sondern sogar noch besonders gönnerhaft. Das muss aber nicht heißen, dass man nicht mit ihm reden könnte.

In einem solchen Moment kannst du die folgenden Zwischenschritte einlegen, bevor du nötigenfalls zu den drastischeren Maßnahmen aus Kapitel 3 greifst:

1. Aufklären
Setze durch eine pointierte Nachfrage einen Anker, um klarzumachen: Stopp, hier wird gerade eine Grenze überschritten. Zum Beispiel so: »Einen Moment, bitte. Habe ich mich gerade verhört, oder bitten Sie mich, meinen gleichgeschlechtlichen Partner zu verleugnen?« Wenn du dein Gegenüber mit der Nase auf das Unrecht stößt, kann es später nicht behaupten, es habe es doch nur gut gemeint.

2. Sensibilisieren
Mach deinem Gegenüber deutlich, warum sein Verhalten problematisch ist – und welche Konsequenzen es haben kann. Das kann zum Beispiel so klingen: »Ich bitte Sie, das ab sofort zu unterlassen. Ein solches Verhalten verletzt mich nicht nur persönlich, es verstößt auch gegen den Gleichstellungsgrundsatz im AGG. Wenn Sie mich noch einmal zu so etwas auffordern sollten, kann ich das nicht mehr tatenlos hinnehmen. Das würde ich sehr bedauern.« Achtung: Es geht nicht darum zu drohen, sondern darum, Klarheit zu schaffen. Das bedeutet natürlich, dass du angekündigte Maßnahmen auch durchziehst, wenn es nötig wird. Konsequenz macht dich stark.

Wenn dein Gegenüber tatsächlich »nur« aus Ignoranz gesprochen und gehandelt hat, wird sie oder er an dieser Stelle einlenken. Wenn nicht, gibt es keinen Grund, warum du das unhinterfragt und ungestraft dulden müsstest. Irgendwann reichen Gespräche nicht mehr, um einer Schweigespirale beizukommen. Überzeugungstäter werden früher oder später einfach die Ohren für deine Kritik verschließen, wenn sie merken, dass sie immer wieder damit durchkommen.

Wenn Aufklärung und Sensibilisierung keine Wirkung zeigen, ist die Grenze von der Duldung zur Diskriminierung überschritten. Die Toleranz ist dann nur noch ein Feigenblatt für internalisierte Homophobie oder andere, unlautere Motive. Mach nicht den Fehler, sie zu ignorieren. Damit hilfst du nicht nur, das Schweigen zu kultivieren; du stellst auch die Weichen für deine eigene Ausgrenzung.

Es gibt keinen Grund, warum du »Don't ask, don't tell« tolerieren müsstest. Du – und du allein – bist Grund genug, um der Schweigespirale in deinem Unternehmen ein Ende zu setzen. Wenn du das nicht möchtest, such dir bitte so schnell wie möglich einen anderen Arbeitsplatz. Nur eins ist keine Option: weiter schweigen. Denn damit schadest du nicht nur dir selbst. Du stehst auch anderen im Weg, die nach dir kommen werden und sich an dir ein Beispiel nehmen.

Schweigen ist nicht das Ziel. Duldung ist nicht das Ziel. Toleranz reicht nicht. Akzeptanz ist der Horizont, auf den wir zulaufen müssen. Alles andere ist ein Kompromiss und wird immer einer bleiben.

Jetzt ist nicht die Zeit für Kompromisse. Wir leben in einer zunehmend autistischen Welt wachsender Polaritäten und kurzer Zündschnüre. Auch durch die Membranen unserer Echokammern hindurch sind die Nachrichten über den wiedererstarkenden Extremismus im eigenen Land nicht zu überhören. Genauso darf die zunehmende Tendenz zur offenen Verfolgung von Menschen mit nicht heteronormativen Geschlechtsidentitäten in europäischen Nachbarländern nicht an uns vorbeigehen. Kompromisse wie »Don't ask, don't tell« bergen immer das Risiko eines Rückfalls in dunkle Zeiten – auch und gerade in einer Ära, in der es uns um so vieles besser geht als anderen vor uns. Um Aussagen wie denen von Davids Chef, der Borniertheit von religiösen Eiferern und auch der angstgetriebenen Ambivalenz eines Thomas Sattelberger entgegenzutreten und Schlimmerem vorzubeugen, reichen Kompromisse nicht aus. Kompromisse haben uns nicht dahin gebracht, wo wir heute sind. Was wir brauchen, ist radikale Offenheit.

Mit »radikal« meine ich natürlich nicht, dass du andere bei jeder passenden und unpassenden Gelegenheit konfrontieren und überfordern solltest. Es geht mir um die Haltung. Akzeptanz ist ein Riesenthema; rhetorisch kann sie sehr minimalistisch daherkommen. Das habe ich unter anderem durch Rolf gelernt.

Das Mixtape

Mein erstes Auto war ein Ford Fiesta XR2i mit 103 PS und über 200 000 Kilometern auf der Uhr. Ich hatte ihn einem Freund für ein paar Hunderter abgekauft. Jeden Tag fuhr ich damit zur JVA auf die Arbeit. Ich war nicht nur stolz auf diesen regional produzierten Zwerg-Boliden; ich liebte die Karre. Wahrscheinlich hätten ihre Alterserscheinungen und die regelmäßigen Reparaturen mich allerdings wesentlich mehr genervt, wenn es Rolf nicht gegeben hätte.

Rolf war ein Kollege aus dem Allgemeinen Vollzugsdienst. Nebenbei war er Schrauber vom Dienst für jeden, der Probleme mit seinem Auto hatte. Wir sahen uns also öfter. Trotzdem war ich bei ihm, wie bei allen Kollegen außerhalb meines Kernteams im offenen Vollzug, nicht geoutet. Äußerlich war er mit seinen 125 Kilo ein harter Brocken – ein typischer AVDler, mit dem sich nicht mal die harten Jungs leichtfertig anlegten. Innerlich, wie das oft so ist, war er ein sensibler Teddybär.

Eines Abends, nachdem ich das Auto mal wieder bei ihm

abgegeben hatte, fiel mir siedend heiß ein: Ich hatte »die Kassette« vergessen. Die Kassette war ein Mixtape, das ich für meinen damaligen Freund zusammengeschnitten hatte, wie wir das in Ermangelung digitaler Playlists damals so machten. Dazu gehörte natürlich auch ein selbstgestaltetes Cover. In diesem Fall bestand es aus einem Foto meines Freundes und mir, auf dem wir uns küssten – komplett mit kitschiger Liebesbotschaft auf der Rückseite.

Die Kassette steckte im Autoradio, die Hülle lag gut sichtbar in der Mittelkonsole. Bei Rolf, in der Scheune, wo er in seiner Freizeit männermäßig ölverschmiert an Autos herumschraubte. Wahrscheinlich hingen in irgendeiner Ecke auch ein, zwei Poster von nackten Frauen aus der *Praline* an der Wand zwischen den Werkzeugen.

Verdammt.

Als ich das Auto abholte, nahm ich allen Mut zusammen: »Du, Rolf, ich möchte dich nur zur Sicherheit was fragen. Hast du zufällig einen Blick auf die Kassette geworfen, die da in der Ablage liegt?«

Rolfs Antwort kam wie aus der Pistole geschossen. »Matthias, mal Klarstellung unter uns: Was in einem Auto liegt, interessiert mich nicht. Und sollte ich da irgendwas gesehen haben, geht mich das nichts an, und ich würde auch mit niemandem darüber reden.«

An diesem Punkt outete ich mich bei Rolf – alles andere wäre mir albern vorgekommen. Als ich mir meine Offenbarung von der Seele geredet hatte, atmete ich tief durch und harrte der Dinge, die da kommen mochten. Rolf aber lächelte nur, knuffte mir in die Seite und sagte: »Matthias, ist doch kein Thema.«

»Don't ask, don't tell« ein Ende zu setzen ist oft leichter, als du glaubst. Wir lassen uns viel zu oft viel zu lange von unseren Befürchtungen davon abhalten – in der Hoffnung, das Problem möge sich von selbst erledigen. Tut es aber nicht. Die heterosexuellen Kollegen werden das Schweigen nicht brechen, wenn es institutionalisiert ist. Das wäre der Job der Führung, doch die versagt allzu oft in dieser Hinsicht. Also ist es deiner. Oft reicht dafür schon ein winziger Schritt auf den anderen zu. Fragen und Erklärungsbedarf kommen, wenn überhaupt, meist erst später ins Spiel. Wenn deine Führung ein Problem mit deiner Offenheit hat, soll sie nur kommen. Du hast das ganze Gewicht des Rechtsstaats auf deiner Seite – und in vielen Fällen auch einen großen Teil deiner Kolleg:innen.

Ich will das Risiko nicht kleinreden, das mit dem Bruch einer längerfristig kultivierten Schweigespirale einhergeht. Wenn du Pech hast, kann es auch weitaus weniger glimpflich abgehen als zwischen Rolf und mir – vor allem, wenn das Schweigen gewollt und verordnet ist. Sicher ist aber: Von diesem Moment an wird es nur noch leichter. Verdrängungsstrategien mögen erschreckend effektiv sein, aber sie sind auch fragil. Du allein kannst mit einem einzigen Satz alles verändern, für dich und für alle nach dir, und niemand kann es verhindern.

KAPITEL 6
MYTHOS DIVERSITY

Was sich hinter dem
Feigenblatt Pinkwashing
verbirgt

Es ist nicht alles pink, was glänzt

Als ich mein zweites Studium absolvierte, arbeitete ich als wissenschaftlicher Mitarbeiter in einer Forschungseinrichtung für Organisationsentwicklung an einer deutschen Universität. Im Auftrag eines Professors aus dem psychologischen Feld war ich in verschiedene praxisrelevante Forschungsaufträge eingebunden. Einer davon beschäftigte sich mit dem damals brandheißen Thema Corporate Social Responsibility (CSR). Grob gesagt ist das ein Handlungsfeld, bei dem sich Unternehmen für gesellschaftliche Zwecke wie Umweltschutz, Bildung oder soziale Themen engagieren.

Heute gehören solche Engagements in allen größeren Unternehmen zum guten Ton. Die Marktforscher:innen haben längst festgestellt: Kund:innen erwarten heute, dass vor allem Konzerne mit dicken Profiten auch etwas an die Gemeinschaft zurückgeben. Die Unternehmen wiederum wittern darin natürlich vor allem eines: eine willkommene Gelegenheit für positive Public Relations und freundliche Berichterstattung seitens der Medien. Vor allem der Bereich Umwelt ist extrem vielversprechend: Wer es schafft, sich in der öffentlichen Wahrnehmung einen grünen Anstrich zu verpassen, tut damit sehr viel für eine zukunftsfähige Marktpositionierung. Beispiele dafür gibt es inzwischen in allen Branchen, bis hin zu Autoindustrie und Mineralölkonzernen.

Leider führen die hohen Anreize für solche CSR-Themen in vielen Fällen dazu, dass Unternehmen sich zwar als besonders grün darstellen. Manche stampfen beeindruckende Zukunftsvisionen aus dem Boden, formulieren pseudo-konkrete Klimaziele oder spenden vermeintlich hohe Summen für den Umweltschutz. Dafür werden fulminante Kampagnen geschaltet und fleißig Politiker:innenhände geschüttelt. Die konkreten Maßnahmen entpuppen sich bei genauerem Hinsehen aber oft als Lippenbekenntnisse.

Dieses Phänomen wird als »Greenwashing« bezeichnet: Die Unternehmen stellen sich als besonders umweltfreundlich dar; gerade da, wo es zählt, nämlich in den klimarelevanten Teilen der Produktion, beim Umgang mit der Natur in der Rohstoffgewinnung oder mit den betroffenen Menschen in den Ursprungsgebieten. Substanzielle Änderungen ergeben sich dabei kaum oder gar nicht, weil umweltfreundliche Alternativen fast immer deutlich teurer sind. Das Engagement existiert also nur auf dem Papier.

> Als *Pinkwashing* wird heute üblicherweise der missbräuchliche Bezug auf die LGBTIQ*-Bewegung bezeichnet, um eine bestimmte unternehmerische oder politische Agenda voranzutreiben. Dabei vermarkten sich die Absender:innen als »gay-friendly« oder »queer-friendly«, um sich bei progressiven Zielgruppen einen Vorteil zu erschleichen, während sie diskriminierende und undemokratische Aspekte ihres Tuns damit maskieren.[47]
> Ursprünglich wurde der Begriff schon vor Jahrzehnten in einem anderen, aber vergleichbaren Zusammenhang geprägt: Ein US-amerikanischer Konzern hatte auf seinen Produkten mit rosa Schleifen – dem Symbol des Engagements gegen Brustkrebs – geworben. Dabei standen ausgerechnet die Produkte dieses Konzerns im Verdacht, krebserregend zu sein. Kritiker:innen warfen dem Unternehmen vor, die Aktion sei nicht etwa Ausdruck eines ernstgemeinten Engagements, sondern nur eine Marketingstrategie. Dafür wurde die Bezeichnung »Pinkwashing« geprägt – analog dem englischen Begriff »Whitewashing«, der so viel wie Schönfärberei bedeutet.[48]

Leider ist in deutschen Unternehmen nicht alles pink, was glänzt und uns Hoffnung macht. Manchen queeren Mitarbeiter:innen blüht ein vergleichbares Schicksal wie jedem anderen PR-Opfer, das die Bosse sich gern an ihre Trophäenwand hängen. Die blasierteren unter ihnen denken sich noch nicht einmal etwas dabei. Manch ein alter, weißer CIS-Vorstand[49] hält sich tatsächlich schon für einen Vorkämpfer der Gleichstellung, wenn er Frauen, Queers oder Menschen mit anderer Hautfarbe auf das Titelbild einer Imagebroschüre setzt.

Viele Arbeitgeber:innen kaufen sich gern ein pinkfarbenes Siegel, singen das Hohelied der Gleichstellung und wedeln vor der Kamera mit dem knackigen, schwulen Testimonial-Promihintern du jour. Doch bei genauerem Hinsehen entpuppen sich diese Maßnahmen genauso als heiße Luft wie die grünen Gütesiegel, für die es keine adäquaten Vergabekriterien gibt.

Im besten Fall stellen Pinkwashing-Maßnahmen die Realität ein bisschen bunter dar, als sie ist. Oft muss man dann als Außenstehender schon sehr genau hinschauen, um den Schwindel zu erkennen. Dass die oder der schwule Promi nur im Zielgruppenmedium mit dem Hintern wackelt und nicht etwa in den Leitmedien mit der ganz breiten Reichweite, ist eines dieser kleinen, feinen PR-Manöver, die Normalverbraucher:innen nicht weiter auffallen – selbst den LGBTIQ*-Konsument:innen nicht immer und ohne weiteres. Wer wird denn bemängeln, dass der Personalvorstand sich den Button mit der Regenbogenflagge nur auf der schwulen Karrieremesse mal für eine halbe Stunde Pressegespräch anheftet und danach schnell wieder abnimmt? Diesen Moment fotografieren die Kameras nicht. Seien wir doch froh, dass das Firmenlogo einen »Tag der Gleichberechtigung« lang in Regenbogenfarben erstrahlen darf, wenn auch nur in den sozialen Medien bis Punkt Mitternacht.

In den schlimmeren Fällen überdeckt das Feigenblatt Pinkwashing eine Arbeitsplatzrealität, die entgegen allen Lippenbekenntnissen von Homophobie und Ausgrenzung geprägt ist. Die folgenden Beispiele geben einen kleinen Einblick in die schmutzige Welt der pinkgewaschenen Saubermännerwirtschaft.

Florians Story:
Der misstönende Wertekanon

Erste Diskriminierungserfahrungen habe ich schon bei einem Mittelständler gemacht und mir danach erst einmal eine Karriereauszeit genommen. Als ich mich wieder bereit fühlte, bewarb ich mich initiativ bei einer Krankenkasse. Ich freute mich riesig, als ich tatsächlich sehr schnell zum Bewerbungsgespräch eingeladen wurde. Zunächst lief alles gut: Meine Qualifikation stieß auf Interesse, und mein Profil schien gut zu den Wachstumsplänen der Organisation zu passen.
Also wurde ich zu einem zweiten Gespräch mit dem zuständigen Bereichsleiter eingeladen. Der fragte mich, ob ich schon empirisch gearbeitet habe. Das konnte ich bejahen, denn für meine Bachelorarbeit hatte ich eine umfangreiche Befragung durchgeführt und ausgewertet.
Dabei kam natürlich auch das Thema der Arbeit zur Sprache. In der ging es um das Allgemeine Gleichbehandlungsgesetz und inwiefern es etwas an der Diskriminierung von LGBT verändert hat. »Aha, interessant, das ist ja toll«, war die Rückmeldung. Das Gespräch ging unauffällig zu Ende mit der üblichen Ankündigung, man werde sich melden.
Wenig später erreichte mich per E-Mail eine Standardabsage ohne Begründung. Nach zwei gut verlaufenen Gesprächen auf eine Initiativbewerbung hin war mir das nicht genug. Ich rief also die Personalverantwortliche an, die meine

Bewerbung bearbeitete und mit der ich das erste Gespräch geführt hatte.

»Ich akzeptiere natürlich die Absage«, teilte ich ihr mit, »aber ich würde gern den Grund erfahren, damit ich in Zukunft daran arbeiten kann.«

»Na ja«, gab sie zögerlich zurück, »wir haben hier intern noch einmal über Sie gesprochen. Es ist überhaupt nichts gegen Sie persönlich. Aber wir sehen Sie eher in einem Unternehmen, wo man Sie kennt. Wenn Sie uns vor unseren Stakeholdern vertreten würden, hätten wir damit kein so gutes Gefühl. Wir wüssten einfach nicht, ob Sie da so ein gutes Standing hätten.«

Ich wünschte ihr ein gutes Leben und legte auf. Einerseits mochte mich das Schicksal damit vor einer Anstellung bewahrt haben, die mir zur Qual geworden wäre. Nach meinen schlechten Erfahrungen bei einem Mittelständler hatte ich gehofft, dass bei einem Großunternehmen manches anders laufen würde. Ich hatte gedacht, »größer« würde automatisch auch »vielfältiger« bedeuten. Diese Lehre hatte ich nun gelernt: Nein, diese Rechnung geht nicht auf. Auch in einem Großunternehmen gibt es nicht automatisch mehr Akzeptanz – auch wenn das vielleicht in irgendwelchen Unternehmensleitlinien drinsteht.

Mir ist diese Paradoxie immer wieder begegnet: Führungskräfte singen dir vor, welche Werte bei ihnen gelebt werden, und in Wirklichkeit sieht es ganz anders aus. Mit Wertvorstellungen, die auf dem Papier stehen – tut mir leid, dass ich das so sagen muss –, kann man sich meistens leider den Arsch abwischen.

Die Regenbogen-Opportunisten

Im Hochsommer 2019 staunten die Berliner nicht schlecht – und andere Großstädter beim Shopping in zentralen Lagen nicht minder. Auf einem riesigen Plakat mitten auf dem Alexanderplatz bewarb der Süßwarenhersteller Katjes unübersehbar ein regenbogenfarbenes, vegetarisches Fruchtgummi. Das Motiv der Kampagne: zwei Frauen, die sich vor pinkfarbenem Hintergrund küssten.[50] Inzwischen begegnen uns jeden Sommer für eine gewisse, merkwürdig klar abgegrenzte Zeit an jeder Ecke Regenbogenflaggen – jedenfalls auf Werbeflächen und in Firmen-Accounts in den sozialen Medien.

Auf den ersten Blick eine tolle Sache: Die scheinen es mit dem Thema ja ernst zu meinen. Das Problem ist, dass genau solche Kampagnen in Wahrheit oft ganz andere Interessen bedienen, als sie vordergründig transportieren. Vor allem der Juli ist in Berlin und anderen Großstädten weltweit der Pride-Monat. Die Innenstädte sind also voll von Besucher:innen der großen Paraden zum Christopher Street Day (CSD) und anderen Veranstaltungen. Da ist es für einen Konsumgüterhersteller schlicht reizvoll, gut sichtbar Flagge zu zeigen. Aus demselben Grund schickt manches Unternehmen einen eigenen Wagen zum CSD – wie übrigens auch Katjes in jenem Jahr – oder ist mit Kampagnen und Werbemitteln präsent.

Leider ist es mit dem Bekenntnis zur Diversity nach dem Pride Month meist schneller wieder vorbei als mit dem Kater nach einer CSD-Party. So scheint es auch bei Katjes zu sein. Auf eine konkrete Anfrage, was das Unternehmen tatsächlich tut, um seine eigenen diversen Mitarbeiter:innen zu unterstützen, »kam leider nicht sehr viel«. Das berichtete jedenfalls Stuart B. Cameron, CEO der Uhlala Group, dem Handelsblatt in einem Interview. »Für mich persönlich sage ich: Wow, das ist ja mal toll, dass ein Unternehmen speziell so ein LGBT-Produkt hat. Das Problem ist nur, dass dieses Unternehmen [...] nicht wirklich etwas für LGBT macht, zumindest keine Strukturen dafür hat.«[51] Nicht zuletzt das Timing der Kampagne legt den Verdacht nahe, dass hier vor allem eine umsatzträchtige Zielgruppe zum günstigen Zeitpunkt erwischt werden sollte. Echtes LGBT-Engagement »fängt nicht Anfang Juli an und hört Ende Juli auf, sondern das ist das ganze Jahr über.«[52]

Camerons Uhlala Group setzt sich seit vielen Jahren mit verschiedenen Projekten für LGBTIQ*-Themen in der Wirtschaft ein. Darunter ist neben dem Karrierenetzwerk Sticks & Stones auch das Gütesiegel Pride 500. Um es zu bekommen, können Unternehmen ihr LGBTIQ*-Engagement im Rahmen einer Befragung untersuchen und daraufhin zertifizieren lassen.

Wie leicht Konsument:innen, aber auch die LGBTIQ*-Community Pinkwashing auf den Leim gehen können, zeigt in diesem Zusammenhang das Beispiel E.ON – und auch, wie groß die Verlockung der Unternehmen angesichts des öffentlichkeitswirksamen Themas ist. Im »dax30 LGBT+ Diversity Index« der Uhlala Group, einem Ranking des Engagements der 30 DAX-Konzerne nach ihrer LGBTIQ*-Freundlichkeit, belegte der Energieriese mit 79 von 100 möglichen Punkten zunächst den achten Platz.[53] Wie sich laut eines schwulen Community-Blogs und anderer Aktivist:innen später herausstellte, war der Konzern bei seinen Angaben jedoch nicht vor »massiven Manipulationen« zurückgeschreckt. So habe es, anders als behauptet, weder ein bundesweites E.ON-MitarbeiterInnennetzwerk noch eine bundesweite E.ON-LGBTI-Kampagne noch ein öffentliches Diversity-Statement des Konzerns gegeben.[54]

Der Herausgeber des Diversity-Indexes sah sich daraufhin gezwungen, die Bewertung von E.ON vom 8. auf den 16. Platz zu korrigieren und von allen teilnehmenden Konzernen nachträglich Belege für ihre Angaben zu fordern.[55]

Mit derart aggressivem Pinkwashing bewirken Unternehmen genau das Gegenteil dessen, wofür Aktivist:innen auch in der Wirtschaft seit vielen Jahren kämpfen. Mit ihren scheinheiligen Aktionen helfen die Unternehmen der Community und ihren eigenen Mitarbeiter:innen nicht, sondern untergraben die Wahrnehmung und die Bedeutung des Themas in der Öffentlichkeit. Für nichtsahnende Konsument:innen und Bürger:innen, die im Normalfall nicht hinter die Fassade blicken, erwecken die Plakatwände und Gütesiegel den Eindruck, die deutsche Unternehmenslandschaft sei von Diversity durchdrungen – als sei der Kampf um Gleichstellung längst gewonnen. In Wahrheit betrachtet manches vermeintlich tolerante Unternehmen uns bestenfalls als kaufkräftige Zielgruppe und schlimmstenfalls als nerviges Politikum, mit dem man sich gezwungenermaßen auseinandersetzen muss.

Bei Regenbogen-Kampagnen großer Unternehmen gilt deshalb grundsätzlich: Nur wer genau hinsieht, kann die Spreu vom Weizen unterscheiden. So manches Unternehmen orientiert sich bei seinem Einsatz für Gleichstellung nicht an demokratischen Werten, sondern an Marktopportunitäten – und setzt seinem Engagement auch genau da Grenzen. Die Parfümerie- und Drogerie-Kette Douglas etwa warb 2020 mit dem Slogan »My Beauty, My Pride« in Deutschland und anderen Ländern, und zwar auch mit Videoclips in englischer Sprache. Im zunehmend konservativ regierten Nachbarland Polen, das 2020 unter anderem durch die Einrichtung von »LGBT+-freien Zonen« Schlagzeilen machte, wurde die Kampagne jedoch nicht geschaltet.[56]

Weniger heuchlerisch, dafür aber von verblüffender Ignoranz sind Unternehmen, bei denen sich Diversity buchstäblich nur auf dem Papier abspielt. Manche global agierenden

Mittelständler glauben, sie seien schon LGBTIQ*-freundlich, wenn irgendwo auf der Website oder im Kleingedruckten der Unternehmensleitlinien das Wort Diversity auftaucht, nach dem Motto: »Wir haben doch gar nichts gegen Schwule – wozu sollen wir uns da noch engagieren?«

Selbst in den Fällen, wo es konkrete Maßnahmen gibt, ist die Programmatik fast nie spezifisch genug, um für die Mitarbeitenden im Unternehmen tatsächlich einen Unterschied zu machen. Oft fokussieren sich Maßnahmen für mehr Vielfalt auf andere Themen, die dem Unternehmen gerade gut in die Zielgruppenansprache passen. Zum Beispiel werden systematisch Mitarbeitende aus einem bestimmten Kulturkreis hervorgehoben, den das Unternehmen im Visier hat. So kann es vorkommen, dass bei einem bestimmten Werbe-Shooting eine einzelne Mitarbeitende mit vietnamesischen Wurzeln vor die Kamera gestellt wird, um eine positive Marketingbotschaft an den »asiatischen Markt« zu schicken. Das kann schon deshalb oft nicht funktionieren, weil es natürlich eine Vielzahl von asiatischen Märkten gibt, und nicht nur einen. Die Mitarbeiterin weiß das in der Regel natürlich auch; die Marketing-Entscheider:innen oft leider nicht. Für die betroffenen Mitarbeitenden selbst können solche pauschalierenden Aktionen unangenehm werden. Nicht selten muss eine Gruppe oder gar eine einzelne Person im Unternehmen als Alibi-Maskottchen für das gesamte Spektrum von Diversity-Politik herhalten.

Wenn Umsatzchancen einerseits und Umsatzrisiken andererseits die Leitplanken der Aktivitäten eines Unternehmens vorgeben, kann von authentischem Engagement keine Rede sein. Diversity ist keine Saison-Kampagne, sondern ein politisches und kulturelles Bekenntnis. Nur wenn der Grundgedanke der Akzeptanz das Unternehmen auch strukturell durchdringt, darf es sich diesen Wert auf die Fahne schreiben.

Wie reizvoll das für Unternehmen ist, zeigen paradoxerweise gerade auch die Negativ-Beispiele.

Welche Vorteile Diversity bringt – und woran sie trotzdem scheitert

Besonders tragisch ist am Pinkwashing, dass echte Maßnahmen in den gesellschaftlichen Engagementfeldern wirkliche, messbare Vorteile hätten – und zwar nicht nur für die Mitarbeitenden, die das Thema betrifft, sondern auch für das Unternehmen selbst. Die Spin Doctors in der Unternehmenskommunikation springen ja nicht umsonst auf das Potenzial eines Themas an: Laut dem Marktforschungsinstitut LGBT Capital beträgt die Kaufkraft von LGBTIQ* allein in Deutschland geschätzte 151 Milliarden Euro.[57] Branchenübergreifend hat sich inzwischen herumgesprochen, welche Marktmacht betriebswirtschaftlich, aber auch politisch von Diversity als progressivem Signal ausgeht. Sich damit zu schmücken ist seit Jahren ein wachsender Trend – besonders in den Marktsegmenten, die aufgrund ihres Geschäftsmodells auf eine heterogene Belegschaft angewiesen sind. Dass ein temporär eingefärbtes Logo bei Facebook nicht dasselbe ist wie gelebte Akzeptanz, ist leider trotzdem noch nicht überall angekommen.

Tatsächlich sind die Anreize für ein konzertiertes Diversity-Management so gewichtig, dass man sie als Führende:r nur mutwillig ignorieren kann. Schließlich sind die Vorteile inzwischen hinreichend durch Studien belegt – von der kulturellen Heterogenität bis zur Geschlechtervielfalt. Der Verein Charta der Vielfalt e. V. beruft sich bei seiner Aufzählung auf mehrere Studien der Unternehmensberatung McKinsey, welche die messbaren Vorteile seit 2011 in mehreren Studien erhoben hat (teilweise durch zusätzliche Aspekte ergänzt):[58]

- Diversity-Management erhöht die Leistungsfähigkeit und Motivation der Beschäftigten, denn in heterogenen Teams kommen individuelle Stärken erst zur Entfaltung. Damit steigert Diversity auch die Innovationskraft.
- Vielfältige Teams sind in vielerlei Hinsicht flexibler; durch sie können Unternehmen besser und vor allem sehr viel schneller auf sich verändernde Marktbedingungen reagieren.
- Heterogenität verbessert den Wissenstransfer, denn jedes Unternehmen profitiert vom vielfältigen Know-how seiner Mitarbeitenden.
- Durch gelebte Vielfalt wird der enorme Reibungsverlust an Energie vermieden, der entsteht, wenn Mitarbeitende ihre Identität am Arbeitsplatz verbergen und ihren Beitrag permanent selbst zensieren.
- Die Arbeitgebermarke profitiert sowohl intern als auch extern vom Engagement für Diversity (Stichwort: Employer Branding).
- Ein vielfältiges Unternehmensumfeld ist eher geeignet, Fachkräfte zu gewinnen und zu halten.
- Vielfalt ist ein immer gefragteres Unternehmensmerkmal; ein engagiertes Unternehmen positioniert sich also zukunftsfähig in einem für viele Branchen harten Arbeitnehmermarkt in Zeiten des sich zuspitzenden »war for talents« (Kampf um Talente).
- Diversity-Management wirkt sich messbar auf den wirtschaftlichen Erfolg eines Unternehmens aus: Unternehmen mit vielfältiger Geschäftsführung bringen nachweislich bessere Ergebnisse als homogen geführte.

- Diversity-Management steigert die Attraktivität von Unternehmen für potenzielle neue Partner:innen und Kundengruppen und verbessert zugleich die Kooperationsmöglichkeiten.
- Vielfältige Unternehmen sind interessanter für Investor:innen und können aufgrund dessen sogar höher bewertet werden.[59]

Warum aber geht die Veränderung in Bezug auf Diversity im Allgemeinen und LGBTIQ*-Menschen im Besonderen noch immer so schleppend voran, obwohl die Vorteile so klar auf der Hand liegen? Dafür gibt es eine Reihe von Gründen, wobei die folgenden drei wohl die am weitesten verbreiteten darstellen. Erstens schiebt so manche Chef:innenetage oder Eigentümerfamilie in der Männerwirtschaft jeglichen Kulturwandel bewusst bis zum eigenen Ruhestand auf, um ihn dann bestenfalls zögerlich an die Nachfolgergeneration zu delegieren. Das kann im Einzelfall dann Jahrzehnte dauern, wenn der Patriarch auch im hohen Alter seine Macht nicht loslassen kann, was übrigens sehr oft vorkommt. Gern wird in diesem Zusammenhang auf die Wertekontinuität verwiesen. Eine Verlagerung der Produktion nach China oder Osteuropa hingegen scheint häufig keine Diskrepanz zum Gründerprinzip darzustellen …

Zweitens scheitert die Umsetzung selbst dort, wo Klarheit über die Notwendigkeit herrscht, oft noch an der Veränderungsresistenz träger Apparate. Wenn die Change-Welle der letzten Jahrzehnte uns eines gelehrt hat, dann das: Veränderung ist immer ein Langstreckenlauf. Je grundlegender der Wandel gegen die musealen Erfolgsegos der Männerwirtschaft verstößt, desto vehementer wird er abgewehrt.

Daraus folgt logisch der dritte Grund, warum es mit der Diversity so schleppend vorangeht: Veränderung kostet Zeit und Geld. Bevor ein Unternehmen von Diversity profitieren kann, muss es in die strukturelle und gelebte Akzeptanz investieren. Die Versuchung ist groß und die Möglichkeiten vielgestaltig, es sich leicht zu machen. Und es ist definitiv einfacher, den Fortschritt durch Marketing- und PR-Manöver vorzutäuschen. Siegel und Kampagnen sind als Instrumente einfach schneller, billiger und besser berechenbar. Sie liefern der Führung kurzfristig Ergebnisse, ohne dass sie tatsächlich etwas verändern und dafür (viel) Geld in die Hand nehmen müsste. Echte Kulturveränderungen dauern sehr viel länger. Sie wirken vielleicht nicht sofort in messbarem Umfang. Wie bei jeder langfristigen Investition lassen sich zudem immer irgendwelche Risiken heraufbeschwören, wenn man danach sucht. Der *quick fix* mit dem pinkfarbenen Plakat oder dem geschönten Audit fürs Gütesiegel kostet vergleichsweise wenig, verlangt null wirkliche Veränderung und macht sofort Schlagzeilen – bis es eines Tages knallt, weil der ganze Schwindel auffliegt. Dann ist das Mediendebakel perfekt, der Katzenjammer groß und das behütete Image vom Werte-Champion nachhaltig ramponiert – doch wer konnte damit schon rechnen? Vom Effekt auf diejenigen, die möglicherweise einen Arbeitsvertrag dort unterzeichnet hatten und dann von der bitterbösen Realität enttäuscht wurden, ganz zu schweigen.

Solange sich ein Feigenblatt findet, das ihre schmutzigen Geheimnisse leidlich verdeckt, werden einige der sauberen Herren aus der Männerwirtschaft immer weiter lügen. Drum prüfe, wer sich existenziell bindet: Nicht überall, wo regenbogenfarben »Engagement« draufsteht, ist auch gelebte Akzeptanz drin.

Damit ein Unternehmen tatsächlich als LGBTIQ*-freundlich gelten kann, muss das Thema Diversity den Schritt vom Lippenbekenntnis zur Umsetzung gemacht haben. Relevant im Sinne eines Engagements ist die Akzeptanz erst dann, wenn sie innerhalb der Organisationsstruktur lokalisierbar ist. Außerdem muss sie für alle Mitarbeitenden hierarchieübergreifend wahrnehmbar sein. Das heißt: Es gibt erstens konkrete Ansprechpartner:innen an geeigneter Stelle innerhalb des Unternehmens, die für die Belange nicht heteronormativer Mitarbeitender zuständig und operativ handlungsfähig sind. Zweitens ist in einem vielfältigen Unternehmen Akzeptanz als Mindset und als Methode an den relevanten Interaktionspunkten im Alltag greifbar.

Unternehmen müssen nicht nur erkennen, sondern auch allen Mitarbeitenden kommunizieren, dass Diversity Vorteile für *alle* hat – nicht nur für die »paar schwulen Kollegen«. Die stellt manch einer nämlich gern als bevorteilt dar, der sich selbst als benachteiligt betrachtet oder einfach nur unzufrieden ist. Sobald der Eindruck entsteht, dass das Engagement eines Unternehmens sich auf bestimmte Gruppen reduziert, erreicht es genau das Gegenteil von dem, was es bewirken soll: Gleichstellung für alle.

Das andere böse Q-Wort: Für und Wider einer Quote

Wann immer es in Deutschland um Gleichstellung geht, steht reflexartig das Schlagwort »Quote« im Raum. Für die einen ist es ein Reizwort, für die anderen ein rationaler Anker in einer hochemotionalen Debatte. Logisch nachvollziehen kann ich beide Seiten. Auch bei mir verursacht die Vorstellung einer Quote gemischte Gefühle – in Bezug auf schwule Männer und andere diverse Gruppen genauso wie in Bezug auf Frauen in der Führungsetage.

Eine Quote wird immer ein Kompromiss sein. Egal, wie

man es dreht und wendet: In einer idealen Welt bräuchte es keine Quote, weil die faktische Chancengleichheit für eine gerechte Verteilung insbesondere von Führungspositionen sorgen würde. Quoten sind Krücken. Sie sollen einen Missstand in der Führungskultur beheben, den es rein rechnerisch und rational in unseren Unternehmen schon längst nicht mehr geben sollte. Es ist nicht, wie Kritiker:innen immer wieder behaupten, die Quote, die eine künstliche Unverhältnismäßigkeit herstellt. Es ist die Quote, die dabei helfen soll, eine natürliche Verhältnismäßigkeit der modernen Gesellschaft in der Wirtschaft zu spiegeln.

Über die Umsetzung kann man mit vielen guten Argumenten trefflich diskutieren, nicht aber über das Zielbild. Die gegenwärtige Beschaffenheit deutscher Vorstände spiegelt nicht die Welt, in der wir leben, sondern ein von der Realität längst überholtes patriarchalisches Gesellschaftsmodell. »It's a man's world« – nur, dass es eben keine ist.

Wie auch immer man politisch und philosophisch zur Idee einer Quote steht, Fakt ist: Seit 1949 (da wurde die Gleichberechtigung auf Initiative einer SPD-Abgeordneten im Grundgesetz verankert) haben wir es nicht ohne Quote (und bisher sogar mit ihr nur bedingt) hinbekommen, den Frauenanteil in deutschen Führungsetagen auch nur im Entferntesten ihrem Anteil an der Bevölkerung anzunähern. Seit der Einführung des sogenannten Ersten Führungspositionen-Gesetzes im Jahr 2015 ist wenigstens der für bestimmte Unternehmen (nur etwa 150) verpflichtend eingeführte Anteil von 30 Prozent erreicht worden. Aktuell liegt er dort bei etwa 35 Prozent. Überall, wo der Anteil weniger klar geregelt ist und nicht hart sanktioniert wird, hat er sich im selben Zeitraum dagegen nur minimal verändert. Mit der zweiten Stufe des Gesetzes, die Anfang 2021 beschlossen wurde, soll statt eines prozentualen Mindestbeteiligungsgebots nun sichergestellt werden, dass es in jedem Vorstand mit mehr als drei Mitgliedern zwingend mindestens eine Frau geben muss. Diese Regelung bezieht sich allerdings nur auf zugleich börsennotierte und paritätisch mitbestimmte Unternehmen (in der Regel solche mit mehr als 2000 Mitarbeitenden). Damit sind nur etwa 70 erfasste Unternehmen überhaupt von der Bestimmung betroffen, von denen 40 bereits mindestens eine Frau im Vorstand haben.[60]

Eine ganz andere Geschichte ist die erlebte Quotenpolitik, wie sie für Tausende von Frauen Alltag ist. Von weiblichen Führungskräften in meinem Umfeld höre ich immer wieder von Angriffen: »Du hast den Posten doch nur bekommen, weil du eine Frau bist!« Zum einen stimmt das nicht. Das Prinzip besagt, »bei gleicher Eignung« sei die weibliche Bewerberin dem männlichen Bewerber vorzuziehen. Zum anderen beweisen die puren Zahlen, dass sogar unter Zwang bisher nicht übers Ziel hinausgeschossen wird.

Die Praxis zeigt also: Obwohl die Quote eine Krücke ist, scheint es ohne sie nicht vorwärtszugehen. Sie ist im Kampf um Gleichstellung derzeit einfach noch das wirksamste Instrument, das uns zur Verfügung steht. Und dabei sprechen wir hier von der größten demografischen Gruppe in Deutschland mit einem Anteil von knapp über 50 Prozent (42 Millionen Frauen und damit rund eine Million mehr als Männer).[61] Wie sollen wir da bei einer Bevölkerungsgruppe, deren Anteil – je nach Definition – vermutlich irgendwo zwischen 10 und 20 Prozent liegt, jemals ohne vergleichbar klare Regeln vorwärtskommen? Wenn man die Entwicklung der Gleichstellung von Frauen in der Wirtschaft als Vergleichswert heranzieht, könnte man aus bisheriger Sicht evidenzbasiert zu dem Schluss kommen, dass es ohne Quote wohl nicht gehen wird – noch nicht.

Ich bin der Meinung: Eine Quote ist allemal besser, als dass sich gar nichts tut. Wenn es hilft, können wir sie meinetwegen auch »Kennzahl« nennen ...

Was gern übersehen wird, ist, dass es durchaus Unternehmen gibt, die sich freiwillig Quoten auferlegen – ohne von außen dazu gezwungen zu werden. Es gibt sogar solche, die das nicht nur für den Frauenanteil tun, sondern das Instrument auf die Repräsentanz weiterer Bevölkerungsgruppen ausweiten – und damit Erfolg haben.

Ein solches Beispiel ist die Zeitschrift »Neue Narrative«. Das selbstorganisierte Medienunternehmen gibt in seiner Selbstbeschreibung zu Protokoll, bunt und vielfältig sein zu wollen – nicht nur, weil Diversity Firmen erfolgreicher macht, sondern auch weil es richtig und wichtig für die Gesellschaft ist.[62] Genau die hat eine Redaktion mit ihrer Arbeit schließlich bestmöglich zu repräsentieren, denn in ihrem Auftrag arbeitet die »vierte Gewalt« im Staate.

Allerdings, so die Gründer:innen weiter, habe man auch bemerkt, »dass guter Wille alleine nicht reicht«. Deshalb setzt »Neue Narrative« das Ziel einer vielfältigen Organisation mit einer aus meiner Sicht sensationellen »People Policy« um. Die besteht aus einem Satz verbindlicher Regeln, die intern zwingend von allen befolgt werden und letztlich auf eine Reihe von festgelegten Quoten hinauslaufen:

- Mindestens 50 Prozent der Mitarbeitenden sind nicht cismännlich.
- Mindestens 25 Prozent der Mitarbeitenden sind Menschen aus Einwanderer*innenfamilien.
- Mindestens zehn Prozent der Mitarbeitenden haben eine körperliche oder geistige Beeinträchtigung oder chronische Krankheit.[63]

Diese Kennzahlen gelten wohlgemerkt nicht nur als Orientierungshilfen wie andernorts, sondern werden als verbindlich vereinbarte Ziele strikt befolgt. Ist eine Einstellung im Rahmen dieser Quoten mangels geeigneter Bewerber:innen nicht möglich, wird niemand eingestellt. Punkt. Aktuell beträgt der Anteil von Cis-Männern im Kernteam von »Neue Narrative« nur 40 Prozent. Die Macher:innen begründen auch, warum sie auf Quoten setzen: »Quoten sind ein konkretes Instrument, sie zeigen die Lücke zwischen Ist und Soll und zwingen die Organisation, sie zu schließen.«[64]

Auch wenn Quoten – leider – noch relativ alternativlos zu sein scheinen, der Weisheit letzter Schluss dürfen sie in meinen Augen keinesfalls bleiben. Selbst wenn eine Quote irgendwann einmal ihr politisch konsensiertes, festgelegtes Ziel erreicht haben sollte, darf das nicht dazu führen, dass wir an diesem Punkt einfach stehenbleiben. Denn auch dann wäre die Veränderung immer noch eine erzwungene und der erreichte Ausgleich kein Selbstläufer. Damit aus Repräsentanz Akzeptanz wird, ist noch einiges mehr an flankierenden Maßnahmen nötig, bei denen es eben nicht um Zwang geht – sondern um Ermutigung, Unterstützung, Aufklärung, Kommunikation und Verständigung.

Diversity, aber richtig:
Inklusive Voraussetzungen schaffen

Ohne konsequent umgesetzte Begleitmaßnahmen kann eine Quote allein dem Ziel der Akzeptanz sogar zuwiderlaufen. Wie bei misslungener Integration können auch Quoten ohne die nötigen Unterstützungsstrukturen dazu führen, dass die betreffenden Mitarbeitenden nicht etwa integriert, sondern isoliert werden. Wie diese Zentrifugalkräfte wirken, können wir in Deutschland sinnbildlich am Beispiel der sogenannten Flüchtlingskrise und teilweise auch früherer Einwanderungswellen ablesen. In Großstädten der USA oder auch etwa in Paris ist noch deutlicher zu erkennen, was geschieht, wenn auf Einwanderung keine konsequente Integration folgt. Dieselben Fliehkräfte können auch ein Unternehmen spalten, wenn der Integrationsprozess nicht adäquat begleitet wird.

Was würde in einer konservativ geprägten Branche, in einem patriarchalisch geführten, homogenen Team von Cis-Männern eine LGBTIQ*-Quote nützen, wenn die Kollegen nicht in der Lage sind, diese neuen Teammitglieder tatsächlich als gleichwertige Alltagspartner:innen zu integrieren? Lässt die Führung diese Kolleg:innen in dieser Situation allein und steuert nicht von Anfang an mit greifbaren Unterstützungs- und Aufklärungsmaßnahmen gegen, kommt es absehbar zur Bildung voneinander isolierter Gruppen, die im schlimmsten Fall sogar gegeneinander arbeiten. Dann ist genau das Gegenteil dessen erreicht, was ein buntes Unternehmen auszeichnet: das Zusammenwirken unterschiedlicher Menschen mit ihren vielfältigen Eigenschaften, Stärken und Wissensvorteilen.

Aber wie geht Diversity richtig?

Dafür ist ein doppelter Ansatz nötig: Zur fairen Repräsentanz, die nachhaltig durch Einstellungspolitik und die Vergabe von Führungsposten reguliert werden kann, muss auch die Komponente Inklusion kommen. Diversity und Inklusion werden in der Forschung und Management-Literatur aus gutem Grund oft als Begriffspaar genannt. Inklusion muss beide beteiligten Gruppen im Unternehmen unterstützen, um erfolgreich zu sein: sowohl die Cis-Männer als auch die Menschen mit anderer Geschlechtsidentität. Erstere brauchen vor allem Aufklärung und Gesprächsangebote, Letztere vor allem Unterstützung und Stärkung.

Besonders wichtig ist eine klare Inklusionsstrategie in den Unternehmen, die sich dem Thema zum ersten Mal stellen und möglicherweise noch dazu bisher sehr homogen zusammengesetzt waren. Erhebungen zufolge ist das Thema Diversity bei jedem zweiten mittelständischen Unternehmen bisher eine Kategorie, die im Personalwesen gar nicht vorkommt – wenngleich viele erkannt haben, dass das Thema bei Bewerber:innen und Mitarbeitenden gut ankommt und Wettbewerbsvorteile schaffen kann.[65] Dieses Bewusstsein muss durch weitere Studien und politische Initiativen gestärkt werden. Ein Grund, warum Diversity-Management noch nicht verbreitet und nicht effektiv genug ist, besteht darin, dass die Anreize vielen Bossen noch nicht klar sind.

Das Beispiel Gesundheitsmanagement liefert eine Vorlage, wie man daran etwas ändern kann: Seit die betriebswirtschaftlichen Vorteile gesundheitsfördernder Maßnahmen am Arbeitsplatz auf breiter Basis nachgewiesen, kommuniziert und auch gefördert wurden, überbieten sich gerade die großen Unternehmen mit ihren Health Policies gegenseitig.

Prof. Dr. Jutta Rump, Themenbotschafterin Chancengleichheit & Diversity der vom Bundesarbeitsministerium getragenen Initiative Neue Qualität der Arbeit (Inqa), hat sich u. a. im Rahmen einer Gemeinschaftsstudie mit Ernst & Young mit den Voraussetzungen gelingender Diversity beschäftigt. Damit die Vorteile zur Geltung kommen können, müssen sich der Studie zufolge »Geschäftsleitung und Mitarbeiter selbst kritisch hinterfragen, was den Umgang mit Stereotypen betrifft«.[66] Als sinnvoll erachtet werden außerdem »Partnerschaftsmodelle und Mentorenprogramme, bei denen langjährige Beschäftigte auf betrieblicher Ebene eine persönliche Beziehung zu den neuen Kollegen aufbauen«.[67]

LGBTIQ*-Mitarbeitende ins Unternehmen holen und wichtige Posten für sie öffnen, ist die eine Seite der Medaille. Heterosexuelle Unterstützer für Vielfalt finden und fördern, die sich aus wahrer Überzeugung wirklich beteiligen, für ihre Kolleg:innen engagieren und andere mitziehen, ist die andere. Diversity ohne Inklusion wird auf Dauer nirgendwo funktionieren, wo sie nicht schon natürlich gegeben ist.

Nicht jede Branche mag gleichermaßen Diversity-affin sein. Wenn ein technischer Studiengang aus irgendwelchen Gründen 90 oder gar 98 Prozent cis-männliche Absolventen hat, wird eine Quote allein herzlich wenig bewegen können; die Belegschaft in den einschlägigen Unternehmen wird ja ähnlich zusammengesetzt sein. Die Vorteile von Diversity dagegen sind universell und greifen in nahezu jeder Branche. Selbst in einem solchen Unternehmen könnte ein gewisses Maß an Diversity viel bewirken. Die Umsetzung wird allerdings weitaus anspruchsvoller werden als in einer weniger einseitig besetzten Firma.

»Wir sind momentan nicht einmal inklusiv in den Einheiten, die vielfältig sind. Was passiert, wenn Vielfalt noch dazukommt?«, legte Pa Sinyan, Managing Partner des Meinungsforschungsinstituts Gallup Europe, im XING New Work Stories-Podcast vom 18. März 2021 den Finger in die Wunde. Sein Unternehmen ist vor allem für den jährlich erhobenen »Gallup Engagement Index« bekannt, der die Mitarbeiterzufriedenheit untersucht und dabei immer wieder zu den gleichen, erschreckenden Ergebnissen kommt. In US-amerikanischen Studien habe man laut Sinyan Folgendes feststellen müssen: »Wenn Engagement niedrig ist, schafft Vielfalt sogar mehr Probleme.« In diesem Zusammenhang plädierte er gleichzeitig für eine Inklusionskultur als funktionale Grundlage für Vielfalt und für eine generell bessere Kommunikationskultur in den Unternehmen. Denn dort, wo Vielfalt an Widerständen scheitert, liegt auch bei anderen Themen etwas im Argen. Geheilt werden können solche Konflikte nur durch funktionierende Zusammenarbeit – also das überzeugende, positive Gegenbeispiel.

Die Lösung für potenzielle Probleme bei diesem wichtigen Zukunftsthema kann auch aus unternehmerischer Sicht betrachtet nicht sein, dass wir Vielfalt aufgrund schlechter Voraussetzungen suspendieren. Sie kann vielmehr nur darin bestehen, die Voraussetzungen zu verbessern, die auch an anderer Stelle positiven Veränderungen im Wege stehen – und damit zunehmend auch der Attraktivität eines Unternehmens als Arbeitgeber schaden.

Je größer die zu erwartenden Widerstände, desto sensibler und desto aufklärungsorientierter muss der Inklusionsansatz eines Unternehmens ausfallen. Sonst kann es passieren, dass die Vielfalt an der Umsetzung scheitert, bevor die Vorteile überhaupt zum Tragen kommen. Das aber ist wichtig, damit sich durch die neue Branchenrealität irgendwann vielleicht einmal nicht mehr nur Cis-Männer für einen bestimmten Karriereweg entscheiden und die Gleichstellung auch hier zunehmend durch die Nachfrage reguliert wird.

Diversity ist kein Thema, das sich durch eine Quote allein lösen lässt – schon gar nicht, solange dieser Hebel politisch verordnet werden muss. Vielfalt ist ein Kulturthema und wird es immer bleiben. Entsprechend umfassend muss es angepackt werden, wenn es gelingen soll. Kultur ist eine menschgemachte Realität. Wer einen Kulturwandel anstrebt, muss die Menschen mitnehmen.

In welchen Unternehmen das bereits gut funktioniert, zeigt das nächste Kapitel. Es erzählt Erfolgsgeschichten aus Unternehmen, in denen die Wirtschaft schon heute bunt ist.

KAPITEL 7

LEUCHTTURM-WÄRTER:INNEN

Wo die deutsche Wirtschaft wirklich bunt ist

Julians Story:
Zusammen wachsen heißt zusammenwachsen

In der Deutschland-Zentrale eines internationalen IT-Konzerns war ich in leitender Funktion in der internen Weiterbildung tätig. Ein Kollege auf gleicher Ebene hatte bereits erfolgreich meine Vorgängerin in dieser Position aus dem Unternehmen gemobbt, weil er die etwas besser angesehene Position im Vergleich zu seiner eigenen gern gehabt hätte. Stattdessen wurde ich aber von außen dafür geholt. Ich war also schon von vornherein der Feind.
Da ich nicht versteckt lebte, hatte er bereits im Vorfeld Wind von meiner Sexualität bekommen. Wie ich später erfuhr, war er daraufhin zu meinem zukünftigen Team gegangen und hatte dort verkündet: »Da kommt ein warmer Bruder zu uns! Für schwule Manager gibt es in diesem Unternehmen keinen Platz.« Und es blieb nicht bei diesem einen Ausspruch. Er machte Stimmung gegen mich, wo er nur konnte. Für die Mitarbeitenden war das eine extrem unangenehme Situation. Sie hatten schon den zwei Jahre andauernden Konflikt zwischen ihm und meiner Vorgängerin aushalten und ausgleichen müssen. Nun bahnten sich neue Probleme an, bevor ich als ihr neuer Vorgesetzter überhaupt im Haus war.
Ich verstand mich dann allerdings sehr gut mit meinem Team. Einer meiner Mitarbeiter war es auch, der mich relativ schnell in die Äußerungen hinter meinem Rücken einweihte. Er ging sogar noch einen Schritt weiter und meldete die Intrige selbst dem zuständigen Europachef – meinem Vorgesetzten.
Die Folge war zwar, dass der mobbende Managerkollege vorläufig von seiner Führungsrolle entbunden und innerhalb des Unternehmens strafversetzt wurde. Mehr geschah allerdings nicht, obwohl eine Kündigung aufgrund offener Diskrimini-

rung rechtlich gewiss machbar gewesen wäre. Man hoffte einfach, dass die Sache damit im Sande verlaufen würde.
Zwei Jahre später wurde ich auf eine Europa-Rolle befördert. Das rief den Kollegen wieder auf den Plan, dem das scheinbar überhaupt nicht in den Kram passte. Er spann eine neue Intrige: An höchster Stelle beschwerte er sich, ich hätte eine Ausschreibung für meine persönlichen Zwecke missbraucht. Das tat er in Form eines anonymen Briefes. Damit schnitt er sich letzten Endes ins eigene Fleisch. Denn nun war das Unternehmen gezwungen zu handeln. Ein gründliches Audit wurde durchgeführt, in dessen Rahmen auch ich zwei Stunden lang interviewt wurde.
»Wer könnte einen solchen Brief verfassen?«, wurde ich gefragt.
»Die Personalunterlagen von vor zwei Jahren könnten sich da als aufschlussreich erweisen«, antwortete ich.
Das war der Wendepunkt. Nachdem die Prüfer herausgefunden hatten, dass der Kollege sich klar diskriminierend verhalten hatte, versicherten sie mir: »Wir werden nicht ruhen, bis diese Sache geklärt ist.« Sie hielten Wort. Und ihr Wort hatte Gewicht, denn das Audit-Team berichtete direkt an die Führung im globalen Head Office.
Etwa ein halbes Jahr später saß ich gerade bei einem Meeting in London, als mein Handy klingelte. Eine Kollegin teilte mir mit, dass der Name des Mobbers aus dem internen Organigramm verschwunden war. Später erfuhr ich nach und nach weitere Details: Natürlich war ich nicht das einzige Ziel seines Mobbings gewesen. Er hatte auch gegen andere intrigiert, und im Rahmen des monatelangen Audits war alles ans Licht gekommen. Als schließlich alles wasserdicht geklärt war, war er von einem Moment auf den nächsten aus dem Gebäude begleitet worden – und das passiert wirklich nicht oft.

Bei mir war danach nicht nur die Erleichterung groß. Das ganze Vorgehen zeigte mir auch, welchen starken Rückhalt ich als schwuler Mann in der Firma hatte. Sowohl mein direkter Vorgesetzter als auch mein Team und die Personalabteilung stellten sich unmissverständlich hinter mich. Zwar hatte ein homophober Mobber bei uns eine Management-Position bekleidet und jahrelang seine Spielchen spielen können. Weil er sich sehr gut darstellen und charmant wirken konnte, war er auch zu lange damit durchgekommen, keine Frage. Doch als seine Diskriminierung erst einmal offengelegt war, bekannte die Führung sich klar zu den Betroffenen, und er bekam knallhart die Konsequenzen zu spüren. Das zu erleben war ein großer Meilenstein in meiner Karriere in diesem Unternehmen, und auch persönlich ein sehr emotionales Erlebnis.

Als ich Jahre später auf die Executive-Ebene befördert wurde, gab es für mich überhaupt kein Zögern: Von Anfang an wollte ich mit offenen Karten spielen und mich öffentlich als schwuler Top-Manager outen. Weil das Unternehmen mich so unterstützt hatte, musste ich mich um den internen Rückhalt nicht sorgen. In Deutschland war ich damit zwar der Erste, doch international gab es diese Kultur längst im Konzern. Executives, die sich intern und extern outen, werden sogar offiziell als Diversity-Aushängeschilder des Unternehmens vorgestellt und sorgen für Sichtbarkeit. Auf mehreren internationalen Veranstaltungen habe ich mein Unternehmen in dieser Eigenschaft schon vertreten, und zwar mit großem Stolz.

Es war nur eine Frage von Monaten, bis sich der nächste Deutschland-Executive mir anschloss. Inzwischen sind noch weitere hinzugekommen. Sie alle hatten nur darauf gewartet, dass jemand den Anfang machte.

An einem Strang ziehen

Was für ein Happy End! Nach all den schockierenden Geschichten, die ich von anderen Männern bei den Interviews für dieses Buch gehört habe, war die von Julian für mich eine wahre Offenbarung – und das gleich aus mehreren Gründen.

Zum einen zeigt sie, dass auch in den tendenziell schwerfälligen Strukturen eines großen Konzerns durchaus Raum für Konsequenz ist, wenn es ein klares und verbindliches Bekenntnis zu demokratischen Werten und Diskriminierung gibt – wenn die Verantwortlichen sich also im Fall eines Verstoßes dahinterklemmen und diese Regeln auch in die Tat umsetzen.

Zweitens zeigt das Beispiel, dass Unternehmen entwicklungsfähig sind. Zunächst gab es auch in dieser Geschichte den Versuch der Vertuschung: Mit der internen Versetzung bemühte man sich zunächst um eine möglichst geräuscharme Lösung in der Hoffnung, der Täter würde sich von selbst läutern. Als das Opfer dann im Wiederholungsfall allerdings mit dem Rückhalt seines gesamten Umfelds zur Gegenwehr ansetzte, kam die Maschinerie in Gang: Die richtigen Akteure bekannten sich im richtigen Moment zu den Grundwerten des Unternehmens.

Das ist auch schon die dritte Lehre aus diesem Beispiel: Es lohnt sich sehr wohl, klare Leitplanken zu etablieren und den Entscheider:innen in der Führung an die Hand zu geben. Je konkreter sie gefasst sind, desto besser können die Handelnden sich daran orientieren, wenn es im Arbeitsalltag zu Wertekonflikten kommt. Niemand mag Etikettelisten und Regelkataloge. Doch im Falle von Diskriminierung, Benachteiligung und Homophobie müssen die nicht erst erfunden werden: Das Allgemeine Gleichstellungsgesetz gibt klar vor, was geht und was nicht. Der entscheidende Schritt besteht darin, dass die oberste Führung eines Unternehmens sich offen, klar und in unmissverständlichen Worten dazu bekennt – in schriftlicher Form, rechtsverbindlich und für jeden als Leitlinie oder Satzung einsehbar.

Viertens zeigt das Beispiel, dass das Thema auch operativ direkt an die höchste Führungsebene angebunden sein muss – die CEOs, die Personalvorständ:innen oder entsprechend befugte Gleichstellungsbeauftragte. Wenn es jemals ein Thema gab, bei dem Compliance-Strukturen sich lohnen, dann dieses. Die Täter:innen dürfen keine Möglichkeit haben, sich aus eindeutigen Vorwurfslagen herauszuklüngeln, indem sie zum Macho-Manager ihres Vertrauens gehen und sich rausboxen lassen.

Fünftens zeigt Julians Geschichte klipp und klar, wo der Anteil des betroffenen Mitarbeiters selbst in dieser Erfolgsgeschichte liegt. Es war Julians Mut, aufzustehen und sich zu wehren, der die Dinge in diesem Unternehmen ins Rollen brachte, obwohl ein solcher Vorgang in der deutschen Zentrale bis dahin einmalig gewesen war.

Natürlich gibt es keine Garantie, dass es in jedem Unternehmen so laufen wird. Kommt es allerdings ganz anders, hast du als schwuler Mann mit Ambitionen dort sowieso keine echte Perspektive. Eins ist sicher: Ohne Mut geht es in keinem Unternehmen voran. Pioniere wie Julian braucht es überall. Wer nicht aufrecht steht, hinter den kann man sich auch nicht stellen. Julian hat den Anfang gemacht – und wurde belohnt. Jeder, der seitdem in diesem Unternehmen in Deutschland schwul Karriere macht, folgt einem Pfad, den er freigeschlagen hat – und hat jemanden, an dem er sich orientieren kann.

Leuchtturm SAP: »Hier bin ich richtig«

Eines der nach innen und außen buntesten und inklusivsten Unternehmen in Deutschland ist der Software-Gigant SAP. Darauf deutet nicht nur der erste Platz im Pride 500-Index der Uhlala Group mit hundert von hundert möglichen Punkten hierzulande hin. Auch im US-amerikanischen Corporate Equality Index (CEI), einer Benchmarking-Umfrage und Untersuchung der Stiftung Human Rights Campaign (HRC), die die Gleichstellung von Lesben, Schwulen, Bisexuellen und Transgender in amerikanischen Unternehmen bewertet, erreicht SAP regelmäßig Top-Platzierungen. Der globale Leiter des Mitarbeiternetzwerks Pride@SAP, Niarchos Pombo, hat es sogar auf die Liste »Top 30 Future LGBT Leaders« des LGBT-Netzwerks OUTstanding und der Financial Times geschafft.[68]

Auch Medienberichte, in denen SAP-Mitarbeitende ungewohnt offen über das Thema Homosexualität am Arbeitsplatz sprechen, senden ein deutliches Signal aus – Top-Manager:innen des Hauses eingeschlossen. Dabei kommen auch Themen zur Sprache, über die anderswo der Mantel des Schweigens gebreitet wird – aus Sorge, konservative Kund:innen oder solche mit kulturell bedingter Intoleranz für nicht heteronormative Geschlechtsidentitäten abzuschrecken. Für manche schwule Manager:innen stellt eine solche Kultur der Offenheit ein wichtiges Kriterium bei der Jobauswahl dar. Inzwischen gibt es eben doch einige bessere Alternativen zur mehr oder weniger versteckten Karriere in konservativeren Konzernen.

Zu diesen Manager:innen gehört auch Ernesto Marinelli, der dem »Handelsblatt« offen von seiner Laufbahn bei SAP berichtete. Er ist heute Senior Vice President und globaler Personalleiter des Vorstandsbereichs Vertrieb. »Ich habe am Anfang meiner Karriere beschlossen, mir einen Arbeitsplatz zu suchen, an dem ich mich nicht verstellen muss«, wird er in dem Interview zitiert. Bereits beim Vorstellungsgespräch in der Konzernzentrale in Walldorf testete er die Offenheit seines zukünftigen Arbeitgebers, indem er ankündigte, nach dem Termin auf Shoppingtour mit seinem Mann zu gehen. Sein zukünftiger Chef zuckte daraufhin nicht etwa zusammen, sondern bot ihm einen Arbeitsvertrag an. Da, so Marinelli, sei ihm klar gewesen: »Hier bin ich richtig.«[69]

Sein Beispiel zeigt, wie ernst die fortschrittlichsten Unternehmen das Thema Gleichstellung inzwischen tatsächlich nehmen. Werden LGBTIQ*-Mitarbeiter von SAP ins Ausland entsandt, bekommen sie dort mit ihrer/ihrem Partner:in eine entsprechend große Wohnung gestellt. Sogar um die gesonderte Krankenversicherung für gleichgeschlechtliche Partner:innen kümmert sich der Konzern – ganz genauso, als würde ein:e heterosexuelle:r Manager:in mit Partner:in die Stelle antreten.

Besonders vorbildhaft ist bei SAP ein entscheidendes Merkmal inklusiver Unternehmen, nämlich die strukturelle Einbettung des Themas in die operative Unternehmenshierarchie. Um die Belange der bunten Belegschaft kümmert sich bei den Walldorfern das globale »Büro für Vielfalt und Inklusion«. Dort gibt es sogar einen Bereich »Kultur und Identität«, der interkulturell entsandte Mitglieder bei der Organisation ihrer Auslandsaufenthalte unterstützt – zum Beispiel mit »Tarn-Visa« als Hausangestellte:r oder Student:in für Partner:innen in Staaten, in denen die Homo-Ehe nicht anerkannt wird. Dank der kreativen Unterstützung seines Arbeitgebers konnte auch Marinelli seinen Mann mit zur Entsendung nach Kalifornien nehmen, obwohl es dort zu diesem Zeitpunkt noch keine Homo-Ehe gab, schrieb das »Handelsblatt«. In arabischen Ländern werden Entsandte von einem einheimischen Begleiter direkt am Flugzeug abgeholt und durch den Fast-Track-Schalter für Geschäftsleute gelotst – ein teurer Service, den die SAP ihrem Mitarbeiter spendiert. Der ungeheuerliche Grund: In manchen Ländern werden die Smartphones von Einreisenden auf kompromittierende Inhalte oder Apps gefilzt.[70] Warum das in einem Land, in dem Homosexualität strafbar ist, gefährlich werden kann, muss ich dir sicher nicht weiter erklären – oder ist dein Smartphone etwa »Homophobie-safe«?

Welchen gigantischen Unterschied diese praktische Unterstützung für die Mitarbeitenden macht, zeigt ein Ergebnis der bereits zitierten Wakefield-Studie: 97 Prozent der nicht heterosexuellen Mitarbeitenden gaben dort an, die eigene sexuelle Identität auf Business-Trips bereits verborgen zu haben.[71] Da kann bei einer längeren Auslandsentsendung mit dauerhafter räumlicher Trennung vom Partner oder der Partnerin dann schon mal die Frage im Raum stehen, was Priorität hat: Beziehung oder Job? Eine Wahl, zu der niemand gezwungen werden sollte – und die für heterosexuelle Manager:innen in vergleichbarer Position deshalb auch in den meisten Unternehmen undenkbar wäre.

Für Mitarbeitende, die vor einer geschlechtlichen Transition stehen, hat Pride@SAP einen Ratgeber entwickelt: die sogenannten »Gender Transition Guidelines«. Darin bekommen Transsexuelle Tipps für die optimale Vorbereitung und Planung der geplanten Veränderung. Ebenso erhalten ihre Vorgesetzten und die Personalabteilungen Empfehlungen für den Umgang mit dem Thema.[72]

Das sind nur einige Aspekte des Beispiels SAP, die zeigen, was alles möglich ist, wenn ein Unternehmen es mit der Vielfalt und der Inklusion ernst meint. Das Erfolgsgeheimnis ist kein Geheimnis, sondern einfach nur konsequent angewandtes Management. Genauso wie andere Leuchtturm-Unternehmen verfügt der Konzern über klare, personell und budgetär adäquat ausgestattete Stellen und Strukturen mit konkreten Unterstützungsaufgaben und operativen Befugnissen für

LGBTIQ*-Mitarbeitende. Diese Strukturen, unmissverständlich und für jeden sichtbar im Organigramm verankert, machen den großen Unterschied zwischen wirklich inklusiven Unternehmen und solchen, die es bei Lippenbekenntnissen bewenden lassen.

Besonders eindrucksvoll ist in diesem Zusammenhang auch das LGBTIQ*-Mitarbeiter-Netzwerk Pride@SAP mit über 8000 Mitgliedern bisher – bei etwa 102 000 Mitarbeitenden insgesamt weltweit.[73] Zählen wir virtuell noch ein paar Ungeoutete hinzu, macht das eine ziemlich beachtliche Quote in diesem Technologie-Unternehmen – selbst wenn wir ein paar solidarische, heterosexuelle Mitglieder wieder dafür abziehen, die beigetreten sind.

> *Straight allies* (Heterosexuelle Alliierte) sind Angehörige der heterosexuellen Mehrheit in einem Unternehmen, die aus freien Stücken für die Rechte und Chancengleichheit ihrer LGBTIQ*-Kolleg:innen eintreten. Dazu gehört nicht nur, dass sie sich offen zu ihrer Pro-Haltung in Gleichstellungsfragen bekennen, sondern auch, dass sie sich aktiv in entsprechenden Initiativen und Mitarbeitendennetzwerken organisieren. *Straight allies* ergreifen, wenn nötig, in unternehmenspolitischen Debatten und alltäglichen Konflikten für ihre benachteiligten Kolleg:innen Partei. Bekleiden sie geeignete Positionen im Unternehmen, schieben sie proaktiv strukturelle Veränderungen zur Verbesserung der Situation benachteiligter Mitarbeitender an und unterstützen deren operative Umsetzung. Damit sind *straight allies* sozusagen das menschliche Äquivalent zu wirklich inklusiven Leuchtturm-Unternehmen: Sie beschränken sich nicht nur aufs Reden, sondern stehen mit ihrem Namen und ihrem Verhalten aktiv für gelebte Vielfalt ein.

Die *straight allies* sind – neben den klaren Unterstützungsstrukturen – ein weiteres Merkmal, an dem du inklusive Unternehmen erkennen kannst. Wichtig ist dabei natürlich, dass die Unterstützer:innen nicht nur auf den unteren Hierarchieebenen präsent sind, sondern auch in der Chef:innenetage. Wenn kein einziges Mitglied des Führungskreises auch Mitglied des LGBTIQ*-Mitarbeitendennetzwerks ist – ungeachtet der eigenen Sexualität, versteht sich –, stimmt mit dem Engagement irgendetwas nicht. Auch wenn bei einem großen Unternehmen die Mitgliederzahl des Netzwerks deutlich unterhalb von fünf Prozent der gesamten Mitarbeitendenzahl liegt, ist das ein Grund, genauer hinzuschauen – denn so deutlich lügen Statistiken im Normalfall nicht. In diesem Unternehmen gibt es offensichtlich immer noch gute Gründe, sich im Zweifel nicht zu outen – und das wäre etwas, das du wissen willst, bevor du an Bord gehst.

Leuchtturm OTTO

Aus einer ganz anderen Branche kommt ein weiterer Vorreiter der gay-friendly Economy, und ein echtes Traditionsunternehmen dazu: der Onlinehändler OTTO mit 6100 Mitarbeitenden und Sitz in Hamburg.

»Es nützt nichts, wenn Unternehmen eine Regenbogenfahne aufhängen, aber sonst nichts tun, um Hass und Hetze, Ausgrenzung und Diskriminierung zu beenden.« Diese Aussage, die mir aus dem Herzen spricht, stammt von Linda Gondorf. Gemeinsam mit ihrem Kollegen Christian Grünert hat sie die OTTO-Projektgruppe für gendergerechte Sprache gegründet und ist gleichzeitig Chefin vom Dienst in der OTTO-Unternehmenskommunikation. Diese Initiative steht im Kontext vieler anderer Maßnahmen, mit denen das Unternehmen das Thema Diversity stärkt. Im Juli 2019 startete More*, ein internes queeres Mitarbeiter-Netzwerk vergleichbar dem bei SAP. Noch im selben Jahr gewann es den Rising Star Award, also den Newcomer-Preis von Prout At Work, einer branchenübergreifenden Gemeinschaftsinitiative großer Unternehmen, die jährlich wegweisendes Engagement für die LGBTIQ* in der deutschen Wirtschaft auszeichnet.[74]

MORE* hat sich dem vollen Spektrum der Möglichkeiten verschrieben, seine diversen Mitarbeitenden zu unterstützen: Sie setzen sich aktiv für Vielfalt in der Belegschaft ein, treten konsequent gegen Diskriminierung auf und reichen auch denen eine helfende Hand, die sich bisher noch nicht aus ihrem Versteck trauen. Gleichzeitig ist die Initiative – im Gegensatz zu manch anderem internen Netzwerk – in hohem Maße sichtbar; nicht nur in Nischenmedien, sondern auch für die ganz breite Zielgruppe, die das Versandhaus naturgemäß hat. Im Rahmen einer Werbekampagne im Corona-Sommer 2020 etwa wurde neben anderen TV-Spots auch einer ausgestrahlt, in dem ganz selbstverständlich und unverkrampft ein schwules Pärchen den Sommer im Camper am Strand genießt – in derselben Weise, wie es auch andere Familienkonstellationen in den anderen Clips taten.[75]

Wegweisend ist am Engagement der OTTO Group aber nicht nur, dass die Signale breit gestreut sind – anders als beim Alibi-Marketing vieler Großunternehmen, die ihre Maßnahmen homöopathisch dosieren und sich einer breiten Öffentlichkeit gegenüber bedeckt halten. Bemerkenswert und beispielhaft ist auch, dass diese explizite Haltung durch sehr konkrete, wirksame Signale nach innen ergänzt wird. So wird die Regenbogenflagge nicht ein Mal pro Jahr im Facebook-Profil gezeigt, sondern weht das ganze Jahr über zwischen den Konzernflaggen vor der Firmenzentrale. Man kann dieses Unternehmen also weder betreten noch fotografieren, ohne dass man auf das Thema aufmerksam wird – gestützt durch den Umstand, dass man beim Weg an den Arbeitsplatz über einen so getauften »Pride Walk« läuft. Es sind kleine Details, aufgrund ihrer schieren Präsenz aber sehr wirkungsvolle. Es ist keinem Mitarbeitenden der OTTO Group möglich, diese Signale zu übersehen und an die unmissverständliche Diversity-Policy des eigenen Arbeitgebers erinnert zu werden.

Der progressivste Aspekt ist in meinen Augen aber noch ein anderer: Trotz seiner breiten Zielgruppe und nicht minder diversen Belegschaft hat der Konzern keine Hemmungen, auch kontroverse Maßnahmen anzustoßen – und zwar mitten im Herzen der Arbeitsplatzkultur. So ist OTTO eines der ersten Unternehmen, das sich in seiner gesamten Kommunikation intern und extern für die Verwendung des Gendersternchens entschieden hat. Dabei hat sich gezeigt, was für so viele notwendige Veränderungen gilt, die schon zur Sprache gekomken sind: Die Hemmungen fallen mit der Umsetzung, und viele Bedenken lösen sich im Alltag einfach in Luft auf.

»Ich habe bestimmt ein paar Wochen gebraucht, bis der glottale Verschlusslaut (also die kleine Pause bei Kolleg*innen) in meinen Sprachgebrauch übergegangen ist«, so Initiatorin Linda Gondorf. »Da kam es sicherlich auch mal zu lustigen Situationen, in denen ich mich selbst korrigiert habe.« Den Durchbruch haben Online-Sessions gebracht, in denen alle Mitarbeitenden einfühlsam, mit Übungen und Praxistipps an das Thema herangeführt werden – ein freiwilliges Format, das aber ständig ausgebucht ist.[76]

Noch etwas ist bei OTTO völlig normal, was in sozialen Medien und Talkshows schon in der Theorie immer wieder für erhitzte Gemüter sorgt: In der Konzernzentrale wurden 2020 genderneutrale Toiletten eingeführt. Gegen solche »spektakulären« Maßnahmen gehen die üblichen Diversitäts-Kriterien fast unter, die OTTO quasi im Vorbeigehen erfüllt: Nicht nur hatte das 70 Jahre alte Unternehmen schon vor der großen Diversity-Offensive mit Katy Roewer eine weibliche Bereichsvorständin, die noch dazu Mutter ist und auf einer 80-Prozent-Stelle arbeitet. Die Unternehmensgruppe hat auch bereits rund 30 Prozent weibliche Führungskräfte und will hier in den nächsten Jahren mit konkreten Unterstützungsangeboten noch deutlich nachlegen. Das Thema Diversity wird bei OTTO breit gefasst. Neben Events und Workshops für Frauen und MORE* gibt es zum Beispiel auch Netzwerke für ältere Mitarbeitende und Väter.[77]

Das Beispiel OTTO zeigt, wie viel man einem Großunternehmen mit ganz durchschnittlicher Demografie so alles an Diversity zumuten kann, ohne irgendjemandem dabei wehzutun oder an Reibungsverlusten zu scheitern. Indem das Traditionsunternehmen sich gesellschaftspolitisch nicht konsequent verjüngt, tut es viel für sein öffentliches Image, seine Arbeitgeber:innenmarke und seine Zukunftsfähigkeit. In der Hamburger Firmenzentrale wird die fundamentale Haltung der Diversität über die gesamte Unternehmensstruktur hinweg in konkrete Maßnahmen übersetzt und damit tatsächlich zur täglich gelebten Kultur gemacht – nicht für ein paar öffentlichkeitswirksame Nischen, sondern für die gesamte Belegschaft.

Bei OTTO hat man keine Angst vor der Realität von Diversity und vor klaren Signalen nach innen und außen. Damit steht ausgerechnet ein deutsches Traditionsunternehmen für einen besonders progressiven Stil bei Diversity und Inklusion. Es sind immer zunächst einzelne, mutige Pionier:innen, die mit ihrem Beispiel vorangehen und vorleben, was in Zukunft Standard sein wird. Unternehmen wie OTTO zeigen am lebenden, atmenden Beispiel, dass die Zeit reif ist und dass es sehr wohl ganz hervorragend funktioniert – auch in Winkeln der Wirtschaft, wo viele es noch lange nicht wahrhaben wollen.

Daniels Story:
Liebe ohne Grenzen

In der frühen Phase meiner Unternehmenslaufbahn war ich als Deutscher in einem international agierenden Unternehmen eine Zeitlang in den USA stationiert. Während dieser Zeit lernte ich bei einer Urlaubsreise nach Thailand meinen Partner kennen. Vier Jahre lang führten wir eine Fernbeziehung. Wenn wir zusammenbleiben wollten, hatten wir erst einmal keine andere Wahl. Das war zu einer Zeit, als man als einfacher Bürger eines Entwicklungslandes ohne besondere berufliche Stellung keine Chance hatte, auch nur ein Besuchervisum für die USA zu bekommen.

Deshalb trafen wir uns entweder in Thailand oder in Deutschland. Dort kann man als Deutscher sozusagen als Sponsor auftreten, indem man ein Bürgschaftsformular für die Dauer des Besuchs ausfüllt, und dann kann der Gast für begrenzte Zeit einreisen. Aber der Aufwand für diese provisorische Beziehungsform war natürlich erheblich. Die Beschränkung auf den Urlaub war auch alles andere als ideal. Auf Dauer konnte das so nicht weitergehen.

Nach vier Jahren ging ich damit zu meinem Chef in den USA, der ebenfalls Deutscher war. »Ich muss einen Weg finden, nach Thailand zu wechseln«, teilte ich ihm unumwunden mit.

»Ich weiß«, antwortete er ohne eine Spur von Überraschung in der Stimme. Er hatte schon lange gewusst, dass ich meinen gesamten Urlaub mit meinem Freund woanders

verbrachte. Deshalb hatte er damit gerechnet, dass ich früher oder später auf ihn zukommen würde.
Was daraufhin geschah, erfüllt mich bis heute mit großer Dankbarkeit für meine Firma, und auch mit großem Stolz. Die Räder begannen sofort, sich zu drehen. Mein Vorgesetzter sprach mit der Personalabteilung. Die positionierte sich ohne Zögern: »Das ist für uns eine Frage der Diversity«, sagten sie zu mir und versprachen, sich zu kümmern. Wären wir ein Hetero-Paar gewesen, so die Ratio hinter dieser Unterstützung, hätten wir ja heiraten können. Mein Partner hätte ein ganz normales Heiratsvisum bekommen, und die Sache wäre erledigt gewesen. Doch das ging in den USA damals noch nicht. 2005 gab es auf nationaler Ebene noch keinerlei juristische Anerkennung für schwule Paare. Also war ich in dieser Hinsicht anderen Mitarbeitern gegenüber benachteiligt, die ihre Ehepartner auf diese Weise zu sich holen konnten. Diesem Umstand wollte das Unternehmen Rechnung tragen – und bemühte sich um eine Stelle für mich an einem anderen Standort.
Weil die natürlich zu meiner Qualifikation passen musste, dauerte es am Ende zwar fast ein Jahr, bis es mit der Versetzung klappte. Doch dann wurde in Asien umstrukturiert, und dabei ergab sich schließlich eine Gelegenheit. Dort wurde jemand gebraucht, der den Trainingsbereich leitete. Damit hatte ich viel Erfahrung. Und so schickte mein Arbeitgeber mich tatsächlich nach Asien – mit Arbeitsvertrag in Singapur und Wohnsitz in Thailand. Dort blieb ich drei Jahre. Während dieser Zeit schlossen wir eine Lebenspartnerschaft in Deutschland, um für die Zukunft gerüstet zu sein.
Als wir schließlich beschlossen, nach Deutschland zu ziehen, kamen meine Vorgesetzten und die Personalabteilung mir ein weiteres Mal mit großer Bereitschaft und Engagement entgegen. Wieder war es sehr unkompliziert, eine

> *neue Stelle in der deutschen Zentrale zu finden. So zogen wir schließlich in meine Heimat, wo wir von Anfang an als offiziell eingetragenes Paar zusammenleben konnten. Über all die Jahre haben wir nicht nur den Segen meines Arbeitgebers gehabt, sondern auch seine aktive Unterstützung. Wenn Diversity wirklich gelebt wird, dann sind der Liebe tatsächlich keine Grenzen gesetzt.*

Leuchtturm Siemens

Einer der inklusiveren Arbeitsplätze für LGBTIQ*-Menschen ist auch Siemens. Zu diesem Schluss kommt jedenfalls der Corporate Equality Index der Human Rights Campaign. Im Jahr 2021 erreichte Siemens 100 Prozent beim zugrundeliegenden Audit (untersucht wurde in diesem Fall allerdings die US-Vertretung des deutschen Konzerns).[78] Zum Vergleich: Beim dax30 LGBT+ Diversity Index kam der Konzern im Ranking für Deutschland auf den dritten Platz.[79]

Manch einen mag es überraschen, dass sich eines der traditionsreichsten deutschen Unternehmen so um seine Mitarbeitervielfalt sorgt und kümmert – schließlich mangelt es gerade in solchen Umfeldern oft an Veränderungswillen. Im Sinne von Kontinuität und Sicherheit ist Siemens einer der konservativsten Arbeitgeber, die man sich aussuchen kann: Da weiß man, was man hat, sagt Vater. Gerade deshalb ist das Engagement solcher Branchenriesen in meinen Augen aber besonders erwähnenswert. Wenn die größten Unternehmen mit der stabilsten Reputation sich politisch für Vielfalt engagieren und diese auch intern umsetzen, zeigt das vor allem eines: Das Thema ist auch für die Marken mit dem komfortabelsten Standing inzwischen unausweichlich bedeutsam.

So stellt das Unternehmen in seinem Diversity-Statement auf seiner Webseite fest, dass junge, aufgeschlossene Arbeitskräfte Unternehmen oft gar nicht erst in Betracht ziehen würden, die als diskriminierend bekannt seien. »Und auch die Arbeitskraft von Beschäftigten, die ihre sexuelle Orientierung verstecken müssen, ist geschmälert«, heißt es dort weiter. Die prägnante Schlussfolgerung: »Bei uns muss niemand die eigene Identität an der Firmenpforte abgeben.«[80]

So weit, so politisch korrekt. Einen Unterschied zu manch anderem Unternehmen macht allerdings das klare Bekenntnis des ehemaligen CEO Joe Kaeser höchstpersönlich: »Siemens unterstützt uneingeschränkt die globalen LGBTI-Verhaltensrichtlinien der Vereinten Nationen für Unternehmen. Wir sind der Meinung, dass Unternehmen ein Vorbild für die Förderung eines Umfelds gegenseitiger Achtung, Vielfalt und Toleranz sein sollten.«[81]

Keine Frage: Man kann es berechnend und opportunistisch finden, dass Unternehmen sich deshalb engagieren, weil das Engagement sich demografisch und unternehmerisch lohnt. Gerade im Fall von Siemens ist natürlich auch die Frage erlaubt, ob mit dem gut inszenierten, öffentlichkeitswirksamen Engagement die Menschenrechts-Bilanz eines Vorstands aufgebessert werden soll, der in dieser Hinsicht anderswo schon einigen Unmut auf sich gezogen hat. Genauso gut kann man sich aber auch darüber freuen, wenn große Marken mit hoher Strahlkraft sich nicht länger der Realität und der Mehrheitsmeinung der Bevölkerung verweigern. Denn genau daran scheitern Diversity und Inklusion in den homophoben Panic Rooms der Männerwirtschaft. Nur Sichtbarkeit wird das Thema sogar in diese Nischen pressen, bis auch dort aus der gefühlten Bedrohung für die Männlichkeit nach und nach eine neue Normalität wird.

Natürlich handelt es sich bei Kaesers Statement um wirkungsvolle Rhetorik, die das Unternehmen gut aussehen lässt. Doch die Verhaltensrichtlinien der UN, auf die dabei verwiesen wird, beinhalten konkrete Anforderungen. Für ein Industrieunternehmen wie Siemens ist das durchaus ein gewichtiges Bekenntnis. Denn diese Kriterien haben zumindest auf dem Papier universelle Gültigkeit für die Zusammenarbeit mit Zulieferer:innen, Partner:innen, Kund:innen. Und daran muss sich Siemens, muss auch die Konzernspitze sich in Zukunft messen lassen. In einer globalisierten Wirtschaft keine Kleinigkeit: In vielen großen Abnehmerländern der Zukunft ist die Rechtslage von LGBTIQ*-Personen nichts weniger als prekär, und Menschenrechtsfragen rücken zunehmend in den Fokus der Verbraucher:innen. Gerade die Accountability, die Frage nach Verantwortlichkeit und Rechenschaftspflicht sowie deren Messbarkeit ist ein Merkmal gelebter Inklusion, an dem es in Unternehmen mangelt, die sich bisher noch auf reines Pinkwashing zurückziehen. Hier ist jeder Schritt nach vorn grundsätzlich erst einmal zu begrüßen – wenn er tatsächlich auch praktische Umsetzung findet.

Ein zentrales Kriterium für Mitarbeiter-Inklusion erfüllt Siemens in jedem Fall: Das Unternehmen verfügt über ein gut aufgestelltes und effektives LGBTIQ*-Mitarbeitendennetzwerk, das in regionale Abteilungen untergliedert ist. Neben der gezielten Unterstützung zum Beispiel beim Comingout hat es sich explizit den »Kulturwandel« auf die Regenbogenfahne geschrieben. Das Netzwerk fordert öffentlich mehr Offenheit und mehr Förderung und wird dabei nicht zensiert – ein weiteres Merkmal des internen Engagements bei Siemens, das einen wichtigen Unterschied zwischen Imagepolitik und realem Umsetzungswillen markiert.[82]

Neben Siemens gibt es weitere deutsche Traditionsmarken, die sich dem Thema Diversity zunehmend aufmerksam zuwenden. Die Unterstützerliste der Prout At Work Foundation liest sich wie das Who's who der deutschen Wirtschaftskraft. Von der Deutschen Bahn über die Deutsche Bank, Bayer und Bertelsmann bis Bosch sind viele deutsche Konzernmarken vertreten, die jeder kennt. Doch die Teilnahme an derartigen Initiativen allein verrät Interessierten letztlich nicht viel darüber, wie viel Unternehmen intern tatsächlich dafür tun, die Arbeitsplatzrealität und Lebensqualität ihrer Mitarbeitenden zu verbessern. Sie kann lediglich einen Anhaltspunkt dafür liefern, wo man die Zeichen der Zeit erkannt hat und dem Thema aufgeschlossen gegenübersteht.

Für mehr Klarheit und Entscheidungssicherheit bei der Karriereplanung braucht es offene Bekenntnisse und messbare Kriterien, die Unternehmen sich freiwillig auferlegen. An denen mangelt es heute sogar bei vielen eher progressiv eingestellten Arbeitgeber:innen noch immer. Oft sind queere Mitarbeitende in spe deshalb unverändert darauf zurückgeworfen, den Zeh ins Wasser zu halten und die Temperatur zu testen, wenn sie sich des Rückhalts an einem Arbeitsplatz sicher sein wollen. Je konkreter sich das Engagement von Unternehmen entwickelt und je leichter es sich durch bessere Datenlage, Budgets und auch die nötige Unterstützung von prominenter Stelle in Wirtschaft und Politik vergleichen lässt, desto weniger Männer müssen volles Risiko fahren, nur um Gewissheit zu bekommen – so wie Steven.

Stevens Story:
Feuertaufe beim Bewerbungsgespräch

Bei meinem langjährigen Arbeitgeber herrschte zwar keine offen feindliche Atmosphäre. Es war aber bekannt, dass der Geschäftsführer nicht viel von Homosexuellen hielt. Erst viel später wurde mir klar, dass ich irgendwann an eine gläserne Decke gestoßen wäre. Auch wenn mir das garantiert nie jemand ins Gesicht gesagt hätte, wäre es bestimmt dazu gekommen. Nicht zuletzt deshalb verließ ich das Unternehmen auch. Dabei traf ich eine klare Entscheidung: Mit dieser Unsicherheit musste ab sofort Schluss sein. Ich nahm mir vor, mich an meinem nächsten Arbeitsplatz sofort zu outen, um von Anfang an klare Verhältnisse zu schaffen. Wenn nötig, würde ich eben direkt weitersuchen.

Beim Bewerbungsgespräch bei meinem nächsten Arbeitgeber, einem traditionsreichen Hersteller von Kraftfahrzeugen, setzte ich direkt alles auf eine Karte. Die Gelegenheit ergab sich, als mein späterer Chef mich im Interview fragte: »Sagen Sie mal, was macht denn Ihre Frau so?«

Ohne zu zögern entgegnete ich: »Meine Frau ist ein Mann und Partner in einer großen Unternehmensberatung.«

Der Vorgesetzte sah mir vielleicht etwas überrascht, aber ganz entspannt in die Augen und antwortete: »Cool.«

Damit war das Thema gegessen. Nicht ein einziges Mal war meine Sexualität in diesem Unternehmen auch nur ansatzweise ein Problem – weder für meine Vorgesetzten noch für meine Teamkollegen. Der Stimmungstest im Bewerbungsgespräch gab mir von Anfang an ein sicheres Gefühl – immerhin hatte man mich ja trotzdem eingestellt. Ich habe festgestellt, dass das wahnsinnig befreiend ist.

Leuchtturm-Lektionen: Kriterien diverser Unternehmen

So pink die Außendarstellung einer Firma auch sein mag: Garantien für die tatsächliche Schwulenfreundlichkeit eines Arbeitsplatzes gibt es nicht. Bis zu einem Zustand, der die Bezeichnung »Normalität« verdient, ist es fast überall in der deutschen Unternehmenslandschaft noch ein langer Weg. Auch im inklusivsten Unternehmen nach heutigen Standards kann dir schon ein einzelner homophober Kollege oder ein kulturell vergiftetes Team das Arbeitsleben zur Hölle machen. Sanktioniert wird homophobes Verhalten in der Regel nur sehr zögerlich, nur sehr langsam und oft auch nur in besonders gravierenden Fällen – was auch immer das im Einzelfall bedeutet. Und nicht nur das: Auch schwule Vorgesetzte, die unter internalisierter Homophobie leiden, können dir auf deinem Karrierepfad im Weg stehen. Solchen verinnerlichten Kulturphänomenen ist nur mit stetigem, konsequentem Kulturwandel beizukommen. Und das bedeutet leider auch – mit der gebotenen Geduld und Empathie, so schwer uns das manchmal fallen mag.

Dennoch macht es heute bereits einen sehr großen Unterschied, wo du arbeitest. So groß die Diskrepanzen zwischen traditionstümelnder Männerwirtschaft und inklusionsbemühten Leuchtturm-Unternehmen noch sind, Fakt ist: Mit jedem Jahr, mit jedem Tag wird die deutsche Wirtschaft ein kleines bisschen pinker. Leider geschieht das bisher aber vor allem da, wo sie schon vergleichsweise inklusiv ist. Nimm das Thema nicht auf die leichte Schulter, nur um es später zu bereuen. Es ist deine Karriere, deine Lebenszeit, deine Identität. Noch ist in der Unternehmenslandschaft längst nicht alles pink, was glänzt. Leg deinen Fokus auf die Unterschiede, leg den Finger in die Wunde, leg deine Bedürfnisse als Maßstab an.

In einem Unternehmen, das beim Thema Inklusion noch ganz am Anfang steht, kannst du viel wertvolle Zeit und kostbare Energie verschwenden – nur um am Ende festzustellen, dass du doch gegen Windmühlen gekämpft hast. Nicht jede:r von uns hat die Kraft oder ein Interesse daran, diese Schlacht ein Berufsleben lang zu schlagen – notfalls auf dem allgemeinen Rechtsweg, weil es an internen Regeln und Lösungswegen mangelt. Manchen, besonders Jüngeren, mag jeder einzelne Tag, den sie Kraft auf etwas so Selbstverständliches wie Gleichberechtigung verschwenden, zu viel sein. Und das ist vollkommen legitim.

Wisse, was zu dir passt. Entscheide, wozu du bereit bist und wo deine Grenzen sind. Und dann geh dahin, wo du wirklich hingehörst.

Ganz sicher gibt es keinen Grund, heute noch Unternehmen zu unterstützen, in denen Männer wie du und ich und andere LGBTIQ*-Mitarbeitende nicht willkommen sind oder gar ausgegrenzt werden. Bei allem Kampfesmut und vielleicht auch bei aller Loyalität zu deinem:r bisherigen Arbeitgeber:in spricht vieles dafür, deine Einsatzbereitschaft dorthin zu tragen, wo man sie zu schätzen weiß. Du machst es dir damit nicht etwa leicht. Nein, du setzt ein Zeichen, wenn du gezielt ein freundliches Umfeld für deinen Karriereweg wählst. Du nimmst damit nichts weniger als dein Recht auf gleichberechtigte Karrierechancen wahr – ein Recht, das dir verfassungsmäßig und gemäß AGG zusteht.

Auch wenn Inklusionsgegner und Diskriminierungsleugner es gern so darstellen: Es geht bei deiner sexuellen Identität nicht um irgendeine Komfortzone – wie etwa die, in der sich die Macho-Manager der Männerwirtschaft verstecken. Es geht um juristische Sicherheit, seelisch-körperliche Unversehrtheit und soziale Verbindlichkeit bei der Ausübung deines Berufs. Das ist das Mindeste, was man als Arbeitnehmer:in von seinem Arbeitsplatz erwarten kann. Verkauf dich bitte nicht unter Wert. Es ist heute vollkommen legitim, deinen Suchradius auf Unternehmen zu beschränken, wo du im Zweifel nicht allein dastehst, sondern auf interne Unterstützung zählen und dich auf konkrete Regeln berufen kannst.

Nachdem wir eine Reihe von Positivbeispielen betrachtet

haben, können wir einen recht belastbaren Kanon von Kriterien aufstellen, woran man schwulenfreundliche Unternehmen erkennt. Die folgende Liste wurde anhand meiner eigenen Beispielanalysen, Beratungserfahrung, Befragungen schwuler Männer für dieses Buch und Kriterien einschlägiger Erhebungen und Studien erstellt, die hier bereits zitiert wurden. Sie erhebt keinen Anspruch auf Vollständigkeit oder statistische Relevanz. Doch sie orientiert sich an der gelebten Praxis in den Unternehmen, deren Best Practice aus heutiger Sicht als vorbildlich gelten kann. In diesem Sinne ist sie bewusst streng gefasst. Deshalb bietet sie dir einen relativ hoch angesetzten Maßstab, um zu prüfen, wo dein Arbeitsplatz oder potenzielle Arbeitgeber:innen mit ihrer Akzeptanzkultur stehen.

An den folgenden zehn Merkmalen erkennst du Unternehmen, in denen Vielfalt nicht nur propagiert, sondern gelebt wird:

1. **Glasklares Bekenntnis:** Ein offizielles Diversity-Statement, das LGBTIQ* explizit einschließt (oder alternativ ein separates Statement nur zu diesem Thema), ist ein Mindestkriterium. Ein Unternehmen, das sich nicht für jede und jeden jederzeit offen einsehbar zu diesem Engagement bekennt und ehrlich auskunftsbereit ist, hat das Thema entweder gar nicht auf dem Schirm oder betreibt nur opportunistisches Pinkwashing. Zur offenen Kommunikation gehört übrigens auch eine realistische Selbsteinschätzung zum Fortschritt der Inklusion und die Offenlegung von Zahlen und Fakten. Teil dieses öffentlichen Bekenntnisses sollte auch eine irgendwie geartete inklusive Sprachkultur sein – also ein erkennbares Bewusstsein für Gendersprache und eine klare, von Akzeptanz geprägte Haltung im Umgang mit diesem wichtigen Aspekt der Alltagskultur am Arbeitsplatz.

2. **Aktives Engagement:** Inklusion ist kein Thema, das von selbst funktioniert, nicht einmal bei hohem LGBTIQ*-Anteil. Alle Vorreiter:innen haben eines gemein: Sie tun viel für gelebte Vielfalt – und machen auch viel aus dem, was sie tun. Sie haben nämlich verstanden, dass sie nur dann die Vorteile von Diversity für sich verbuchen können. Das heißt auch, du wirst unweigerlich auf sie stoßen, denn sie sind intern wie extern an allen Schnittstellen präsent und aktiv. Pionier:innen der Vielfalt musst du nicht mit der Lupe suchen. Sie werden deine Aufmerksamkeit erregen und teilweise sogar auf dich zukommen. Das kann zum Beispiel bei schwulen Karrieremessen wie der »Sticks & Stones« oder dem CSD passieren – oder weil sie selbst Teil einer Szene sind, in der auch du dich ganz selbstverständlich bewegst.
3. **Frei von Berührungsängsten:** Das Comingout von Mitarbeitenden wird nicht nur geduldet, sondern ausdrücklich gewünscht und unterstützt – und zwar vom Bewerbungsgespräch an. Personaler:innen und Vorgesetzte in einem inklusiven Unternehmen zucken nicht zusammen, wenn du ganz selbstverständlich deinen Freund oder deine Freundin erwähnst oder nach einem LGBTIQ*-Mitarbeiternetzwerk fragst. Stell sie auf die Probe und stell ihnen Fragen – nicht provokativ, sondern ganz natürlich im Gespräch.
4. **Zielgruppenaffinität:** Das größte Interessen an Menschen aus der LGBTIQ*-Demografie hat ein Unternehmen, zu dessen Zielgruppe du gehörst. Natürlich darf sich das Interesse an Vielfalt keinesfalls auf Umsatzinteressen beschränken. Doch wenn ein Unternehmen Produkte oder Services zum Beispiel für die schwule Zielgruppe im Programm hat und sich auf Kundenseite mit der Ansprache schwuler Männer auskennt, kann das ein wertvoller Hin-

weis auf Offenheit und inklusives Denken in der Führung sein.
5. **Community Sponsoring:** Auf Vielfalt bedachte Unternehmen beschränken sich nicht auf Statements, sondern unterstützen Diversity mit praktischen Maßnahmen und vor allem finanziell – vom Sponsoring gemeinnütziger Organisationen aus dem LGBTIQ*-Umfeld bis hin zu adäquaten, klar zugewiesenen Budgets für die interne Aufklärungs- und Netzwerkarbeit.
6. **Sichtbare Rollenvorbilder:** Das Unternehmen verfügt auf allen Ebenen über offen geoutete Mitarbeitende und Führungskräfte, idealerweise bis auf Vorstandsebene. Mindestens aber sollten Führungskräfte der obersten Ebene sich namentlich, öffentlich und nachprüfbar zu Gay Allies erklärt haben.
7. **Inklusive Personalabteilung:** Die Personalabteilung verfügt über eine eigene Einheit, mindestens aber qualifizierte und verantwortliche Spezialisten für Diversity und Inklusion. Außerdem ist sie mit den nötigen Befugnissen ausgestattet, um LGBTIQ*-Mitarbeitende konkret zu unterstützen und Benachteiligungen innerhalb der Personalpolitik auszugleichen.
8. **Erkennbare Strukturen:** Interne Unterstützung und Förderung darf sich nicht auf die Benennung einer Diversity-Beauftragten beschränken, die am besten noch für alle diversen Gruppen im Unternehmen allein zuständig ist. Echte Diversity ist in der Organisation erkennbar strukturiert. Das heißt, es gibt offen zugängliche Netzwerke für Mitarbeitende wie dich, offiziell anerkannte Ansprechpartner:innen auf jeder Ebene und möglichst auch Unterstützungsprogramme, die über reine Gesprächsangebote hinausgehen. Je höher die Mitgliederzahl eines Mitarbeitendennetzwerks, desto besser. Ideal ist ein Wert von

mehreren Prozent der Gesamtbelegschaft – denn dann ist davon auszugehen, dass die meisten diversen Mitarbeitenden auch tatsächlich out & proud am Arbeitsplatz sind. Auch ein gewisser Anteil von Nicht-LGBTIQ*-Mitgliedern in einer solchen Gruppe ist ein sehr gutes Zeichen.

9. **Kompromisslose Werteverbindlichkeit:** Besonders wenn dein Arbeitsfeld oder deine Rolle international angelegt ist, willst du als LGBTIQ*-Person in der Männerwirtschaft nichts dem Zufall überlassen. Bei der Zusammenarbeit mit internationalen Kund:innen und Partner:innen und besonders bei Auslandsentsendungen ist tatkräftige Unterstützung deiner Arbeitgeberin oder deines Arbeitgebers unverzichtbar. Im Extremfall kann sie sogar (über-)lebenswichtig sein. Wie diese Unterstützung aussehen kann, ist sehr einzelfallabhängig. Klar sollte jedoch sein, dass die Firma unumstößlich zu dir und ihrem inklusiven Wertekanon steht – auch, wenn es Geld kostet oder mal juristisch hart auf hart kommt.

10. **Null-Toleranz-Politik:** Verstöße gegen das AGG, besser noch gegen strengere, selbst auferlegte interne Verhaltensregeln, werden ausnahmslos, konsequent und hart sanktioniert, im schweren oder Wiederholungsfall bis hin zur Kündigung. Das gilt selbstverständlich auch und besonders, wenn der Täter oder die Täterin eine höhere Position bekleidet als das Opfer. Besonders deiner oder deinem (potenziellen) Vorgesetzten und der nächsthöheren Führungskraft solltest du in dieser Hinsicht vertrauen können. Das ist etwas, das sich ebenfalls im Personal- oder Vorstellungsgespräch klären lässt.

Je mehr dieser Kriterien ein Unternehmen erfüllt, desto größer die Wahrscheinlichkeit, dass du dort unbehelligt arbeiten und Karriere machen kannst, ohne Diskriminierung oder

Nachteile aufgrund deiner sexuellen Identität befürchten zu müssen. Welche und wie viele der Kriterien zwingend zu erfüllen sind, ist eine Entscheidung, die ich gern dir überlasse. Persönlich bin ich kein Fan von halben Sachen; Kompromisse machen wir als schwule Männer auch so schon genügend.

Ich rate dir sogar dazu, noch mehr von Arbeitgebern zu verlangen, als dass sie frei von gravierenden Defiziten sind. Die zufriedensten Männer, mit denen ich für dieses Buch gesprochen habe, waren nichts weniger als stolz darauf, für eines der inklusivsten Unternehmen in unserem Land zu arbeiten. Da bekommt »out & proud« eine ganz neue Bedeutung: Der Stolz seiner Mitarbeitenden ist das ultimative Kriterium, das ein vielfältiges Unternehmen erfüllen kann.

Der Mythos von den schwulen Branchen

Kein Problem, magst du dir bei der Lektüre dieses Kapitels irgendwann gedacht haben: Ich gehe sowieso in eine »schwule Branche«, wo ich keine Nachteile zu befürchten habe. Viele junge, schwule Männer denken so, wenn sie zum Beispiel Make-up-Artist, Designer, Künstler, Krankenpfleger, Flugbegleiter oder einen anderen der Berufe ins Auge fassen, die das Klischee oft als »schwulenfreundlich« verbucht.

Ein Wort der Warnung: Die »schwulen Branchen« sind genau das, nämlich ein Klischee. In der Realität deines Arbeitslebens kann es sich sehr schnell als Mythos entpuppen. Das gilt, wenn auch mit Abstufungen, für alle Berufsfelder – auch in den vermeintlich »bunten« Branchen, die von Politiker:innen, Arbeitgeber:innen und anderen Interessenvertreter:innen gern als pinkfarbene Hochburgen inszeniert werden.

Ein Beispiel dafür ist die Schauspielerei. Im Februar 2021

outete sich eine Gruppe von 185 Schauspielenden aus TV und Theater auf dem Titel des *SZ-Magazin* öffentlich – einige davon prominente Gesichter.[83] Damit stießen die mutigen Künstler:innen eine lange überfällige Debatte über den Umgang mit Geschlechtsidentitäten im Kulturbetrieb an. Das Spektrum der Reaktionen war vielsagend. In viel Zustimmung und Anteilnahme – und die üblichen ignoranten Variationen auf »Muss das denn sein?« – mischten sich auch die Stimmen, die fragten: Nanu, sogar die haben ein Problem? Heute noch, immer noch, unter Künstlern?

O ja – sogar die, sogar heute noch, sogar unter Künstlern. Genau darauf wollten die Initiator:innen unter der Überschrift »Wir sind schon da« hinweisen. Obwohl LGBTIQ*-Persönlichkeiten schon so lange in so großer Zahl und so prominent in ihrer Branche vertreten sind, hinkt die Akzeptanzkultur dieses Arbeitsfeldes noch immer hinterher. Viele der Kunstschaffenden berichteten in diesem Zusammenhang auch von persönlichen Diskriminierungserfahrungen. Vor allem aber wurde eine weit verbreitete Angst deutlich. Einige der Schauspieler:innen sprachen über ihre Befürchtung, mit dem Outing für immer und ewig auf die wenigen LGBTIQ*-Rollen festgelegt zu werden und für alle anderen »verbrannt« zu sein.

Genau diese ignorante Denkweise vieler Entscheider:innen und Produzent:innen sorgt dafür, dass Darsteller:innen ihre Sexualität in der Branche bis heute geheim halten. Auf einer Gala der Bundesstiftung Magnus Hirschfeld berichtete mir die offen lesbische Schauspielerin Maren Kroymann vor einigen Jahren in einem kurzen Gespräch davon, dass ihr genau diese offen diskriminierende Frage seit ihrem Comingout immer wieder gestellt worden ist: »Kannst du denn jetzt noch eine heterosexuelle Mutter spielen?«

Auch in einem Interview mit der *ZEIT* berichtete sie, dass das Etikett »lesbisch« an ihr klebe, als ob es etwas Exotisches wäre. »Noch 20 Jahre nach meinem Comingout wurde ich in Talkshows vorgestellt als die Schauspielerin, die sich als lesbisch geoutet hat. Da hab ich gedacht: Leute, können wir mal über meine Arbeit sprechen?« In dem Interview machte sie ebenfalls darauf aufmerksam, wie wenig sich seit ihrem eigenen Comingout 27 Jahre zuvor im *stern* im vermeintlich so offenherzigen Kunstbetrieb tatsächlich getan hat.[84]

Dieses Akzeptanzdefizit gibt es übrigens nicht nur im deutschsprachigen Raum, sondern auch in der sogenannten Traumfabrik Hollywood. »Ich kenne Schauspieler, die ihre Sexualität verstecken«, empörte sich nur Wochen nach dem Vorstoß der deutschen Kolleg:innen auch die US-amerikanische Schauspielerin Kate Winslet. Sie spielte in ihrem gerade aktuellen Film eine lesbische Frau, war allerdings auch zuvor schon für ihr Engagement für Gleichberechtigung bekannt. So äußerte sie ihr Bedauern darüber, mit welcher großen Angst es manche Kolleg:innen erfülle, geoutet zu werden – bekanntere Stars ebenso wie Nachwuchsdarsteller:innen. Zudem wies sie darauf hin, was Kinogänger:innen aufgefallen sein dürfte: Queere Geschichten würden in Hollywood, wenn überhaupt, bis heute nur mit »großen Namen« produziert.[85]

Was für den Entertainment-Betrieb gilt, ist leider in hohem Maße auch auf alle anderen »Klischeebranchen« übertragbar. Auch wenn es stimmen mag, dass manche Berufe einen vergleichsweise überdurchschnittlichen Anteil an nicht heterosexuellen Mitarbeitenden aufweisen: Die vermeintliche Homophobie-Resistenz besonders im kreativen Bereich ist ein Gerücht, das in eine herbe Enttäuschung münden kann. Sogar wenn das Unternehmen offensiv mit einer diversen Firmenpolitik wirbt, sind unerfreuliche Überraschungen im Arbeitsalltag nicht auszuschließen. Schwarze Schafe gibt es überall – und sie haben die Eigenschaft, es besonders oft in Führungspositionen zu schaffen.

Die bunte Seifenblase von den »schwulen Branchen« muss ich daher leider genauso platzen lassen wie den Traum von einer gänzlich unbehelligten Karriere in relativ progressiven Unternehmen. Eine solche Laufbahn ist leider immer noch die Ausnahme. Gerade die schwulen Vorreiter, die es zum Glück in wachsender Zahl gibt, mussten und müssen oft besonders viel aushalten. Den homophoben Abteilungsleiter gibt es in der TV-Redaktion und im Büro für Grafikdesign genauso wie beim Automobilhersteller oder im öffentlichen Dienst. Geh den Klischees nicht auf den Leim, sondern prüfe individuell und schau dabei ganz genau hin – egal, wo du dich bewirbst.

Drum prüfe, wer dort ewig schindet ...

Solltest du dich bei deiner Entscheidung für oder gegen einen Beruf von der allgemeinen Akzeptanzkultur in dieser Branche leiten lassen? Auf keinen Fall – weder auf die eine noch auf die andere Art. Lass nicht zu, dass deine sexuelle Identität darüber entscheidet, was du mit deinem Leben anfangen darfst. Ohne Menschen mit Mut zur Pionierarbeit werden wir auch in vielen Jahren noch immer unterrepräsentiert und diskriminiert sein, wie wir es früher überall waren. Sieh es einmal so: Auch in den Unternehmen, die ich stellvertretend für viele andere in diesem Kapitel als Vorreiter:innen der Vielfalt hochgehalten habe, war noch vor zwanzig, dreißig Jahren fast niemand offen schwul.

Sehr wohl aber solltest du dir das konkrete Umfeld, in dem du arbeitest oder arbeiten wirst, sehr genau anschauen. Ohne deinen Mut, deine Initiative und dein Engagement wird es nirgendwo gehen – nicht einmal dort, wo du als schwuler Mann unter anderen schwulen Männern, lesbischen Frauen,

Trans-Frauen und -Männern, queeren und Intersex-Persönlichkeiten in guter Gesellschaft bist. Eine Minderheit ist eine Minderheit ist eine Minderheit – und wird es bleiben. Doch jede und jeder von uns hat ein persönliches Limit, wenn es darum geht, wie lange, wie hart und wie einsam frau oder man kämpfen kann ... oder will.

Ganz wichtig ist, dass du dir immer vor Augen hältst: Ignorante Arbeitsplätze sind nicht mehr alternativlos.

Am besten wirst du immer damit fahren, so früh wie möglich klare Verhältnisse zu schaffen. Schieb das Comingout nicht auf – und auch nicht die Fragen, die dir unter den Nägeln brennen. Personaler:innen wollen, dass Bewerber:innen sich für ihre potenziellen Arbeitgeber:innen interessieren. Wenn ein Unternehmen es mit der Vielfalt auch nur im Entferntesten ernst meint, werden Fragen zur Diversity-Kultur und konkreten Inklusionsstrukturen deshalb hochwillkommen sein – und ganz bestimmt kein Porzellan zerschlagen. Ganz nebenbei sind sie ein eleganter Weg, dich indirekt zu outen, ohne dich dabei wieder zu fühlen wie damals am elterlichen Küchentisch.

In einem offenen Unternehmen wird man es schätzen und honorieren, wenn auch du offen und unkompliziert mit dem Thema umgehst. Mach das Bewerbungsgespräch – oder jede andere Begegnung mit einer oder einem potenziellen Arbeitgeber:in – zu deinem Lackmus-Test. Nicht nur du wirst bei dieser Gelegenheit getestet, auch du hast jedes Recht auf Auskunft. Diese Empfehlung gilt auch jenseits von Fragen der Gender-Identität ganz grundsätzlich. Dreh den Spieß im Vorstellungsgespräch ruhig mal um und stell auch selbst Fragen – und zwar genauso knallhart interessiert, wie dir Fragen gestellt werden und potenzielle Arbeitgeber:innen sich für dich interessieren.

Wie aber kannst du all die Kriterien überprüfen, die wir

in diesem Kapitel gesammelt haben? Hier können Rankings und Gütesiegel gewiss ein erster Anhaltspunkt sein, der dich auf die richtige Fährte locken kann. So diskutabel und umstritten sie im Detail auch sein mögen: Wenn du sie kritisch hinterfragst, bieten sie einen differenzierten Einstieg. Indem du dich mit ihnen beschäftigst, lernst du gleichzeitig viel über die Unterschiede zwischen echter Akzeptanz und Imagepolitik. Das ist ein Thema, das dir auf deinem Karriereweg noch häufiger begegnen wird. Außerdem dürfte es auch für dich als Konsument:in aufschlussreich sein. Schau dir mehrere Rankings an, blicke dabei auch über den deutschen Tellerrand, vergleiche und ziehe deine eigenen Schlüsse.

Ähnliches gilt – mit denselben Vorkehrungen und Einschränkungen – auch für LGBTIQ*-Karrieremessen wie die »Sticks & Stones«, die alljährlich von der Uhlala Group in Berlin veranstaltet wird. Darüber hinaus führen manche Unternehmen auch in Eigenregie Bewerber:innentage gezielt für diverse Job-Interessent:innen durch. Auch bei manchen Messen und Branchenevents gibt es separate Veranstaltungen oder Stände für Interessierte. Dort kannst du auf potenzielle Arbeitgeber:innen treffen, die schon mal ein ganz wichtiges Kriterium erfüllen, nämlich dass sie sich ernsthaft für die LGBTIQ*-Zielgruppe interessieren. Das Comingout kannst du dir bei solchen Events von vornherein sparen. Dafür kannst du unbesorgt alle Fragen stellen, die du zu Inklusionskultur und Arbeitsalltag in einem Unternehmen hast. Und vor allem bekommst du dort Antworten von Menschen, die deine Bedürfnisse und Sorgen aus eigener Erfahrung kennen.

Eine weitere wichtige Quelle sind vor allem bei großen Unternehmen die Websites und Presseportale. Finden sich nicht ohne geringen Suchaufwand ein Menüpunkt »Diversity« bzw. »Inklusion« oder Veröffentlichungen zu diesem Thema, ist das bereits ein berechtigter Anlass zur Skepsis.

Sehr aufschlussreich kann auch die Sprachanalyse der Ausschreibung oder Stellenanzeige sein, auf die du dich bewirbst. Lege dabei besonderes Augenmerk auf die sogenannte »Employee Value Proposition«, also die Frage: Was bietet ein Unternehmen dir ganz konkret an? Diversity-Vorreiter nehmen in die übliche Aufzählung von Vorteilen explizit Unterstützungsangebote oder zumindest ein klares Willkommenssignal an LGBTIQ*-Bewerber:innen auf. Dagegen scheitern andere Unternehmen schon daran, die Ausschreibung korrekt zu formulieren und lassen so schon sprachlich keinerlei Bewusstsein für Diversity erkennen. Das merkst du zum Beispiel daran, dass statt dem heute praktisch universell gesetzten »m/w/d« immer noch die binäre Form »m/w« verwendet wird.

Wo es entsprechende Mitarbeitendennetzwerke gibt, kannst du dich natürlich sehr gut über deren Social-Media-Präsenzen informieren. Oft kannst du auf diesem Wege auch direkt mit LGBTIQ*-Firmenvertreter:innen in Verbindung treten. In der Regel wird man dich dort mit offenen Armen willkommen heißen und dir gern Rede und Antwort stehen, auch ohne dass du direkt den Bewerbungsweg beschreiten musst.

Schließlich gilt auch in den Unternehmen, die nicht über einen solchen Grad an Öffentlichkeit verfügen: Insiderberichte sind deine beste Quelle. Das Gespräch mit Mitarbeitenden ist – neben Praktika oder einem mehr oder weniger offiziellen Kennenlerngespräch – der einzige Weg, dir ein konkretes Bild vom Arbeitsalltag in einem Unternehmen zu machen.

Dabei können dir – neben Netzwerken in deinem Unternehmen und deiner Branche – auch Vereinigungen wie der Völklinger Kreis (VK) eine große Hilfe sein. Dieses bundesweite Netzwerk schwuler Führungskräfte und Selbstständiger mit seinen verschiedenen Fach- und Regionalgruppen ist gut in der deutschen Unternehmenslandschaft vernetzt. Der VK besteht aus erfahrenen, schwulen Branchenprofis und Führungsveteranen, denen nichts Menschliches in der Männerwirtschaft fremd ist – und leider auch nichts Unmenschliches. Sie sind in ihren Unternehmen Leistungsträger, die sich oft gegen große Widerstände und Enttäuschungen durchgesetzt haben. Manche von ihnen bekleiden heute hohe Positionen und treten aktiv dafür ein, dass dieser Weg in Zukunft mehr schwulen Männern offensteht. Der VK bietet seinen Mitgliedern Seminare zu spezifisch schwulen Fragen und allgemeinen Führungsthemen sowie ein vielfältiges Portfolio an Veranstaltungen und Informationsangeboten bis hin zur Rechtsberatung. Außerdem gibt er eine jährliche Studie zum Diversity-Management heraus und unterstützt ausgewählte Projekte sowie besonderes Engagement über seinen Förderverein und einen Förderpreis.[86]

Das weibliche Pendant zum VK sind die »Wirtschaftsweiber«: ein bundesweites Netzwerk für lesbische und erfolgreiche Frauen. Sie vertreten die Interessen lesbischer Fach- und Führungskräfte mit zahlreichen Informationsangeboten und Aktivitäten für Arbeitnehmer:innen und Arbeitgeber:innen und unterstützen die Arbeit lesbischer Vorbilder in der deutschen Wirtschaft.[87]

Auf andere queere Personen in der Wirtschaft und deinem unmittelbaren Umfeld zuzugehen, musst du dich natürlich auch erst einmal trauen. Eine gute Übung, zu der ich dich nur ermutigen kann. Ohne Mut zur Offenheit, und wenn nötig genauso auch zur Gegenwehr, stehen deine Chancen auch heute noch schlecht, queer Karriere zu machen.

KAPITEL 8

TÄTER:INNEN SUCHEN OPFER, KEINE GEGNER:INNEN

Selbstbehauptung als Kernkompetenz für die queere Karriere

Diskriminierung braucht immer zwei: Täter:innen und Opfer

Manchmal öffnest du morgens deinen Facebook-Feed und würdest am liebsten gleich wieder ins Bett gehen. An den schlechteren Tagen klatscht dir die Diskriminierung ins Gesicht wie ein Eimer kaltes Wasser. An den nicht ganz so schlechten ist es eher eine Art schleichende Desillusionierung, die dir den Schwung nimmt: Echt jetzt? Müssen wir das schon wieder durchkauen?

Ein Moment der Enttäuschung, der sich mir eingeprägt hat, lag auf meiner persönlichen Alarmskala irgendwo dazwischen. Der Auslöser war ein Bekannter, der gerade kürzlich Vater geworden war. In seinem Post berichtete der frischgebackene Papa von einer Irritation, die er erdulden musste, als er online Kindergeld beantragte. Der Stein des Anstoßes war das Online-Formular, in dem man unter anderem das Geschlecht des Kindes angibt. Dabei gibt es die Auswahlmöglichkeiten männlich, weiblich und divers (m/w/d). Darüber wundere er sich doch sehr, echauffierte sich der stolze Vater. Denn eines ließe sich schon unmittelbar nach der Geburt sehr eindeutig sagen, fuhr er mit virtuell stolzgeschwellter Brust fort: Eindeutiger als bei seinem Sohn ließe sich Männlichkeit gar nicht feststellen.

Nachdem ich meinen Würgereiz wieder im Griff hatte, teilte ich ihm in einem Kommentar mit, was eigentlich nicht erklärungsbedürftig sein sollte. Es ist eine Errungenschaft, dass es diese Auswahlmöglichkeit in deutschen Formularen gibt. Denn tatsächlich gibt es Kinder, die eben nicht mit einem eindeutig zuzuordnenden Geschlecht geboren werden. Dass sie diese Entscheidung später nach professioneller Beratung und psychologischer Begleitung für sich selbst treffen können, weil das Gesetz ihnen das offenlässt, ist für diese

Menschen und ihre Familien ein Segen und ein großer Gewinn an Lebensqualität. Dafür, dass Männer mit dem epischen Riesengemächt ihres Sohnes angeben, wurde diese dritte Option dagegen nicht ins Online-Formular hineinprogrammiert. Sich darüber für einen platten Gag hinwegsetzen kann nur jemand, der in seinem Leben noch nie Teil einer Minderheit war oder sich auch nur in deren Perspektive hineinversetzt hat. Es geht nicht immer und überall nur um euch, liebe heteronormative Scheuklappendemokraten. Bitte: Kommt darüber hinweg.

Ob man die politischen und lebenspraktischen Fortschritte der letzten Jahre gut findet, bleibt natürlich jedem selbst überlassen. Aber muss man seine Ignoranz über die gesamte Facebook-Gemeinde ausgießen? Zumal, wenn man weiß oder wissen könnte, dass die in Teilen auch »divers« ist? Unweigerlich stellte ich mir vor, wie der Sohn später als Teenager diese Äußerung seines Vaters liest. Dabei ist es ganz egal, ob er sich bis dahin als hetero, schwul, bi, trans, queer, pan-, inter- oder asexuell entpuppt hat. Wie toll wird er diesen Spruch seines Vaters wohl finden? *Facepalm*, ernsthaft – schäm dich, Papa.

Von diesem individuellen Ignoranzproblem einmal ganz abgesehen: Auch dieser heteronormative Held geht irgendwo arbeiten. In diesem konkreten Fall sogar als Führungskraft in einem ziemlich großen Unternehmen. An diesem Punkt beginnt die Anekdote, die in meinem Facebook-Feed ihren Anfang nahm, leider auch für deine Karriere zum Problem zu werden. Denn testosteronstrotzende Recken wie diesen hochpotenten Männerproduzenten gibt es überall. Auch in deiner Kontaktliste – und an deinem Arbeitsplatz.

Selbst in einem vergleichsweise bunten Unternehmen wirst du auf Kolleg:innen treffen, die jede Gelegenheit nutzen, um unliebsame Konkurrent:innen zu schwächen. In jeder (größeren) Firma gibt es binäre Männer- und auch Frauencliquen, die sich in ihrer bequemen Normativsphäre von dir bedroht fühlen und die Krallen ausfahren. Selbst wenn es unter ihnen keine ausgesprochenen Aggressoren und Spaltpilze gibt, kann es immer passieren, dass sie sich gegenseitig hochschaukeln. Da verliert ein Team schon mal aus den Augen, wo der Spaß und die Meinungsfreiheit aufhören und Diskriminierung und Mobbing beginnen.

Selbst wenn du von lauter reflektierten, empathischen Menschen umgeben bist, bleibt immer noch das universelle Phänomen der Achtlosigkeit. Unternehmen sind keine Ferienresorts. Am Arbeitsplatz stehen wir alle regelmäßig unter Stress. Das entschuldigt nichts, erklärt aber einiges und begünstigt vieles. Unterschätze nie die Eigendynamik eines Systems unter Druck. Genauso universell wie die Achtlosigkeit ist die Ignoranz. In welchem Umfeld auch immer du dich beruflich oder privat bewegst, wirst du ihr begegnen. Und wo Ignoranz und Unachtsamkeit zusammenkommen, sind Konflikte geradezu vorprogrammiert.

Letztlich ist es müßig darüber zu diskutieren, wo die Unachtsamkeit aufhört und der gezielte Angriff beginnt. Wo es ein Opfer gibt, findet Diskriminierung statt. Punkt. Die Wahrscheinlichkeit, dass du irgendwann im Laufe deines Arbeitslebens zum Opfer gemacht werden sollst, ist leider ziemlich hoch. Die Frage ist: Wann ist es Zeit, für deine Identität einzustehen? Ich habe dazu eine Haltung, die nicht alle teilen werden – nicht einmal alle schwulen Männer.

Wie weit die Meinungen in dieser Frage bei allem Fortschritt auch heute noch auseinandergehen, zeigt sich zum Beispiel in der erschreckenden Emotionalität der Gendersprachdebatte. Verlässlich schreien in solchen Diskursen die am lautesten, die am wenigsten betroffen sind. Menschen, die noch nie ansatzweise in ihrer Identität bedroht waren, dreschen verbal mit einer Vehemenz auf Andersdenkende ein, dass einem angst und bange um ihre Nachbar:innen und Kolleg:innen werden kann. Es ist nicht schwer, sich vorzustellen, was geschehen würde, wenn diese älteren, weißen Cis-Männer ihre Vorstellung eines gesitteten Abendlandes ungestraft mit allen Mitteln durchsetzen dürften und könnten.

Deshalb ist meine Toleranzschwelle für Intoleranz inzwischen sehr niedrig geworden. Je früher man solche Tendenzen im Keim erstickt, desto besser. Warum, muss man in diesem Land wirklich niemandem erklären. Und sollte es jemand vergessen haben, reicht heute leider schon wieder der Blick in einige europäische Nachbarländer, um uns daran zu erinnern. Ignoranz an der Wurzel zu packen ist wichtig. Und genauso wichtig ist es, dass *du* das tust. Du musst für dich einstehen – denn wenn du es nicht tust, tut es niemand.

Es ist dein Facebook-Feed, es ist dein Arbeitsplatz, es ist deine Lebensqualität. Wenn dich so ein Facebook-Troll triggert, wie mich an jenem Morgen, dann lass ihn nicht einfach gewähren. Damit erreichst du einzig und allein, dass er fröhlich so weitermacht. Denn eins ist sicher: Von ein paar Machos unter seinen Kontakten wird er garantiert Applaus und Likes für den Blödsinn bekommen. Sein dummer Spruch ist genug, um dir ein schlechtes Gefühl zu geben – also wahrscheinlich auch anderen. Er aber weiß das wahrscheinlich nicht, und wenn doch, umso schlimmer. Es ist wichtig, dass du ihn auf seine Unachtsamkeit und deren Folgen hinweist. Es ist nicht nur wichtig, damit er eine Chance bekommt dazuzulernen. Du schuldest es dir noch aus einem anderen Grund: In dem Moment, wo du etwas schweigend erduldest, begibst du dich in die Opferrolle.

Opfer zu werden bedeutet, durch eine Tat oder ein Ereignis »unmittelbar oder mittelbar physisch, psychisch und/oder materiell geschädigt zu werden«.

Sogar die Kriminalistik, die es in der Regel mit handfesten Straftaten zu tun bekommt, geht hier von einer psychologisch differenzierten Rolle aus. Das »Opfer-Sein« wird dabei (im Gegensatz zum »Opfer-Bringen«) »mit Passivität, Fremdbestimmung, Abhängigkeit, Ohnmacht und Hilflosigkeit assoziiert«. Die sogenannte Opferrolle wird dem gesellschaftlichen Bereich zugeordnet und ist Ausdruck von sozialen Machtverhältnissen.

Sogenannte Viktimisierungstheorien untersuchen in diesem Zusammenhang die Frage, wie es dazu kommt, dass bestimmte Menschen zu Opfern werden und andere nicht. Diese Typisierung soll nicht werten oder stigmatisieren; vielmehr dient sie der Aufklärung und Prävention. Minderheiten spielen in diesen Theorien eine zentrale Rolle.

Wie selbstverständlich die Unterscheidung zwischen Täter und Opfer kollektiv akzeptiert und sogar kultiviert wird, zeigt nicht zuletzt der allgemeine Sprachgebrauch mit Begriffen wie »ideales Opfer« oder gar »williges Opfer«. Sogar das Wort »Opfer« selbst hat sich in jüngerer Zeit zu einem beliebten Schimpfwort entwickelt.[88]

Die Definition zeigt: Es braucht nicht viel, um zum Opfer zu werden. Genau genommen zeichnet die Passivität das Opfer-Sein sogar aus: Etwas geschieht mit einem, für das man selbst oft nicht das Geringste kann. Doch an diesem Punkt setzt die entscheidende Differenzierung an, die für dich relevant ist. Das Opfer-Sein kannst du nicht immer vermeiden. Opfer bleiben, dich also in die dir zugeschriebene Opferrolle fügen – dagegen kannst du sehr wohl entscheiden und dich dieser Rolle entziehen. Das tust du, indem du nicht passiv bleibst, sondern dich zur Wehr setzt.

Ob es sich nun um einen ignoranten Facebook-Post oder

um gezieltes Mobbing handelt: Wann immer du es mit Diskriminierung zu tun bekommst, triffst du für dich eine Entscheidung. Oft treffen wir sie leider unbewusst – ein Punkt, auf den ich gleich noch zurückkomme. Dabei ist es letztlich egal, ob sich das diskriminierende Verhalten gegen dich oder gegen andere richtet.

Mach dir das jetzt und vor allem beim nächsten Diskriminierungsereignis bewusst, das du erlebst: Für die Opferrolle entscheidest du dich schon, wenn du dich von einem blöden Spruch getriggert fühlst, aber nichts unternimmst – nicht erst, wenn du dich nicht juristisch gegen eine Straftat wehrst. Wie das Opfer-Sein hat auch das Täter-Sein viele Gesichter. Indem du sie schweigend gewähren lässt, nimmst du die Opferrolle an – und zwar stellvertretend für alle von uns.

Deshalb fahre ich beim Thema Diskriminierung seit langer Zeit eine Nulltoleranz-Strategie, und zwar immer und überall. Als die Servicekraft an einer Imbissbude einmal in meiner Anwesenheit fluchte, das »schwule Brötchen« wolle sich nicht aufklappen lassen, sah ich mich absolut gezwungen, nicht nur das Brötchen in Schutz zu nehmen. Wie wir bereits festgehalten haben: Das Prinzip Schweigen hat sich in der Schwulenbewegung noch nie bewährt.

Raus aus der Opferrolle

Bleibt die große Frage: Wie kannst du den Täter:innen entgegentreten? Was hast du als Einzelne:r der heteronormativen Täter:innenkultur entgegenzusetzen, die in manchen Unternehmen an der Tagesordnung ist? Wie kannst du dich gegen Achtlosigkeit und Ausgrenzung wehren, um deine gleichberechtigten Karrierechancen zu wahren und zu verteidigen?

Diese Fragen brennen vielen unter den Nägeln, die von Alltagshomophobie und Ausgrenzung betroffen sind – und zwar deshalb, weil ihnen in der Regel niemand zur Hilfe eilt. Wie wir festgestellt haben, finden LGBTIQ*-Top-Manager:innen auch in der globalisierten, automatisierten und digitalisierten Wirtschaft immer noch nicht wirklich statt. Das hat zur Folge, dass sie noch in sehr wenigen Unternehmen eine Lobby haben, auf die sie sich berufen können. Die Täter:innen, die Mobber:innen, die Intrigant:innen können in den meisten Fällen noch immer ungestraft gewähren. Weil es »peinlich« ist, werden sie mit den durch sie ausgelösten Gefühlen in der Regel nicht offen konfrontiert. Unbehelligt können sie sich auch an allen anderen Gruppen austoben, die sich in ihre Opferrolle ergeben. Beides darf nicht so bleiben.

Wenn du willst, dass sich in deinem Leben und dem aller anderen LGBTIQ*-Mitarbeitenden in deutschen Unternehmen etwas ändert, darfst du nicht auf andere warten. Du darfst nicht darauf vertrauen, dass sich irgendein schwuler Vorgesetzter in deinem Unternehmen endlich über die Konventionen hinwegsetzt und dir den Weg ebnet. Du darfst nicht darauf warten, dass der Klaus Wowereit deiner Generation oder deiner Branche ein:e offen schwule:r Manager:in sein wird, der oder die mit der Regenbogenflagge in der Hand das Vorstandsbüro erstürmt und mit vorurteilsbefreiten heterosexuellen Kolleg:innen im Conference Call den YMCA tanzt. Wenn du zu den Millennials gehörst, stehen deine Chancen gewiss besser, dass du einmal keinen Grund mehr zum Versteckspielen haben wirst – aber schenken wird auch dir deine Karriere niemand. Irgendjemand muss der queeren Gleichberechtigung in der deutschen Wirtschaft den Weg bereiten.

Hast du dich schon mal gefragt, warum die meisten Schwulen und Lesben, die sogar deine Großeltern kennen, so klischeehaft exotisch daherkommen – obwohl die meisten deiner Freund:innen ganz anders drauf sind? Falls ja, habe ich eine Antwort für dich: Diese tapferen Jungs und Mädels sind einfach diejenigen, die sich nicht mehr fürchten. Sie haben ihren Platz gefunden und ihren Teil für deine und meine Freiheit getan. Sie haben sich aus der Opferrolle befreit und angefangen, den Täter:innen mit ihren Mitteln die Zähne zu zeigen. Wir dürfen, wir müssen ihnen dankbar sein.

Aber du darfst und du musst dich nicht hinter ihnen verstecken. Du musst die Wahrnehmung nicht denen überlassen, die ihre Scham über Bord geworfen haben. Wir können unsere Angst überwinden, jede:r für sich und eine:r für alle. Solange wir stinknormalen Karrierist:innen und Anzugträger:innen unter dem Regenbogen uns nicht ins Gespräch bringen, fliegen wir auch weiterhin unter dem Radar.

Zugegeben: Sich zu verstecken hat den Vorteil, dass man nicht schlecht über uns reden kann. Es hat aber auch den Nachteil, dass man *nicht* über uns redet. Es ist eine selbsterfüllende Prophezeiung: Solange wir uns nicht zeigen, wird man uns nicht wahrnehmen. Solange wir uns mobben lassen, wird das Mobben weitergehen. Solange wir nicht *out and proud* die Karriereleiter hochklettern, wird es auch weiterhin keine offen queeren Vorstände geben.

Indem wir uns unsichtbar machen, vertiefen wir nur die Unsicherheit, die uns oft schon von klein auf begleitet. Wenn du das zulässt, bist du Urheber:in deiner eigenen Ausgrenzung, die oder der sich ihre oder seine Opferrolle selbst auf den Leib schreibt. Natürlich hast du das Recht, bei Missständen mit dem Finger auf die Verantwortlichen zu zeigen. Aber das Zeug zur queeren Top-Manager:in hast du nur, wenn du deine Karriere trotzdem in die eigene Hand nimmst. Mut und Durchsetzungsvermögen sind Kompetenzen, die man erlernen, trainieren und vertiefen kann – und sie sind nicht nur für LGBTIQ*-Mitarbeitende eine Herausforderung. Doch zuerst musst du aufhören, dich selbst zu bemitleiden und auf unsichtbare Held:innen zu warten. Zuerst musst du dich selbst annehmen und deine eigene Heldin oder dein eigener Held werden.

Angst ist das Gegenteil von Freiheit. Der Weg in die Chef:innenetage führt über den Weg aus der Opferrolle hinaus.

Maximilians[89] Story:
Mit dem Rücken zur Wand

Vor einiger Zeit arbeitete ich in einem recht jungen Team. Das Tech-Start-up war ein Tochterunternehmen einer größeren süddeutschen Organisation. Ich hatte dort nie einen Hehl daraus gemacht, dass ich schwul bin. Natürlich wusste ich, dass der eine damit besser zurechtkam als der andere. Wenn jemand über mich lästerte oder vielleicht sogar gegen mich arbeitete, geschah das wohl eher hinter vorgehaltener Hand. Jedenfalls bekam ich meistens nicht viel davon mit.

Zu einem offenen Zwischenfall kam es erst, als eine Dienstreise zu einer Messe nach San Francisco geplant wurde. Wie das in Messezeiten oft der Fall ist, waren bezahlbare Hotelzimmer rar. So kam die Frage auf, wer sich mit wem eines der sündhaft teuren Hotelzimmer im Silicon Valley teilen könnte.

Da meldete sich mitten in der Diskussion einer der Kollegen aus dem Mutterkonzern zu Wort. Nicht nur war er Manager, sondern auch von eindrucksvoller Statur; seine Hobbys waren Reiten und Klassengesellschaft. Deshalb war er wohl nicht an Widerworte gewöhnt und führte sich gern auf wie die Axt im Walde. Wie alle anderen wusste natürlich auch er um mein Schwulsein. Mit einem überheblichen Grinsen dröhnte er in die Runde: »Wer will denn schon mit Maximilian das Zimmer teilen?«

Da sagte ich zu ihm: »Weißt du was? Solange du mit dem Rücken zur Wand schläfst, brauchst du keine Angst haben.« In einem solchen Meeting mit lauter Kollegen, mit denen ich ein gutes Verhältnis hatte, war so ein Spruch natürlich der Knaller. Die meisten Kollegen lachten und grölten, und der Witz ging eindeutig nicht auf meine Kosten.
Nur meinem homophoben Angreifer war augenscheinlich gar nicht zum Lachen zumute. Das überhebliche Grinsen fiel ihm regelrecht aus dem Gesicht. Ich habe danach nie wieder ein einziges blödes Wort von ihm an meine Adresse gehört.

Das Prinzip Selbstakzeptanz

So eine Retourkutsche wie Maximilian in dieser Geschichte kann man natürlich nur fahren, wenn man mit sich selbst und seiner Identität im Reinen ist. Tatsächlich ist das meiner Erfahrung nach genau der Punkt, an dem jede Strategie der Selbstbehauptung ansetzt: die Selbstakzeptanz.

Solange du dich selbst nicht angenommen hast, wirst du nie aus einer Position der Stärke gegen Homophobie und Diskriminierung antreten können. Das ist der Grund, warum die rücksichtslosen »Erfolgstypen« in der Männerwirtschaft so oft leichtes Spiel mit schwulen Kollegen und Kontrahenten haben. Schon ein kleiner Rest von internalisierter Homophobie genügt, um in Deckung zu gehen, statt sich zu wehren und damit möglicherweise Aufsehen zu erregen. Einen unsicheren schwulen Mann kleinzuhalten, ist für einen selbstgewissen heterosexuellen Karrieristen ein Kinderspiel. Besonders wenn der schwule Kollege am Arbeitsplatz nicht voll geoutet ist.

In dem Moment, wo du keine Angst mehr vor der Sichtbarkeit hast, läuft der Mobber mit seiner Strategie ins Leere. Wenn er spürt, dass du in deiner Identität ruhst, muss er einsehen, dass er nicht auf deine Schwäche setzen kann. In sehr vielen Fällen wird das allein schon ausreichen, damit er von dir ablässt. Täter suchen Opfer, keine Gegner. Täterinnen auch.

Gerade habe ich betont, dass wir uns bei jedem blöden Spruch, jeder Ungerechtigkeit und jedem Angriff entscheiden, ob wir uns in die Opferrolle ergeben oder uns wehren. Hier ist das Problem: Wir treffen diese Entscheidung oft sehr situativ aus dem Moment heraus – und unbewusst. Und solange du dich nicht vollkommen angenommen hast, wirst du dich spontan eher fürs Schweigen entscheiden. Manchmal scheitert eine angemessene Reaktion schon daran, dass wir uns gar nicht klarmachen, dass wir gerade diskriminiert werden. Deshalb besteht der erste Schritt zu mehr Wehrhaftigkeit darin, dass du deine Gefühle und Bedürfnisse bewusst wahrnimmst und dir die Erlaubnis gibst, danach zu handeln.

Ja, du darfst dich wehren. Ja, du darfst sichtbar werden. Ja, du bist das Aufsehen wert.

Ein weiterer Grund, warum viele LGBTIQ*-Menschen sich der Benachteiligung ergeben, ist die Gewohnheit – denn in gewisser Weise ist die Opferrolle ja auch bequem. Als queere Person hast du eine gute Ausrede, um nicht erfolgreich(er) zu werden und dich nicht gegen deine Konkurrent:innen durchzusetzen. Du wirst immer wieder bei der Beförderung übergangen, weil andere mit unfairen Mitteln kämpfen.

Stimmt. Und jetzt? Willst du wirklich im wahrsten Sinne des Wortes deine Karriere »opfern«, nur weil es einfacher ist? Wenn du zu denen gehörst, die sich in der queeren Karrierefalle gefangen glauben: Es ist nie zu spät, sich zu wehren. Einmal Opfer, immer Opfer? Dieses Täter:innen-Mantra kannst du dir getrost aus dem Kopf schlagen. Wenn du im ersten Moment zu gelähmt warst, um zu reagieren, tu es später. Wenn du deine Gefühle und Bedürfnisse bisher unterdrückt hast, hör ab sofort auf deinen Bauch. Wenn du bisher dachtest, so was muss man als queere Person eben aushalten, denk nochmal nach. Wenn du in der Vergangenheit immer deine Interessen zurückgestellt hast, beginne damit, sie zu vertreten wie jede:r andere. Wer damit nicht klarkommt, war auch vorher nicht dein:e Freund:in. Und wenn du bisher dachtest, unter dem Radar zu fliegen sei die bessere Karrierestrategie, leg dir ganz schnell eine mentale Löschtaste für solche Gedanken zu.

Erst wenn du mit dir im Reinen bist, kannst du für dich einstehen. Lass dich bei diesem Prozess von einem:r Coach:in oder Therapeut:in begleiten, wenn es nötig ist, aber schieb ihn nicht länger auf. Nur eine selbstbewusste queere Persönlichkeit kann offen Karriere machen. Selbstakzeptanz ist für uns die Grundlage der Selbstbehauptung; ohne sie wirst du jeden Schritt auf unnötig wackligen Beinen gehen, und jeder Gegenwind kann dich umpusten.

Solange du noch mittendrin steckst in diesem Prozess, brauchst du manchmal vielleicht einen kleinen Schubser, um nicht in alte Muster zu verfallen. Hier ist eine Starthilfe, die dir in herausfordernden Situationen als Krücke dienen kann: Wenn du es dir selbst (noch) nicht wert bist, denk an die anderen, die von denselben Täter:innen diskriminiert und gemobbt werden.

Warum, mögen manche heterosexuellen Leser:innen sich fragen, sollte mein schwuler Kollege sich diskriminieren lassen? Der wird schon was sagen, wenn er sich belästigt fühlt! Dasselbe gilt übrigens auch für viele Frauen, ob queer oder nicht, die mir im Coaching von männlichem Dominanzgehabe berichten. Genau aus dieser Denkweise entsteht das Klima der Achtlosigkeit und Ignoranz, in dem Diskriminierung gedeihen kann. Es gibt Frauen und Männer, die Diskriminierung ignorieren, um sich selbst nicht als Opfer betrachten zu müssen. Wer will sich schon gern eingestehen, dass er unterdrückt wird? Dann lieber stillhalten und das verletzende Verhalten ignorieren. Was kann ich als Einzelne:r schon dagegen ausrichten? Auch viele Frauen tappen in diese Falle. Weil sie »zu nett« sind, werden sie als harmlos wahrgenommen. Weil sie sich davor fürchten, als eben »typisch Frau« und »zu emotional« abgestempelt zu werden, halten sie den Mund. Davon geht die Diskriminierung aber nicht weg, ganz im Gegenteil: Damit machst du es den Tätern nur noch leichter, dich zu missachten und zu übergehen.

»Eigentlich würde ich gern öfter mal etwas sagen, wenn ein Kollege sich danebenbenimmt. Aber ich befürchte, dass es dann sofort wieder heißt: ›Ist die aber zickig!‹«

Kommt dir das bekannt vor? So oder so ähnlich höre ich das immer wieder von meinen Coachees. Wie die Angst vor dem Karriereknick ist auch das ein Thema, das vor allem in deinem Kopf stattfindet. Nicht du liegst falsch mit deinem Gefühl der Verletzung. Was falsch ist, ist die Zuschreibung als »zickig«. Selbstverständlich darfst, kannst und sollst du dich dagegen wehren! Wenn manche Frauen und manche schwulen Männer sich selbst gegenüber auch nur halb so empathisch wären wie für den Rest der Welt, wäre die Emanzipation am Arbeitsplatz schon um Lichtjahre weiter.

Wenn ihr, liebe Cis-Männer, das nächste Mal eine Kollegin oder einen Kollegen als »zickig« wahrnehmt: Vielleicht denkt ihr mal darüber nach, warum diese Person sich gerade so verhält. In der Regel werdet ihr feststellen, dass sie die Krallen ausfährt, weil sie angegriffen oder übergangen wird.

Marks Story:
Das vermeintliche Problem mit den Frauen

Bei meinem letzten Arbeitgeber konnte ich mich häufiger davon überzeugen, wie viel Unwissen in den Firmen beim Thema Geschlechtsidentität herrscht. Zum Beispiel hörte ich einmal bei einem Workshop ein Pausengespräch mehrerer männlicher Führungskräfte, die direkt neben mir standen. Es drehte sich um einen Vice President, der gerade gekündigt hatte.
»Ich habe gehört, dass er viele Schwierigkeiten mit dem Team hatte«, sagte einer der drei plaudernden Manager zu den anderen beiden.
»Vielleicht liegt es ja daran, dass er auf Männer steht und mit Frauen ein Problem hat«, erwiderte ein anderer.
Das konnte ich einfach nicht überhören. Ich drehte mich zu den dreien um und sagte: »Sorry, Leute, ich will mich ja nicht einmischen. Aber Schwule haben in der Regel mit Frauen kein Problem, auch kein Führungsproblem.«
Die drei schauten mich völlig irritiert an. Nach einem Moment des kollektiven Schweigens fragte einer von ihnen: »Woher willst du das denn wissen?«
»Weil ich auch schwul bin«, antwortete ich.
»Wie, du bist schwul?«, kam es noch irritierter zurück als vorher. »Du hast doch gerade geheiratet!«
»Ja. Und zwar den Mann, mit dem ich seit zehn Jahren zusammen bin.«
»Ach! Wie? Das ist ja ... Also, erzähl mal!«
Also berichtete ich ihnen vom meistens doch sehr entspannten Umgang zwischen Frauen und schwulen Männern – weil die Damen sich bei schwulen Männern einfach darauf verlassen können, dass wir nicht sexistisch sind. »Der Kollege, der gekündigt hat, mag irgendein Problem mit seinem Team

haben,« sagte ich abschließend, »aber das hat sicher nichts damit zu tun, dass er schwul ist.«
Ich war über die Naivität verblüfft, die da herrschte. Bei den dreien war einfach nur ehrliches Nichtwissen der Grund für ihre falschen Schlüsse. Und das war nicht irgendjemand, das waren hohe Führungskräfte. Aber die hatten einfach überhaupt keine Ahnung – nicht mal von mir, mit dem sie jeden Tag zu tun hatten! Die drei hatten mir herzlich zur Hochzeit gratuliert. Sie hatten mir eine Karte geschrieben. Sie hatten mir sogar eine Magnum-Flasche Champagner geschenkt. Ich war fest davon ausgegangen, dass sie Bescheid wussten. Aber obwohl ich mich nie versteckt hatte und als offen schwuler Mann jeden Tag vor ihrer Nase herumlief, waren sie offenbar felsenfest davon überzeugt: Wenn wir dem zur Hochzeit gratulieren, dann heiratet der eine Frau. Selbst wenn ich von »meinem Partner« gesprochen hatte, hatten sie den in ihren Köpfen scheinbar ganz selbstverständlich zur Frau umgedeutet. Das muss man sich als schwuler Mann auch erst mal klarmachen: Die hören das, was sie hören wollen, und den Rest überhören sie. Da wurde mir klar, warum es so wichtig ist, dass es auch Heteros gibt, die ein Bewusstsein für das Thema haben und Diversity in ihren Teams promoten. Denen muss man Infos und Kontext geben. Wer sollte das tun, wenn nicht wir?

Die drei Erfolgsstrategien der Selbstbehauptung

Recht hat er, der Mark. Wer, wenn nicht wir? Die Logik hinter dieser Forderung erschließt sich jeder und jedem. Wer mit sich selbst im Reinen ist, kann nicht nur selbstbewusst Karriere machen und sich im Alltag behaupten, sondern auch andere aus seiner Position der Stärke heraus besser unterstützen. Für (schwule) Führungskräfte ist Selbstakzeptanz deshalb eine Kernkompetenz – und nicht nur für sie.

Und doch zögern viele, wenn sie eine Chance zur Einmischung hätten. Warum? Weil eben leider nicht jeder ein Vorbild wie Mark vor der Nase hat, das zeigt, wie es geht – sondern eher einen Sattelberger, der das genaue Gegenteil vorlebt.

Hier ist die gute Nachricht: Selbstbehauptung ist nicht (mehr) halb so schwierig, wie die Klemmschwestern im Maßanzug es immer noch wirken lassen. Selbstbehauptung ist eine Lebenseinstellung und eine Karrierekompetenz, die du annehmen, anwenden und ausbauen kannst. Der Weg ist sicher individuell, die Herausforderungen sind unterschiedlich, das Wachstum ist variabel – je nachdem, von wo du losläufst. Doch es gibt drei universelle Strategien, die dir an jedem Punkt dieser Entwicklungskurve helfen werden. Sie sorgen dafür, dass die Haltung zur Selbstverständlichkeit wird und die Methode dir in Fleisch und Blut übergeht: Mindset, Konfrontationsvermögen, Konsequenz.

Mindset: Wie nehme ich es wahr?
Ob du dich gegen offene Diskriminierung zur Wehr setzen musst oder Augenhöhe mit deinen Kolleg:innen herstellen willst, um Chancengleichheit zu wahren: Wenn du nicht mit dem richtigen Mindset unterwegs bist, wirst du dir bei deiner Karriere permanent selbst im Weg stehen. Und nicht nur das: Du wirst auch die gewähren lassen, die deine sexuelle Identität zu ihrem Vorteil nutzen und dich übergehen wollen.

Die erste der drei Erfolgsstrategien betrifft deine eigene, innere Einstellung: Du musst dir selbst die Karriere zutrauen, die du machen willst. Enorm hilfreich bei der Arbeit an einem selbstbewussten, positiven Mindset ist ein Prinzip aus der

Psychologie: die sogenannte Selbstwirksamkeitsüberzeugung. Sie bildet die Basis der Selbstakzeptanz, denn sie ist nötig, um dich in ein stabiles, positives Mindset zu versetzen.

Die Selbstwirksamkeitsüberzeugung ist in der Psychologie ein zentraler Bestandteil der Selbstentwicklung. Oft wird sie auch als »Kontrolle« bezeichnet. Wer mit sich selbst im Reinen ist, glaubt daran, dass er Kontrolle über die Dinge hat – also fähig ist, mit seinem Verhalten eine bestimmte Wirkung zu erzielen oder auch zu verhindern.[90] Die Frage lautet also: Wie stark bist du von deiner eigenen Wirksamkeit in der Welt überzeugt?

Das Verhalten von Maximilian im Meeting gegenüber dem homophoben Kollegen ist ein gutes Beispiel dafür. Er ließ sich nicht zum Opfer machen, sondern drehte die unangenehme Situation zu seinem Vorteil. Das konnte er nur, weil er mit sich und seiner Umgebung im Reinen war. Er wusste: Wenn ich ihn nicht lasse, kann der Kerl nicht gewinnen – denn nicht ich bin hier falsch, sondern er. Von diesem Standpunkt aus ist der Rest nur noch eine Frage der richtigen Worte.

Den Opfer-Modus durchbrichst du aber schon allein damit, dass du überhaupt etwas sagst. »Nicht schweigen« ist der oberste Grundsatz der Selbstbehauptung! Der erste und wichtigste Schritt, den du gehen musst, ist der von der Unsichtbarkeit in die Sichtbarkeit. Sobald du offen mit dem Thema umgehst und nicht mehr glaubst, dich verstecken zu müssen, hast du es in jeder herausfordernden Situation leichter, die dir zukünftig begegnen wird.

An deiner Selbstwirksamkeitsüberzeugung kannst du arbeiten – mit einfachen Werkzeugen wie einem Erfolgstagebuch oder Dankbarkeitsübungen, und natürlich auch mit professioneller Unterstützung. Wenn du zu denen gehörst, die sich in unangenehmen Situationen lieber wegducken und ihre Verletzungen in sich hineinfressen, rate ich dir dringend dazu, an dieser Stelle einmal genauer hinzuschauen. Du stehst mit diesem Opfer-Verhalten nicht nur deiner eigenen Karriere im Weg. Indem du deine negativen Gefühle immer weiter aufstaust, setzt du dich auch hohem emotionalem Stress aus. Damit fügst du deiner Gesundheit auf Dauer ernsthaften Schaden zu.

Nicht nur queere Menschen, die aus mangelnder Selbstakzeptanz auf Karrieremöglichkeiten verzichten, haben häufig Probleme mit ihrer mentalen Gesundheit. Auch jene, die im Tarnkappenmodus Karriere machen, sind davon betroffen. Sie wählen ebenfalls diesen Weg, weil sie sich selbst nicht angenommen haben. Deshalb sind sie trotz beruflichem Erfolg oft alles andere als glücklich. Was nützt mir die eindrucksvollste Karriere, wenn ich nicht einmal ich selbst sein und sie mit niemandem teilen kann?

Wer in sich ruht, kann außerdem andere aus seiner Position der Stärke heraus besser unterstützen. Für LGBTIQ*-Führungskräfte ist Selbstakzeptanz deshalb eine Kernkompetenz – und nicht nur für sie.

Konfrontationsvermögen: Wie spreche ich es an?
Je nachdem, wie dein Outing im privaten Umfeld verlaufen ist, magst du am Arbeitsplatz mehr oder weniger Lust auf Konfrontation haben. Vielleicht hast du ein relativ großes Harmoniebedürfnis und möchtest dich bei Kollegen und Vorgesetzten nicht unbeliebt machen, oder du bist einfach eher introvertiert. Vielleicht ist es bei dir aber auch genau umgekehrt: Du fühlst dich schnell angegriffen und reagierst schon mal über.

In beiden Fällen wird es dir bei der Selbstbehauptung helfen, deine Haltung zum Begriff der Konfrontation zu überdenken. Die ist nämlich ein sehr hilfreiches Werkzeug im Alltag.

Der Begriff *Konfrontation* stammt ursprünglich aus der Gerichtssprache des 17. Jahrhunderts. Damals meinte man mit »Konfrontieren« das »Gegenüberstellen« von Personen, Meinungen, Sachverhalten. Zum Beispiel wurde es als Konfrontation bezeichnet, wenn die Aussagen zweier Zeugen mit unterschiedlichen Versionen des Geschehens gegenübergestellt wurden. Etymologisch ist das Wort vom lateinischen frons (Stirn, Vorderseite) abgeleitet und bedeutet wörtlich übersetzt so viel wie »Stirn gegen Stirn zusammenstellen« – eher also eine Form der intellektuellen Betrachtung, als dass zwei Parteien aufeinander losgelassen werden, um einen Konflikt auszutragen. Heute ist der Begriff eher negativ belegt, was dem Ursprungsgedanken einer klärenden Gegenüberstellung ein Stück weit widerspricht.[91]

Eine Konfrontation ist nichts, dem man ausweichen müsste, im Gegenteil: Du wirst im Laufe deiner Karriere immer wieder in Situationen kommen, in denen eine Konfrontation unausweichlich ist. Letztlich ist jede Debatte über unterschiedliche Sichtweisen in deinem Team eine Konfrontation. Sie ist etwas, das du nicht scheuen solltest. Betrachte Konfrontationen als Zwischenstadien auf dem Weg zu einer Klärung – nicht als unangenehme Ereignisse, denen es auszuweichen gilt. Wenn du mit dem Begriff trotzdem Schwierigkeiten hast, biete ich dir gern eine Alternative an: charmante Penetranz.

Der Gedanke hinter beiden Begriffen ist derselbe. Du wirst deine Situation am Arbeitsplatz nur verbessern können, wenn du notwendigen Klärungen nicht mehr ausweichst – nicht beim ersten Mal, und auch beim zweiten und dritten Mal nicht. Das bedeutet aber nicht, dass du bei diesen Konfrontationen gleich aus dem Anzug springen und die Krallen ausfahren müsstest. Ganz im Gegenteil: Mit Empathie und Humor kannst du in Fällen von Ignoranz und Unachtsamkeit oft mehr erreichen als mit den schweren Geschützen, die du bei systematischer Homophobie und gezielter Diskriminierung auffahren möchtest und solltest.

Konfrontationsvermögen bedeutet also nicht, dass du dich auf einen Kampf auf Leben und Tod mit deinen Kolleg:innen und Vorgesetzten einlässt. Es bedeutet, dass du deutlich ansprichst, was im Raum steht – und zwar so sympathisch, wie dein Gegenüber es deiner Meinung nach verdient. Manchmal mag es dir sogar leidtun, ganz netten und unterhaltsamen Kollegen ihre unachtsamen Bemerkungen im Meeting zu spiegeln. Das ändert aber nichts daran, dass es notwendig ist. In solchen Situationen, wie auch in den weniger harmlosen, macht der Ton die Musik.

Bei so einer Konfrontation ist es überhaupt nicht notwendig, dass die Fetzen fliegen, bis eine:r heult. Es geht ja nicht darum, einen Kampf zu gewinnen, sondern darum, dass sich eine Situation und möglicherweise ein ganzes Klima zum Besseren verändert. Deshalb musst du auch keinen Schlagfertigkeitsratgeber mit schlauen Sprüchen auswendig lernen, um konfrontationsfähig zu sein. Wichtig ist nur, dass du eine Methode hast, wie du Dinge ansprechen kannst, wenn es notwendig ist – und dich damit sicher und wohl genug fühlst, dass du es auch wirklich tust.

Eine klare und zugleich faire Konfrontation kann durchaus mit einer empathischen Hinleitung beginnen, etwa so:

»Ich verstehe, dass Sie gerade einen Witz machen wollten und sich nichts Böses dabei gedacht haben.«

Um von vornherein einer Diskussion aus dem Weg zu gehen, was gesagt wurde und was nicht, kannst du die Äußerung oder das Verhalten noch einmal zitieren, um das es geht: »Du hast gerade gesagt ...«

So eingeleitet, wird dein Gegenüber schon wesentlich eher

aufnahmebereit sein, wenn du das eigentliche Problem ansprichst – nämlich was dieses Verhalten mit dir macht – und dich klar dagegen abgrenzt. Wenn es dir unangenehm ist, musst du deine persönliche Betroffenheit nicht extra hervorheben:

»Mir ist es wichtig, dass wir beim Thema Sprache sensibel sind. Ich könnte mir vorstellen, dass eine solche Äußerung jemanden verletzen könnte.«

Genauso könnte das übrigens auch eine anwesende Führungskraft anstelle der oder des Betroffenen moderieren – kleiner Zaunpfahl für euch, liebe heterosexuelle Führungskräfte.

Ganz wichtig ist, dass du zum Schluss eine konkrete Handlungsoption folgen lässt. Sonst weiß die oder der ahnungslose Gesprächspartner:in möglicherweise nicht, was von ihr oder ihm erwartet wird. »Deshalb bitte ich Sie, solche Sprüche in Zukunft zu unterlassen.«

Das ist das grundsätzliche Schema einer verbalen Konfrontation, die geeignet ist, eine Situation zu klären. Ob es nun um einen blöden Witz im Meeting geht oder du deinen Chef damit konfrontierst, dass er dich bei einer Beförderung übergangen hat, das Prinzip ist immer dasselbe: Du kommunizierst Beobachtung, Gefühl, Bedürfnis und Bitte. Dieser Ansatz beruht auf der Theorie der Gewaltfreien Kommunikation (GfK) nach Marshall B. Rosenberg und ist auf fast jede Situation im Alltag anwendbar, in der du dich und deine Interessen vertreten oder dich klar abgrenzen willst.

Selbstverständlich kannst du deine Worte nach Belieben ausschmücken. Wichtig ist, dass du dir sowohl emotional als auch sprachlich treu bleibst. Dann können andere deine Reaktion und auch den Handlungsbedarf nämlich am besten verstehen und annehmen.

Konsequenz: Wie ändere ich es?
Die dritte und letzte Strategie, die dir bei deiner Karriere gute Dienste leisten wird, ist Haltung und Verhalten zugleich: Selbstbehauptung funktioniert auf Dauer nur, wenn du konsequent dranbleibst. Nicht jedes Thema ist nach einer klaren Ansage erledigt; oft wird es einige Follow-ups brauchen, um einen Kulturwandel in Gang zu setzen – wie überschaubar er auch sein mag.

Wichtig ist Konsequenz aus zwei Gründen. Zum einen, weil du selbst einknicken könntest. Wenn du plötzlich selbstbewusst für deine Interessen einstehst und dir keinen Blödsinn mehr gefallen lässt, kann es durchaus sein, dass du Gegenwind bekommst. Je nachdem, wie resilient du aufgestellt bist und wie aggressiv dein Umfeld drauf ist, magst du in Versuchung geraten, einzuknicken und dich wieder in die Opferrolle zurückdrängen zu lassen. Zum anderen räumt man Unachtsamkeit und Ignoranz, geschweige denn Homophobie und Diskriminierung, nicht von einem Tag auf den nächsten aus. Das ist ein Prozess, zu dem du dich bekennen musst. Das Nachhaltigkeitsprinzip verlangt, dass du dranbleibst und konsequent immer wieder aufs Neue sagst, was gesagt werden muss.

Manchmal reicht es schon, ein paarmal konsequent, also verlässlich zu reagieren, damit andere verstehen, dass sich ihr Verhalten ändern muss. Wenn es sich allerdings um bewusstes, absichtliches Verhalten handelt, rate ich dir dringend dazu, deine Reaktionsweise nach und nach zu steigern. Wie charmant und empathisch du in deiner Penetranz dabei jeweils noch sein möchtest, bleibt letztlich dir überlassen. Deinen eigenen konsequenten Umgang mit anhaltenden Arbeitsplatz- und Karrierethemen zu finden ist ein anspruchsvoller, hochindividueller Prozess, bei dem du möglicherweise von professioneller Begleitung profitieren kannst – besonders, wenn du zu denen gehörst, die sich als »zu nett« wahrnehmen.

Ein homophober Konkurrent, der dich ausbooten will, wird nicht damit aufhören, weil du ihn einmal nett darum gebeten hast. Ebenso wenig wird eine diskriminierende Führungskraft sich plötzlich entscheiden, dich nicht mehr zu übergehen, weil du deine Ansprüche inzwischen vernehmbar angemeldet hast. Bei solchen tief sitzenden, systematischen Ausgrenzungsproblemen wirst du nicht darum herumkommen, in mehreren Eskalationsstufen vorzugehen und deine Reaktion mit jedem Mal zu steigern.

Ein wirkungsvoller Start in einen solchen Steigerungsprozess ist eine prägnante Nachfrage als letzte Warnung: »Wir hatten doch beim letzten Mal besprochen, dass ... Was genau hast du von dem, was ich da gesagt habe, nicht verstanden? Wenn du das trotz unserer Vereinbarung weiterhin tust, muss und werde ich beim nächsten Mal etwas kraftvollere Schritte einleiten.«

Manche haben Angst, dass sie in dieser Steigerungsschleife über lange Zeit gefangen sein werden und permanent Dinge sagen und tun müssen, die ihnen eigentlich unangenehm sind. Das ist allerdings ein Trugschluss. Je konsequenter du dich verhältst, desto schneller wird man dich mit mehr Respekt behandeln und desto mehr wird man dir zutrauen – auch beruflich. Oft braucht es gar nicht viel an Steigerung, weil du mit dem ersten Mal bereits ein Exempel statuiert hast.

Wichtig ist, dass du nicht aus heiterem Himmel eskalierst, sondern konsequent. Kündige bei jeder Entgleisung an, was du beim nächsten Mal tun wirst, falls die Situation sich wiederholen sollte. Noch wichtiger als diese verlässliche Steigerung ist allerdings, dass du dieses Versprechen dann auch wirklich einlöst. Als konsequent wirst du nur wahrgenommen, wenn deinen Worten auch Taten folgen. Wenn du einem homophoben Kollegen in Aussicht stellst, beim nächsten Mal zum nächsthöheren Vorgesetzten zu gehen – suche letzteren schnellstmöglich auf. Biete dem Kollegen möglicherweise sogar an, dich dorthin zu begleiten, damit keine Zweifel aufkommen. Wenn jemand dich fortgesetzt beleidigt und du drohst, juristische Unterstützung einzubeziehen – ruf noch am selben Tag deine Anwältin oder deinen Anwalt an. Wenn du bei Projekten wiederholt ausgebootet wirst und in den Raum stellst, die Personalabteilung, den Betriebsrat oder den Vorstand einzubeziehen – zögere nicht, es dann auch zu tun.

Konsequenz verschafft dir Respekt. Von denen, die es ernst mit dir und der Inklusion meinen, wird sie geschätzt. In Bezug auf deine Karriere- und Führungsambitionen wird sie einen von zwei Effekten haben: In einem Unternehmen, in dem Führung als integrative Kommunikationsaufgabe verstanden wird, qualifizierst du dich damit für höhere Aufgaben. In einer Firma, die als Führungsstrategie das Prinzip Blackbox praktiziert, wirst du dich als konsequente Persönlichkeit disqualifizieren. Und das ist auch gut so, denn dort hat niemand ein Interesse an Augenhöhe.

Kein Bonus für die Führung

Möglicherweise wirst du dich mit diesen drei Strategien in einigen Situationen besser zurechtfinden als in anderen. Höchstwahrscheinlich wird dir Selbstbehauptung auch manchen Menschen gegenüber leichter fallen als in der Konfrontation mit anderen. Das ist nur natürlich. Der Arbeitsalltag ist für die meisten Menschen auch so schon anspruchsvoll genug; zusätzliche Baustellen braucht eigentlich keine:r. Deshalb ist es wichtig, dass du deine individuellen Bedürfnisse und Gefühle wahr- und ernst nimmst und deine Kräfte entlang deiner Prioritäten einteilst. Dass du dich als Mensch respektiert fühlst und dir ein Umfeld schaffst, in dem du dein Potenzial entfalten kannst, ist nicht etwa ein Luxusproblem, sondern hat obersten Vorrang.

Ich erinnere mich gut an eine Geschichte, die ich in einem Workshop mit einem Team aus der Gastronomie gehört habe. In dem Betrieb gab es eine stellvertretende Küchenleiterin, die von allen gefürchtet wurde. Jeder hatte Angst vor dem Tag, an dem der eigentliche, bei seinen Mitarbeitern sehr beliebte Küchenchef in Urlaub ging und die Stellvertreterin das Zepter übernahm. Das Problem war ihr Kommunikationsverhalten. Ihre Zunge war schärfer als ihr Messer. Sie war laut, beleidigend und aggressiv. Bei jeder Kleinigkeit brüllte sie, dass die Sauce im Topf Wellen schlug. Jeden Tag rasierte sie mehrere Mitarbeiter ab und schuf damit ein Klima der Angst. Ständig fragten die Köche und Hilfskräfte sich, wer wohl als Nächster würde dran glauben müssen.

Der Küchenchef unternahm nichts dagegen, denn er bekam von ihrem Verhalten nichts mit. Sie führte sich nur so auf, wenn er nicht da war und sie das Sagen hatte. Jahrelang traute sich niemand aus dem Team, sich gegen die Kollegin zur Wehr zu setzen, und so wurde ihr Verhalten mit der Zeit nur noch schlimmer. Und wer war es schließlich, der ihr Einhalt gebot? Der junge Azubi. Nachdem er wieder einmal zum jüngsten Opfer einer ihrer Schimpftiraden geworden war, baute er sich vor ihr auf, blickte ihr in die Augen und sagte: »Frau Schmidt, so sprechen Sie nicht mit mir. Keinen einzigen weiteren Tag. Haben Sie das verstanden, ein- für allemal? Es reicht! Lassen Sie das!«

Die gesamte Küche hielt die Luft an. Am liebsten hätten sicher alle applaudiert und gejohlt, doch die kollektive Angst überwog. Ganz bestimmt würde sie in die Luft gehen und den jungen Kollegen auf der Stelle hochkantig rauswerfen. Stattdessen geschah etwas ganz anderes: Von diesem Tag an war die Führungsterroristin vom Dienst wie ausgewechselt. Und das nicht nur dem Azubi gegenüber, sondern vor dem gesamten Team. Offensichtlich hatte sie geglaubt, so führen zu müssen, um sich durchzusetzen. Da ihr nie jemand Kontra gegeben hatte, hatte dieser Stil sich eingeschliffen – bis endlich jemand den Mut aufgebracht hatte, daran etwas zu ändern.

Mit vielen der kulturellen Probleme, auf die du an deinem Arbeitsplatz stößt, verhält es sich ähnlich. Wenn schwule Männer in deinem Umfeld noch keine Lobby haben, liegt das sehr oft daran, dass noch niemand Lobbyarbeit gemacht und einmal deutlich die Stimme erhoben hat. Wenn die Kollegen sich gern über Schwulenwitze amüsieren oder schlecht über Frauen reden, hat ihnen schlicht noch niemand Einhalt geboten. Wenn LGBTIQ*-Menschen in deiner Firma nicht aufsteigen und alle Führungspositionen von Cis-Männern besetzt sind, liegt das wahrscheinlich daran, dass intern deren Dominanzkultur geduldet wird und sie extern die Nachteile am Arbeitsmarkt noch nicht zu spüren bekommen haben.

Wir neigen dazu, Führung als unbeweglich zu betrachten. Allzu leicht nehmen wir hin, wie Vorgesetzte sich verhalten. Selbst wer den Mut hat, sich in seinem Team zu behaupten, schreckt vor Konfrontation und Konsequenz gegenüber der Führung oft zurück. Der Grund ist, dass wir automatisch glauben, dass die Führung die Grenzen setzt, nicht die Mitarbeiter.

Das ist ein Irrtum, an dem du verzweifeln kannst. Es gehört zum Programm der Selbstbehauptung dazu, dass du ihn überwindest. Die wenigsten Vorgesetzten sind aufgeklärt und empathisch genug, um darauf zu achten, dass du gleichberechtigt behandelt wirst und auch faktisch dieselben Chancen bekommst wie jede und jeder andere. Sehr oft sind es sogar gerade die Führungskräfte, die einen Reminder in Sachen Grenzen und Achtsamkeit brauchen. Sie passen nämlich tendenziell weniger auf und bekommen seltener ehrliches Feedback auf ihr Verhalten. Selbstbehauptung darf vor der Führung nicht haltmachen. In einem Team darf jede:r seine eigenen Grenzen setzen, nicht nur die Chefin oder der Chef.

Du vertrittst deine Interessen. Du kommunizierst deine Bedürfnisse. Du setzt die Grenzen. Du verschaffst dir Respekt. Du räumst die Steine weg, die deiner Karriere im Weg liegen.

All das tust du nicht allein für dich. Du leistest damit einen Beitrag zu einer besseren Arbeitsplatzkultur für sehr viele Menschen. Selbstbehauptung ist eine Kompetenz, die deine Lebensqualität auf eine neue Stufe heben kann. Doch es ist auch eine Form von Aktivismus, die weit über deine Person hinausweist. Selbstbehauptung ist immer auch ein Dienst an der Community. Deshalb kann es sehr erhellend und sehr erhebend sein, ab und zu deinen Impact zu hinterfragen. Wenn deine Karriere dich einmal in neue Dimensionen katapultiert und du dein heutiges Team verlässt: Welches Vermächtnis hinterlässt du denen, die nach dir kommen?

KAPITEL 9
PLÖTZLICH VORBILD

Von der Verantwortung
schwuler Leader

Warum Schwule manchmal nerven

An dieser Stelle wird es wohl langsam Zeit dir zu gestehen, dass ich als schwuler Mann ein paar Klischees nicht erfülle. Zur großen Verunsicherung mancher Menschen, die mich neu kennenlernen, passt mein Lebenswandel nicht so ganz zu dem Bild, das sie von einem schwulen Mann in Köln haben. Das tut mir aufrichtig leid. In einem Moment der Reue habe ich einmal gründlich darüber nachgedacht, warum ich kein besseres Klischee abgebe. Möglicherweise liegt es daran, dass ich mich zu oft da aufhalte, wo die heteronormative Mehrheit sich rumtreibt: im Büro bei einem meiner Workshops, zu Hause im Pfarrhaus, am Rhein beim Laufen. Mit so einem abgedrehten Lebensstil kann ich die Rollenerwartung vieler Menschen an einen schwulen Influencer natürlich nicht erfüllen, und ich schäme mich sehr dafür.

Dafür tue ich im Rahmen meines spießigen Lebensentwurfs zwischen Kund:innengesprächen und Gottesdiensten aber wirklich mein Bestes, um Menschen angemessen zu irritieren – wenn sie es verdient haben. Nicht, weil ich Freude daran hätte, aufzufallen oder den Regelbetrieb zu stören. Ich reibe mir nicht die Hände und grinse in mich hinein, wenn ich mal wieder das Sandkorn im gut geölten Getriebe eines bürokratischen Prozesses oder eines eingespielten Normalbetriebs bin – zum Beispiel der Lebenspartner beim formellen Dinner, wo eigentlich eine Ehegattin vorgesehen wäre. Ganz im Gegenteil: Mir selbst gehen die Interventionen, die manchmal nötig sind, mindestens genauso auf die Nerven wie den aufgeschreckten Bürokrat:innen und Normalitätsverwalter:innen, die ich aus ihrer Lethargie rüttele. Es ist nicht so, dass ich gern störe. Es ist vielmehr so, dass ich keine Wahl habe, wenn ich mit mir selbst im Reinen sein und bleiben will.

Bei alldem muss ich anmerken: In einer Stadt wie Köln bin ich noch vergleichsweise verwöhnt, was die typischen bürokratischen Touchpoints angeht. Hier ist man in Ämtern, öffentlichen Einrichtungen, in Gesundheitsbetrieben und im Eventbereich in aller Regel auf Menschen mit nicht heterosexuellen Geschlechtsidentitäten eingestellt. Anderswo knirscht es wesentlich häufiger im Gebälk. Es gibt Finanzämter in Deutschland, die gleichgeschlechtliche Gatt:innen in Steuerangelegenheiten mit »Herr X und Frau Y« anschreiben, weil die Parameter für Serienbriefe eben so eingestellt sind. Wenn wir dort nicht anrufen und für Ordnung sorgen, wohl auch noch im zehnten Ehejahr. Es gibt Mitarbeiter:innen in Krankenhäusern, auch in Großstädten und auch unter Ärzt:innen, die gleichgeschlechtliche Lebenspartner:innen nicht ans Krankenbett ihrer besseren Hälfte lassen wollen, solange man sie nicht zwingt. Wenn dort niemand auf den Tisch haut, müssen Liebende getrennt leiden, und im schlimmsten Fall auch sterben. Und es gibt eben auch Unternehmen in Deutschland, die uns keine andere Wahl lassen, als himmelschreiender Diskriminierung und Mobbing auch mal unangenehm öffentlich mit juristischen Mitteln zu begegnen, um nicht unter die Räder zu kommen.

Wir können nicht immer nett und unauffällig bleiben, wenn wir gleichberechtigt leben wollen – auch wenn vielen von uns das lieber wäre. Manchmal zerreißt es mir das Herz, was Freund:innen und Coachees sich alles gefallen lassen, um nicht »unnötig aufzufallen«, weil sie nicht gern im Fokus der Aufmerksamkeit stehen. Es geht nicht anders: Wir müssen gelegentlich stören, um einfach nur zu bekommen, was für alle anderen recht und billig ist.

Wie die meisten offen schwulen Männer und LGBTQI*-Persönlichkeiten habe ich deshalb eine gewisse Routine darin, Protokolle umzukrempeln und die personifizierte Ausnahme von der Regel zu sein. Trotzdem denke ich manchmal: Das gibt's doch gar nicht! Immer wieder muss ich dann einsehen: Gibt es doch, immer noch. In Ämtern, Konzernen, Vereinen bestimmen Protokolle den Alltag, die Menschen in ein Schema pressen, damit der Laden schön effizient läuft. Wer den Laden ändern will, muss zuerst das Protokoll ändern.

Deshalb macht man sich als schwuler Mann schon mal unbeliebt, wenn man die sauber abgegrenzte Klischeezone verlässt und am »normalen« Leben teilnehmen will. Ich habe mich daran gewöhnt, hin und wieder der Störenfried zu sein. Und nicht nur das: Ich bin stolz darauf. Manchmal muss man nerven, um seiner Verantwortung gerecht zu werden.

Inklusionsabdruck: Dein Beitrag zum Klimawandel

Welchen Einfluss hast du auf die Zukunft der LGBTIQ*-Persönlichkeiten in deutschen Unternehmen? Wenn dir diese Frage eine Nummer zu groß erscheint, möchte ich dich dringend illusionieren, was deine Rolle betrifft. Du hast sehr wohl einen ganz konkreten Einfluss auf den Umgang und die Chancen von Menschen mit nicht-heterosexueller Identität an deinem Arbeitsplatz. Und weil dein Arbeitsplatz nicht vom Rest der Welt isoliert ist und die meisten Branchen heute sehr intensiv vernetzt sind, reicht dieser Einfluss viel weiter, als du vielleicht glaubst.

Auch wenn du es dir bisher nicht unbedingt zugestanden haben magst: Du hinterlässt mit deiner Arbeit und deiner Karriere einen Inklusionsabdruck in der Welt. Was du veränderst, verändert sich nicht nur für dich, sondern mindestens für alle LGBTIQ*-Kolleg:innen, die mit und nach dir in diesem

Unternehmen arbeiten. Vielleicht sogar noch für einen viel größeren Kreis von Menschen, die potenziell benachteiligt werden könnten. Du hilfst, eine Kultur zu entwickeln, aufzuklären und zu professionalisieren. Die Frage ist nicht, *ob* du einen Einfluss auf die Situation aller Nicht-Mainstreamer in deinem direkten und erweiterten Umfeld hast. Den hast du. Die Frage ist einzig und allein, *wie* du deine Schwungmasse nutzt und wie dein Beitrag zum Klimawandel in der deutschen Wirtschaft konkret aussehen wird.

Diese Frage gewinnt noch einmal an Bedeutung, wenn du schon heute oder in Zukunft Führungsverantwortung trägst. Die Vorbildrolle gehört untrennbar zur Stellenbeschreibung einer Führungskraft dazu. Der Unterschied in deinem Fall ist, dass du sie auf ganz spezielle Weise ausfüllen kannst. Denn so wichtig *straight allies* sind, damit unsere Unternehmen auf ihrer ganzen Breite bunter werden: Als Führungskraft hast du eine ganz besondere Wirkung auf alle, die sich ein Vorbild an dir nehmen – die LGBTIQ*-Mitarbeitenden, die dir nacheifern, genauso wie die heterosexuellen Kolleg:innen, die sich an dir als Chef:in orientieren.

Wir haben in diesem Buch viele Worte darüber verloren, wie andere ihren Einfluss genutzt oder auch vergeudet haben. Dabei haben wir auch festgestellt, woran es am meisten hapert, damit sich mehr und schneller ändert: Vorbilder. Was aber kannst du selbst aus deiner Position heraus tun, um die Situation aller zu verbessern? Wenn du dich plötzlich an der Spitze eines Teams oder gar eines Unternehmens wiederfindest: Wie kannst du dieser besonderen Verantwortung gerecht werden? Wie kannst du deine Vorbildrolle ausfüllen?

Der erste Teil der Antwort lautet natürlich auch hier wieder: Selbstbehauptung. Eine Management-Persönlichkeit, die nicht einmal für sich selbst einzustehen in der Lage ist, gibt kein gutes Vorbild ab. Vielmehr vermittelt sie ihren Mitarbeitern: In diesem Unternehmen ist Persönlichkeit unerwünscht – und schlecht für die Karriere. Ein solches, schlechtes Vorbild sorgt dafür, dass sich die Schweigespirale immer tiefer in die Alltagskultur hineinbohrt. Menschen, die für sich selbst einstehen können, führen besser.

Der zweite Teil der Antwort bezieht sich auf deinen Führungsstil – also auf dein Verhalten im Arbeitsalltag. Manch einer behauptet ja, man sollte die eigene Identität aus der operativen Arbeit heraushalten. In der zahlengetriebenen Benchmark-Kultur der Vergangenheit mag das sogar ansatzweise möglich gewesen sein; falsch war es schon immer. Doch je mehr die Arbeitswelt sich vernetzt, je flacher die Hierarchien und je flexibler und individueller die Rollen werden, desto weniger haltbar ist diese Art zu arbeiten und zu führen. Arbeit wird immer persönlicher. Auch deshalb werden Unternehmen ja immer bunter, nicht nur wegen Globalisierung und demografischem Wandel. Was gestern noch ein Nachteil war und auch heute noch oft ein Krampf ist, wird morgen ein Vorteil sein: In der Arbeitswelt der Zukunft, die sich zunehmend vor unseren Augen entfaltet, ist Identitätsbewusstsein ein Asset. Auch deshalb ist Selbstbehauptung eine Karrierekompetenz der Zukunft.

Du kannst Pionier und Wegbereiter dieser Jobkultur werden. Dafür musst du nicht einmal Aktivist und Sprachrohr für LGBTIQ* sein, obwohl wir davon natürlich nie genug haben können. Alles, was du tun musst, um als Leader:in einen Unterschied zu machen, ist Menschen führen – und zwar so, wie nur du es kannst.

Um dir bei dieser alltäglichen Herausforderung ein wenig Orientierung zu geben, habe ich aus all den Best-Practice-Beispielen, aus all den bestürzenden und den ermutigenden Geschichten, aus den bekannten Defiziten und den verschwendeten Chancen, aus der Pionierarbeit mutiger Vorbildfiguren, aus der Studienlage und natürlich auch aus meiner eigenen Erfahrung mit einem bunten Strauß an Unternehmen eine Reihe von Handlungsmöglichkeiten abgeleitet. Keinesfalls ist damit die Vielfalt der Möglichkeiten erschöpft. Mit meinem Entwurf für einen Kodex inklusiver Führungsarbeit geht es mir vor allem darum, die Grundprinzipien und Leitplanken einer Führung abzustecken, die endlich gleiche Rechte und gleiche Chancen für alle schafft.

Ich möchte dich damit anstiften, dir deine eigene Agenda zu setzen. Mit Diversity und Inklusion ist es nämlich wie mit allen Veränderungsthemen: Lieber gestalten als verwalten! Deinen Inklusionsabdruck formst du selbst. Die zehn Impulse des queeren Führungskodex können dich dabei unterstützen.

Der queere Führungskodex: 10 Impulse für inklusives Leadership

1. **Selbsterkenntnis:** Um anderen Menschen ein Vorbild zu sein und dein Team auf neue Wege zu führen, musst du dich zuerst in deiner eigenen Haut wohlfühlen. Nimm dir Zeit für die Selbstaffirmation, die manche LGBTIQ*-Führungskräfte sich selbst verweigern und auch von ihrem Umfeld nicht gespiegelt bekommen: »Ich bin ein wichtiges Rollenvorbild.«
2. **Selbstverständlichkeit:** Erzähle wie selbstverständlich aus deinem Leben, wie alle anderen Kolleg:innen es auch tun. Entziehe dich nicht dem ganz normalen Bürogespräch, verklausuliere deinen Beziehungsstatus nicht mit »meine bessere Hälfte«, und nimm deine Partnerin oder deinen Partner ganz selbstverständlich zu den entsprechenden Anlässen mit.

3. **Statement:** Verfasse für deinen Verantwortungsbereich ein explizites Diversity-Statement. Formuliere es positiv, aber auch unmissverständlich in Sachen Diskriminierung. Das kann bei deiner Vorstellung geschehen, per Rundmail an alle und/oder im Gespräch – Hauptsache, deine Position ist allen klar.
4. **Sprachsensibilität:** Als Führungskraft sendest du immer, und dein Wort hat besonderes Gewicht. Verwende selbst eine bewusste Sprache in allen Identitätsfragen. Ermutige auch dein Team zur Reflexion: Wie klingt das, was wir einander sagen? Thematisiere achtlose und verletzende Sprache und sanktioniere Wort und Tat glasklar nach AGG.
5. **Inklusive Atmosphäre:** Lerne deine Leute kennen. Und dann sorge dafür, dass sich in deinem Bereich jede und jeder wohlfühlen kann – nicht nur schwule Männer, sondern alle Minderheiten, und natürlich nicht nur die. Selektive Inklusion nach Vorlieben ist keine Inklusion. Auch dumme Witze über Linkshänder:innen oder Brillenträger:innen wirken einem inklusiven Klima entgegen.
6. **Unterstützungsangebot:** Mach überdeutlich, dass sich jede:r mit Diskriminierungserfahrungen und Unterstützungsbedarf jederzeit an dich wenden kann – LGBTIQ*-Mitarbeitende genauso wie alle anderen. Beziehe so viele Gruppen wie möglich explizit in die Formulierung ein. Ist sie zu schwammig, glauben viele, sie seien nicht gemeint. Außerdem ist es sinnvoll, solche Einladungen in regelmäßigen Abständen zu wiederholen und damit im Gedächtnis der Menschen zu verankern; es muss ja nicht wöchentlich sein.
7. **Aufklären:** Bilde deine Mitarbeitenden weiter – auch wenn es nicht alle hören wollen. Plane als Themensponsor Zeit dafür ein, dass jedem die nötigen Informationen zur Verfügung stehen. Es gibt ein umfangreiches Weiterbil-

dungsangebot zu Vielfaltsthemen. Du kannst auch Leute aus den eigenen Reihen von ihren Erfahrungen berichten oder in einem kleinen Talk zu Wort kommen lassen.
8. **Konstruktives Kapern:** Nutze vorhandene Formate, um Diversity und Inklusion eine Bühne zu bereiten. Wenn du beispielsweise bei Konferenzen oder internen Veranstaltungen Präsentationen zu Führungsthemen hältst, kannst du die Gelegenheit für eine Bemerkung oder ein Statement nutzen – oder das Thema ganz offiziell auf die Agenda setzen.
9. **Sichtbarkeit professionalisieren:** Du kannst deinen Einflussbereich erweitern, indem du deine Rolle und deinen Grad an Öffentlichkeit gezielt weiterentwickelst (intern wie extern). Zum Beispiel kannst du dich offen als Out Executive positionieren, interne Themenbotschafter:in werden und entsprechenden Führungskräftevereinigungen beitreten.
10. **Netzwerkgründung:** Wenn es in deinem Unternehmen noch kein Netzwerk für LGBTIQ*-Mitarbeitende und/oder Führungskräfte gibt: Wer hält dich davon ab, eines zu gründen und öffentlich sichtbar zu machen? Sichere dir dafür die Unterstützung der Unternehmensleitung, besorge dir Sponsoren und lade gezielt auch mögliche *straight allies* zur Teilnahme ein.

Tims Story:
Wer, wenn nicht ich?

Ich hatte eine ganze Reihe von guten Erfahrungen, wo mein Unternehmen wirklich für mich da war und sich aktiv um mich kümmerte. Das hat mir gezeigt, was für einen starken Rückhalt ich in der Firma hatte, sowohl bei meinen Kollegen und Vorgesetzten als auch bei der Personalabteilung. Alle standen komplett hinter mir, und das war sehr wichtig für mich.

Als ich schließlich auf die Direktorenebene befördert wurde, habe ich deshalb gleich gesagt: Ich will von Anfang an »Out Executive« sein. Diese Kategorie gab es in der Firma zwar schon lange, aber bis dahin nur im englischsprachigen Raum. Diese Executives stellen sich nach innen als Ansprechpartner und als Gesichter der Diversity auch nach außen hin zur Verfügung. Ich kannte alle Kollegen im Ausland, die diese Rolle bereits übernommen hatten. Und nun wurde ich der erste deutsche Out Executive in meinem Unternehmen.

Ich habe diese Rolle sehr genossen. Als Out Executive durfte ich bei verschiedenen Veranstaltungen für mein Unternehmen sprechen, sowohl in Deutschland als auch international. Aus Erfahrung kann ich jeder Führungskraft nur raten, gleich die zu sein, die sie ist. Wenn du dich als Manager outest, dann outest du dich zuerst als Lügner. Jedenfalls, wenn du schon länger im Unternehmen bist. Denn du hast jahrelang eine Beziehung aufgebaut zwischen deinen Mitarbeitern und einem Menschen, den es nicht gibt. Erst wenn du dich outest, kommt der echte Mensch ins Spiel. Mir wäre es rückblickend immer lieber, diesen Umweg gar nicht erst zu machen.

Umgang mit Konflikten

Niemand behauptet, dass Führung immer ein Spaziergang wäre – so wie die queere Karriere es generell oft nicht ist. Wenn du dich als Speerspitze an den Kopf dieser Bewegung in deinem Unternehmen stellst (oder auch nur daran beteiligt bist), kann es natürlich auch mal zu Konflikten kommen.

Tim hat in seinem Bericht einen sehr typischen Stolperstein für Menschen benannt, die sich erst nach längerer Zeit im Unternehmen outen: Es kann durchaus passieren, dass manche Kolleg:innen dir das langjährige Versteckspiel übelnehmen. Das ist ein weiterer Grund, warum ich grundsätzlich zu einem frühestmöglichen Outing rate. Je länger die Maskerade aufrechterhalten wurde, desto größer wird das Problem – für den Einzelnen und für alle von uns. Mal ganz abgesehen von einem Leben als Klemmschwester, das ich meinem ärgsten Feind nicht wünsche: Versetz dich einmal in dein Umfeld hinein. Wie fühlt sich das Outing wohl für die Wegbegleiter:innen, Vorgesetzten und Mitarbeitenden an, die viele Jahre lang im Unklaren gelassen wurden? Wie wird sich das Versteckspiel auf die Beziehungen einer Managerin oder eines Managers am Arbeitsplatz auswirken? Welchen Schaden richtet sie oder er damit womöglich an der eigenen Glaubwürdigkeit als Mensch und als Führungskraft an? Dafür muss man noch nicht einmal gelogen und eine fiktive Partnerin erfunden haben; das schlichte Verheimlichen reicht schon vollkommen aus.

Dabei gilt es allerdings zu differenzieren: Es kann auch homophobe Kollegen geben, die dir nur zum Schein Unehrlichkeit vorwerfen, um deinem Ansehen zu schaden. Andere aber mögen es tatsächlich persönlich nehmen, weil ihnen deine Sexualität aufrichtig egal ist. Das Beste, was du bei derartigen Konflikten tun kannst, folgt demselben Prinzip wie das Outing an sich: Transparenz. Wenn du merkst, dass jemand ob deiner Verschwiegenheit verletzt ist, erkläre sie. Du hast dich ja nicht aus Eigennutz bedeckt gehalten, sondern aufgrund konkreter Befürchtungen. Wenn sich das einigen Kolleg:innen nicht von selbst erschließt, hilf ihnen dabei, sich in die Lage eines ungeouteten Menschen zu versetzen.

Auch bei anders begründeten Konflikten oder Irritationen

sind Kommunikation und Aufklärung Trumpf. Sie sind zum Beispiel auch geboten, wenn einige Kolleg:innen mehr Schwierigkeiten mit der Diversity haben als andere. In der Regel werden erworbene Überzeugungen und innere Widerstände dafür verantwortlich sein, die sich nur durch Information und Austausch entkräften lassen. Deshalb ist es wichtig, dass es in Gesprächen über Identitätsfragen keine moralischen Tabus gibt. Sprich selbst immer offen und ermutige auch die anderen, sich zu öffnen.

Empathie für alle Teammitglieder – auch die mit Nachholbedarf in Sachen Diversity – ist ein wichtiger Schlüssel zu gelingender Inklusion. Angriffe und Diskriminierung sollten selbstverständlich tabu sein. An Unachtsamkeit dagegen lässt sich arbeiten – es sei denn natürlich, es fehlt erkennbar an der Bereitschaft dafür. Sorge dafür, dass nichts unausgesprochen bleibt. Denn was im Verborgenen rumort, wirkt sich oft als negative Emotion auf Beziehungen und Produktivität aus.

Wenn du bei Klärungsgesprächen in größerer Runde befürchtest, dass einige Mitarbeiter verletzt sein könnten, führe zunächst unter vier Augen ein Gespräch mit der Kollegin oder dem Kollegen, der von dem Thema überfordert ist. Manche:r mag sich – auch aus kulturellen Gründen – noch nie offen und bewusst damit auseinandergesetzt haben und ein wenig Eingewöhnungszeit brauchen. Bleib als Führungskraft nah dran an diesem Prozess. Begleite ihn und greife auch regulierend ein, wenn du den Eindruck hast, dass es nicht vorangeht. Unterstütze und moderiere, aber bleibe dabei auch zielorientiert. Denn eines muss klar sein: Hartnäckige Ignoranz ist in einem Unternehmen am freien Markt in einer Demokratie inakzeptabel. Gleichwohl sollte jede und jeder die Chance zur Entwicklung bekommen, solange die Person sich dafür offen zeigt.

Ich kann gut verstehen, dass du ungeduldig bist, wenn es

nach Jahrzehnten der Gleichstellungspolitik bei manchen noch immer an den Grundlagen hapert. Auch mir geht vieles zu langsam. Dass es ohne Geduld und Empathie im Einzelfall oft trotzdem nicht geht, habe ich sogar im familiären Umfeld erlebt. Du vielleicht auch? Als mein Mann und ich zum ersten Mal als Paar an einer Familienfeier teilnahmen, war das meine erste intensivere Begegnung mit seinen Verwandten. Und ich konnte spüren, dass sie mit mir fremdelten. Es lag regelrecht in der Luft. In den Gesprächen gab es unachtsame Äußerungen, und es wurden sogar grenzwertige Scherze gerissen. Zum einen war der Mangel an Reflexion unübersehbar. Zum anderen war aber auch die Hilflosigkeit mit Händen zu greifen: Plötzlich gibt es ein schwules Paar in der Familie, und keiner weiß, wie man damit umgehen soll.

An diesem Tag unternahmen wir nichts, um die Party nicht zu sprengen. Doch einige Zeit später sprachen wir es bei der Tante an, deren Geburtstag gefeiert worden war. »Wir fanden den Umgang mit uns doch ziemlich unterkühlt«, sagte mein Mann zu ihr.

»Ganz ehrlich«, gab sie zurück, »wir haben dich über dreißig Jahre lang für heterosexuell gehalten. Jetzt gib du uns auch ein bisschen Zeit, uns daran zu gewöhnen. Das ist alles neu für uns.«

Das ist bei Verwandten nicht anders als bei Freund:innen und eben auch bei Kolleg:innen: Menschen sind Gewohnheitstiere, und der eine braucht für eine Umgewöhnung vielleicht etwas länger als die andere. Sogar meine Mutter, die so mit dem Thema und auch mit mir gekämpft hat, hat irgendwann die Kurve gekriegt und ist zur Alliierten geworden. Als in der Umkleide ihres Sportvereins über Schwule gelästert wurde, ging sie dazwischen: »Moment mal! Mein Sohn ist schwul, und ich will nicht, dass hier so geredet wird!« Ich bin nie stolzer auf sie gewesen, denn für sie war das ein gigantischer Schritt.

Mancher innere und äußere Konflikt braucht mehr Information, mehr Moderation und mehr Zuwendung, um zu heilen. Kolleg:innen aus einem kulturell oder religiös bedingten homophoben Umfeld etwa stehen bei diesem Thema vielleicht durchaus vor einer Herausforderung. Auch wenn es im Ergebnis keine Kompromisse geben kann: Diesen Graben muss man ihnen überwinden helfen. Solche Widersprüche und Ambivalenzen müssen wir aushalten und besprechen können, denn die bringt Diversity in all ihren Facetten nun mal mit sich.

Das alles braucht einfach etwas Zeit. Irgendwann sollte die Schonfrist für Skeptiker allerdings auch enden. Lass auf keinen Fall zu, dass jemand dein Team in seiner Entwicklung ausbremst – aber diskriminiere auch niemanden, um Diskriminierung zu verhindern. Mancher Unbedarfte ist über die Zeit noch zu einem *straight ally* geworden.

Michaels Story:
Rolemodeling ist Ehrensache

*Als ich meine neue Rolle auf der obersten Führungsebene eines neuen Unternehmens antrat, wurde ich vom CEO sehr wertschätzend vorgestellt. Die Veranstaltung wurde für die Mitarbeiter zu Hause wegen der Pandemie auch online übertragen. Dann war ich selbst an der Reihe, ein paar Worte zu sagen. Ich hatte mir viele Gedanken darüber gemacht, was ich wie sagen könnte. Ich wollte auf jeden Fall möglichst frühzeitig klarmachen, dass ich schwul und verpartnert bin, damit das später gar nicht erst zu einem Thema werden konnte. Wenn ich so darüber reflektiere, merke ich selbst: Das ist schon spannend, dass ich mir über das exakte Wording Gedanken gemacht habe, nur um etwas zu kommunizieren, das eigentlich kein Thema mehr sein sollte.
Am Ende sagte ich so in etwa: »Ich komme aus Duisburg,*

habe lange in Hamburg gelebt, und letztes Jahr habe ich geheiratet und bin mit meinem Mann nach Berlin gezogen.« Dabei ließ ich es bewenden und sprach dann über andere Dinge, die bei einer Antrittsrede ebenso relevant sind.

Negative Rückmeldungen gab es nicht. Das hatte ich bei so einem jungen Unternehmen in einer Metropole auch nicht erwartet. Allerdings berichteten mir Kollegen später, dass es während der Online-Schalte sehr viele überraschte Messages im Gruppenchat gegeben habe: »O mein Gott, ist er schwul?!«

Mich überraschte das, und gleichzeitig überraschte es mich auch nicht. Wenn man heute mit heterosexuellen Menschen um die 30 oder jünger spricht, tun die oft so, als ob die sexuelle Identität das Normalste von der Welt wäre. Aber wenn sich dann einer auf der obersten Ebene vor aller Augen outet, ist es eben doch immer noch etwas Besonderes. Selbstverständlich ist da noch gar nichts – auch nicht da, wo man es eigentlich erwarten würde. Deshalb finde ich es auch so wichtig, dass schwule Führungskräfte sich ihrer Vorbildrolle bewusst sind und das Rolemodeling ernst nehmen.

KAPITEL 10

HINTER DEM REGENBOGEN

Anstiftung zu einer neuen Emanzipationsbewegung

Müssen muss man wollen:
Jenseits von PC und Cancel Culture

Es gibt einen Satz, mit dem mich eine Hassliebe verbindet: »Da muss man doch heute nicht mehr drüber reden.« Ob ich diesen Ausspruch gerade hasse oder liebe – und zu welchen Anteilen das eine oder andere –, hängt davon ab, wer ihn in welchem Kontext sagt. Manchmal liebe ich diesen Satz, weil er ein positives Sentiment anzeigt. Kommt er von einer Person, der meine sexuelle Identität ehrlich und herzlich egal ist, signalisiert er mir: Hier bist du unter deinesgleichen, nämlich unter »ganz normalen Menschen«, und ohne Wenn und Aber als einer von ihnen akzeptiert. Diesen Ausdruck von Nächstenliebe und Empathie kann ich uneingeschränkt und mit ganzem Herzen umarmen.

Für die Logik hinter der Äußerung habe ich leider weniger Sympathien übrig. Ich kenne kaum einen Satz, der so vor semantischer Ambivalenz strotzt. Bei denen, die ihn ehrlich meinen, spricht daraus eine optimistische Sorglosigkeit, die rührend ist, aber leider auch naiv – obwohl es sich dabei statistisch betrachtet um die wohlwollende Mehrheitsmeinung handelt. Denn ausgerechnet in den Pockets der Gesellschaft, in denen der Fortschritt gestaltet und die Regeln gemacht werden, ist die diskriminierende Minderheit manchmal scheinbar überproportional vertreten. Je höher die Hierarchiestufe, die wir betrachten, desto dramatischer scheint diese Diskrepanz zu sein.

Warum? Weil in den Machtnischen unserer Gesellschaft meist immer noch Männer gegen Männer kämpfen. In der Männerwirtschaft gilt das Recht des Stärkeren, und die Mehrheit gewinnt – auch wenn sie im größeren Kontext der gesamten Gesellschaft dafür ganz und gar keine Mehrheit bekäme.

Deshalb ist das Klima in den Unternehmen oft noch so ignorant bis homophob, wie die Geschichten von Betroffenen in diesem Buch es uns vor Augen geführt haben. Im Unternehmenskontext bedeutet der Satz »Da muss man doch nicht drüber reden« oft leider etwas anderes, als wenn er von der netten Nachbarin, dem Vereinskumpel oder entspannten Kolleg:innen beim Feierabendbier außerhalb des Firmengeländes geäußert wird. In den miefigen Katakomben der Männerwirtschaft heißt »muss man nicht drüber reden« in Wahrheit eher »will man nicht drüber reden«.

Das ist der Grund, warum ich diesen Satz oft hasse, obwohl er genau das behauptet, was ich mir wünsche: dass wir tatsächlich nicht mehr darüber reden müssen.

So, wie die Dinge stehen, ist dieser Satz in freier Wildbahn meistens vor allem eines: politisch korrekt. Er wird ausdruckslos heruntergeleiert wie ein Disclaimer, um nur ja nichts Falsches zu sagen. Doch nach meiner Erfahrung steht diese aufgesetzte *political correctness* (PC) einer wirklichen Veränderung in der Gesprächskultur oft eher im Weg, als dass sie ihr nützt. Wenn man Wollen nur in Müssen umdeutet, um nichts Falsches zu sagen, erleichtert das den Dialog über Gleichstellung und Vielfalt nicht; es erschwert ihn im Gegenteil. Die eigentliche Haltung der oder des Sprechenden wird damit nur verschleiert. Kurz: PC hilft zwar, nützt aber nichts.

Akzeptanz ist gerade keine rhetorische Strategie, sondern eine Haltung. In der Politik und in Mediendebatten mag die Cancel Culture funktionieren: Wer einmal etwas Falsches sagt oder tut, fliegt raus und verliert seine Existenzberechtigung in der öffentlichen Wahrnehmung. Gut möglich, dass es sogar öfter die Richtigen erwischt als die Falschen; irgendwann werden Studien uns Aufschluss darüber geben.

Im Unternehmensalltag ist die Cancel Culture, geboren aus dem Primat der PC, garantiert keine Lösung für irgendetwas.

Im Büro brauchen wir keine Cancel Culture, sondern eine Inclusive Culture. In einem mittelständischen Familienunternehmen, dessen Patriarch die Führungsrolle und seine stockkonservativen Ansichten nicht loslassen will und wo seit drei Jahrzehnten niemand ernsthaft durchgelüftet hat, geht Veränderung nicht mit der Brechstange. Da kann ich nicht jeden Kollegen canceln, der noch von dieser eingeschliffenen Kultur vereinnahmt oder auch eingeschüchtert ist. Ich muss mit der Situation arbeiten, die ich vorfinde – ob als betroffener Mitarbeiter, als Bewerber von außen auf einen Führungsposten oder als externer Trainer.

Ich habe zwei Optionen: Ich kann gehen – oder ich kann bleiben und den Wandel mitgestalten. Beides ist vollkommen legitim. Aber wenn ich bleibe, muss ich einen Umgang mit dem Thema, mit der Unwissenheit und mit der Achtlosigkeit finden, der zugleich klar *und* entspannt ist. Im Unternehmensalltag muss man miteinander reden können. Deshalb ist es mir ein großes Anliegen, dass sich beide Seiten locker machen und die PC auch mal steckenlassen, wenn sie nicht gebraucht wird. Dass dabei in der Sache kein Funken Klarheit geopfert werden darf, versteht sich von selbst. Wenn homophobes, diskriminierendes Verhalten bei dem Menschen, der dir gerade gegenübersteht, aus einer Haltung geboren ist, gibt es nichts mehr zu diskutieren. Dann gilt es zu handeln.

Wenn die Schwulenbewegung sich eines verdient hat, dann ein höheres Maß an entspannter Selbstverständlichkeit. Generationen von Aktivisten haben dafür gesorgt, dass wir heute von einem Status verfassungsmäßiger und auch mehrheitlich anerkannter Gleichberechtigung ausgehen können. Mit diesem Selbstverständnis der Stärke *müssen* wir auftreten *wollen*, wenn daraus in allen Nischen des Alltags auch endlich gelebte Realität werden soll. Nur so kommen wir hinter den Regenbogen.

Für eine neue Normalität:
Das Unternehmen als Begegnungsraum

Mein Wunsch an die Unternehmen lautet: Hört auf, die Speisekarten aufzuhübschen, und kümmert euch mehr darum, was auf dem Teller landet. Es wird höchste Zeit, dass die politischen Botschaften in mehr konkretes Handeln und konkrete Unterstützung übersetzt werden. Was die LGBTIQ*-Mitarbeitenden und genauso auch alle anderen Minderheitenvertreter:innen in euren Unternehmen brauchen, sind keine Pseudo-Projekte, sondern greifbare Unterstützung bei ihrer Gesprächsarbeit. Extrem hilfreich und in der Wirtschaft normalerweise auch überhaupt nicht erklärungsbedürftig: Geld statt Gelaber. Dass Change etwas kostet, muss ich dem Management doch nicht erklären!

Themenpräsenz, Aufklärung und Dialogformate sind nicht zwingend teuer im Sinne der Grundinvestitionen, wohl aber ressourcenintensiv für die Ausführenden. Inklusion ist kein Hobby und Freizeitthema, sondern ein Erfolgsfaktor und Zukunftsthema. Also sollte sie während der Arbeitszeit implementiert werden, und nicht etwa während der Freizeit. Zeitbudgets und materielle Ressourcen sind das Mindeste, was den Mitarbeiter:innen und Manager:innen zusteht, die sich dieser wichtigen Verantwortung stellen. Dasselbe gilt für die Betreiber:innen interner Netzwerke. Sie nehmen mit ihrer wertvollen Arbeit direkten Einfluss auf das Arbeitsklima und auf die Produktivität unzähliger Angestellter. Dafür verdienen sie mehr als Respekt. Das Ziel von Inklusion ist nicht eine Schlagzeile oder eine bessere Platzierung auf irgendeinem Index, die in der Imagebroschüre abgedruckt werden kann. Das Ziel ist Normalität. Die erreichen wir nur mit konkreten Maßnahmen im Alltag, die losgelöst sind von PR-Gesten und

Pflichtveranstaltungen wie im Pride Month oder am IDAHOBIT (Internationaler Tag gegen Homo-, Bi-, Inter- und Transphobie).

Vielleicht wird manche und mancher sich fragen: Ist diese vielfältige, inklusive Normalität denn wirklich die Aufgabe der Unternehmen? Meine Antwort lautet glasklar: ja. Historisch betrachtet profitieren die Unternehmen von jedem Fortschritt, den die Gesellschaft macht. Deshalb tragen sie Verantwortung für die Gemeinschaften, in denen sie wirtschaften. Dieses symbiotische Verhältnis ist die Grundlage der sozialen Marktwirtschaft und seit jeher ein wesentlicher Treiber des deutschen Erfolgsmodells gewesen. Nichts und niemand hat einen größeren Einfluss auf die Lebenswirklichkeit in unserem Land als die Unternehmen, in denen wir tagtäglich arbeiten. Kein:e andere:r Akteur:in ist in Reichweite und Durchdringungstiefe auch nur ansatzweise vergleichbar mächtig. Der Einfluss der Wirtschaft auf die Situation von LGBTIQ*-Personen ist so groß wie die Zahl der arbeitenden Bevölkerung, und das ist nun mal die überwiegende Mehrheit. Unternehmen sind in unserer Gesellschaft die wirkungsvollsten Influencer-Institutionen überhaupt. Das sind sie nicht nur in einem abhängigen Sinne, weil wir dort unsere Brötchen verdienen. Sie sind es auch in einem sozialen Sinne, nämlich als die zentralen Orte der Begegnung in unserem Leben.

Genau darin sehe ich die Rolle der Unternehmen auch über ihren eigenen Tellerrand hinaus. Die Schwulenbewegung ist in eine neue Phase eingetreten: von der des politischen Aktivismus in die der sozialen Begegnung. Dieser Übergang ist fließend und schon seit einiger Zeit im Gange. In vielen öffentlichen und privaten Bereichen ist er längst angelaufen und in manchen sogar schon sehr weit gediehen, wie auch einige der Beispiele in diesem Buch demonstrieren. Gleichzeitig, das zeigen die anderen Beispiele, sind wir von so etwas wie Normalität immer noch weit entfernt. Die ist durch politisches Wirken allein nicht zu erreichen. Auf die Sichtbarkeit der wenigen muss die Begegnung der vielen folgen. Dafür braucht es mehr als Internetpräsenzen und Keynotes; das erfordert echte Touchpoints und Interaktion. Unternehmen sind als soziale Schnittpunkte der ideale Ort dafür.

Diese Begegnungen werden stattfinden und finden statt – ob es den Alphatieren der Männerwirtschaft gefällt oder nicht. Die dadurch gestiegene Sichtbarkeit kann bei der oder dem einen oder anderen bereits vorhandene Ängste weiter schüren. Die Begegnung ist das effektivste und zugleich effizienteste Mittel, sie wieder zu heilen. Was Menschen kennen, macht ihnen keine Angst mehr. Jedes Unternehmen hat deshalb ein natürliches Interesse daran, den Begegnungsprozess konstruktiv zu moderieren und zu fördern. Dabei sollte die Führung in ihrem eigenen Interesse mit gutem Beispiel vorangehen. Je besser Inklusion gelingt, desto mehr profitiert das Unternehmen davon.

Warum also nicht gleich Begegnungszonen im Unternehmen schaffen, die diesen Prozess mit einer belastbaren Infrastruktur unterfüttern? Warum nicht durch proaktives Management gestalten, anstatt später Krisenmanagement betreiben zu müssen? Eines steht fest: Die Verluste auszugleichen, die durch schlechtes Arbeitsklima und ungenutzte Produktivitätspotenziale entstehen, ist deutlich teurer und weniger nachhaltig als Inklusion. Von der Wirkung auf die Arbeitgebermarke ganz zu schweigen ...

Entscheidend ist, dass dieser Prozess genauso angepackt wird wie jede andere wichtige Veränderung: mit einer konkreten Zielstellung. Ein großer Schritt von der Imagepolitik zur gelebten Realität kann, wie bereits erläutert, darin bestehen, dass Unternehmen sich auf der Ebene von Kennzahlen mit dem Thema beschäftigen. Eine messbare Veränderung ins

Zentrum der Beschäftigung mit Inklusion zu stellen, setzt Mechanismen in Gang, auf die Manager:innen und Mitarbeitende eingespielt sind. Sie leiten das Thema in Bahnen, die allen Beteiligten vertraut sind. Das ist wichtig, damit aus Inklusion mehr wird als ein Imagethema für verwaltende Anzugträger:innen, nämlich Kultur. Dafür muss sie alle erreichen: Abteilungsleiter:innen, Vertriebler:innen, Logistiker:innen, Schichtleiter:innen und Lagerist:innen. All diese Menschen sind zwar auch für die Worte der Vorstände offen – wenn die sich nicht zu fein sind, ihre eigenen Produktionsstätten zu betreten und mit den Menschen zu reden. Konkreter im Alltag involvieren aber lassen sich Mitarbeitende durch Prozesse, die sie betreffen.

Das konkrete OKR *(objective key result)* als Initialzündung kann je nach Ausgangslage ganz verschiedene Gestalten annehmen. Keineswegs muss es sich bei dieser Kennzahl zwingend um eine LGBTIQ*-Quote handeln. Es kann auch ein Budget für die Aufklärungsarbeit sein. Als aufschlussreich für das Vorgehen und die Folgeplanung kann sich auch die Besucherquote einer Aufklärungsveranstaltung oder die Auslastung eines Onlineseminars zu Genderthemen erweisen. Auch die Gründung eines Netzwerks bis zu einem bestimmten Datum oder eine gewisse Zahl von Treffen einer Arbeitsgruppe kann dem Engagement eine erste Struktur geben. Entscheidend ist, aktives Interesse an dem Thema zu generieren, um den Sprung vom Reden ins Handeln zu schaffen. Die Bedingungen für Vielfalt sind in jedem Unternehmen unterschiedlich. Deshalb wird der konkrete Ansatzpunkt variieren.

Andere Aspekte der Umsetzung dagegen lassen sich wesentlich eindeutiger und allgemeingültiger empfehlen, planen und in die Tat umsetzen – allen voran der personelle. Nicht alle Akteure der LGBTIQ*-Bewegung in einem Unternehmen sind LGBTIQ*!

Top down oder bottom up? Beides!

Aus meiner Sicht müssen zwei Dinge geschehen, damit sich die Situation von Menschen mit diversen Geschlechtsidentitäten in den Unternehmen verbessert. Der erste Schritt ist, dass die Gleichstellung von LGBTIQ*-Mitarbeitenden innerhalb des größeren Zusammenhangs von Diversity konkreter in den Fokus rückt. Dasselbe gilt übrigens für alle anderen Themen, die unter diesem Etikett laufen. Die typische Subsumierung aller »Randgruppenthemen« unter einem Schlagwort ist kein Zufall, sondern Methode: Wie beim Thema »Umwelt« auch ist es für Unternehmen sehr bequem, sich das Etikett »Diversity« auf die Stirn zu kleben, wo der Verbraucher es gut sehen kann. Die Führung selbst sieht es dort aber nur, wenn sie in den Spiegel schaut. Da stellt sich natürlich die Frage: Tut sie das? Und wenn ja, was genau sieht sie da?

»Diversity« ist eine Haltung. Wie ernst ein Unternehmen es damit meint, erkennt man jedoch erst, wenn man auf die Handlungsebene blickt. Inklusion darf nicht auf die Metaebene einer Haltung begrenzt sein, wenngleich sie dort beginnt. Inklusion muss in der Praxis stattfinden, im Teamalltag, am Menschen. Deshalb müssen die Maßnahmen sich zwangsläufig zwischen den verschiedenen Adressaten von Diversity unterscheiden. Auch wenn es zweifellos Schnittmengen bei allen Gruppen gibt: Mitarbeitende mit ausländischen Wurzeln stoßen auf andere Vorurteile und brauchen andere Unterstützung als Frauen, die wiederum über andere Hürden stolpern als schwule Männer. Diversity muss differenzierter werden, denn nur in dieser Differenzierung kann sie auch konkret genug wirken.

Dieser Prozess, und das ist aus meiner Sicht die zweite Voraussetzung für eine Verbesserung des Status quo, verlangt eine bessere Rollenverteilung im Unternehmen. Der Wandel braucht zwei Gruppen von Akteur:innen, damit er nachhaltig funktioniert: erstens die Führung, zweitens die LGBTIQ*-Mitarbeitenden selbst auf allen Ebenen. Idealerweise gibt es außerdem zwischen beiden Überschneidungen. Nur wenn diese beiden Gruppen von Akteur:innen das Thema zugleich *top-down* und *bottom-up* angehen, besteht überhaupt eine realistische Chance auf einen Systemwandel – denn die Verhaltensebene durchdringt das gesamte Unternehmen. Die neue Schwulenbewegung in den Unternehmen ist also eine Klammerbewegung: von oben *und* von unten. Je enger diese beiden Bewegungsabläufe verzahnt sind, je gleichzeitiger und je synchroner in ihrer Intensität, desto besser wird diese Bewegung funktionieren.

Der Führung kommt eine komplexe Rolle zu, die sich nicht auf politische Opportunitäten beschränken darf. Vielfalt muss auch operativ Chef:innensache werden. Zweifellos ist die Rolle der Signalgeberin oder des Signalgebers dafür bedeutsam. Es braucht die oder den Konzern-CEO, die oder den mittelständischen Eigentümer:in, die oder den Regional President und die oder den Personalvorständ:in, um eindeutige Impulse zu senden – nicht nur an lukrative Zielgruppen im Außen, sondern auch nach innen. Diese Statements müssen allerdings präziser werden, als die gefälligen und letztlich nichtssagenden Stellungnahmen zur Vielfalt es häufig sind. »Wir glauben, dass jeder Mitarbeitende im Unternehmen gleichberechtigt sein sollte« ist nicht konkret genug – weder personell noch sachlich betrachtet. Der schwule Mann, die Trans-Frau und der farbige Mitarbeiter müssen konkret benannt und angesprochen werden. Dasselbe gilt für die konkreten internen Maßnahmen, mit denen jede dieser Gruppen gefördert wird. Erst dann ist der Schritt von der Imagepflege zum klaren Bekenntnis gemacht – zumindest schon mal rhetorisch.

Diese Positionierung kann allerdings nur der erste Schritt sein, den die Führung geht. Der zweite betrifft die internen Strukturen und Prozesse. Das Wie ist sehr individuell von der Beschaffenheit des Unternehmens abhängig. Wichtig ist, dass es konkrete Strukturen der Unterstützung und Förderung gibt – sei es ein Mitarbeitendennetzwerk, ein Sponsoring-Programm oder ein Führungsreferat. Auch hier gilt: Je breiter und tiefer die Vernetzung innerhalb der Unternehmenshierarchie, desto besser. Auf der Prozessebene zeigt die Erfahrung der von mir befragten Männer, dass das Management regulativ tätig werden muss, um schnell zu messbaren Ergebnissen zu kommen. So muss beispielsweise die HR-Abteilung der Führung transparent machen, welche konkreten inklusiven Kriterien bei Einstellungsprozessen greifen. Wenn es keine oder nur inadäquate Kriterien gibt oder diese leicht auszuhebeln sind, muss diese Lücke geschlossen und die Compliance sichergestellt werden. Die Erfahrung zeigt, dass ausgerechnet an dieser Stelle Vorurteile und internalisierte Homophobie Vielfalt bewusst und gezielt verhindern, weil zum Beispiel schwule Bewerber von vornherein herausgefiltert werden. Solche Schwachpunkte im System gilt es zu identifizieren und mit konkreten Prozessen zu regulieren.

Strukturmaßnahmen wie die Gründung von internen Netzwerken, entsprechende Veranstaltungen und Aufklärungsarbeit kosten natürlich Geld. Auch das ist Teil der regulativen Dimension des Führungsengagements: Wie alles, was dem Unternehmen Vorteile bringt, ist auch Vielfalt nicht umsonst zu haben. Die organisatorisch involvierten Abteilungen brauchen Budgets, die konkreten Diversity-Maßnahmen zugeordnet sind und nicht gegen andere »gute Zwecke« aufgerechnet werden können. Denn das wäre eine Einladung vorurteilsbehaftete Akteur:innen, das Budget für Inklusionsmaßnahmen gleich wieder auf null herunterzurechnen.

Sponsoring ist allerdings auch jenseits von Budgetfragen ein Schlagwort, das in der Diversity-Debatte zunehmend an Bedeutung gewinnt. Die konkrete, strukturelle Unterstützung des einzelnen LGBTIQ*-Mitarbeitenden hat neben der gemeinschaftlichen Komponente auch eine individuelle. Erstere wird zum Beispiel durch Mitarbeitendennetzwerke bedient. Letztere wurde und wird mancherorts unter anderem durch Mentorenprogramme realisiert. Jüngeren Forschungsergebnissen zufolge spricht vieles dafür, Mentoring durch Sponsoring zu ersetzen oder zu ergänzen, wie es bei der regulären Talentförderung in größeren Unternehmen schon länger gebräuchlich ist.

Der zentrale Unterschied: Ein:e Mentor:in steht Mitarbeitenden vor allem als Gesprächspartner:in, Ratgeber:in und Karrierecoach:in zur Verfügung. Dementsprechend eignet sich diese Rolle auch eher als die eine:r persönlichen Inspirator:in, während du als Mentee deinen eigenen Karriereweg definierst. Ein:e Sponsor:in verpflichtet sich im Unterschied dazu, ihren oder seinen Schützling ganz konkret beim Weiterkommen im Unternehmen zu unterstützen. Diese Person hat also ein persönliches Interesse daran, dass diese oder dieser Mitarbeitende unter ihren Fittichen Karriere macht. In einem Unternehmen, in dem Vielfalt zwar auf dem Papier gefördert wird, diese Förderung in der Realität aber an einer gläsernen Decke endet, kann das einen gravierenden Unterschied machen. Ein womöglich desinteressierter oder gar gegen seinen Willen verpflichteter Mentor könnte sich auf Wellness-Rhetorik beschränken und zum Beispiel seinen schwulen Mentee sehenden Auges an die gläserne Decke stoßen lassen, ohne dass das irgendwelche Folgen für ihn hätte.

Sponsoren dagegen verpflichten sich mehr oder weniger explizit, auch dem schwulen Schützling ohne Wenn und Aber beizustehen. Ihre Aufgabe besteht sogar darin, sich um konkrete Beförderungsmöglichkeiten zu bemühen. Sponsor:innen können, dürfen und sollen ihren Einfluss gezielt nutzen, um die Karrieren der ihnen anvertrauten Mitarbeitenden voranzubringen: Beförderung ist das Hauptziel von Sponsorship.[92] Deshalb steht das Prinzip Sichtbarkeit (der Gesponserten) auch im Kern des Sponsorenverhaltens: Die oder der Sponsor:in richtet ganz gezielt das Scheinwerferlicht auf diese oder diesen Mitarbeitenden und wirft dabei ihr oder sein eigenes Netzwerk in die Waagschale. Eine solche Form der Förderung kann schwulen Männern (und natürlich auch anderen benachteiligten Gruppen) innerhalb einer Unternehmenskultur zu einem ganz neuen Standing verhelfen – der oder dem Einzelnen, und als Präzedenzfall auch allen anderen.

Bei so einem Sponsorship handelt es sich natürlich um einen sehr persönlichen Prozess. Deshalb werden Sponsorships – im Gegensatz zu manchen Mentorships – nicht per Direktive zugeteilt, sondern aus erfolgreichen Arbeitsbeziehungen heraus kultiviert. Oft entwickeln sie sich sogar unbewusst, ohne dass jemand ihnen dieses Etikett verpassen würde.[93] Allerdings kann die Führung gezielt auf die Etablierung einer solchen Kultur hinwirken. Dabei sollte ausdrücklich betont werden, dass die Geschlechtsidentität der Mitarbeitenden in keiner Weise restriktiv wirken darf – weder als Bedingung noch als Ausschlusskriterium für ein Sponsorship. Je mehr heterosexuelle Führungspersönlichkeiten sich für Mitarbeitende anderer Geschlechtsidentitäten engagieren, desto besser. Viel erreicht ist aber auch dann schon, wenn etwa schwule Männer keine Angst mehr davor haben, ebenfalls schwule Mitarbeitende zu fördern – vor allem, wenn das sonst niemand im Unternehmen tut. Indem die Führung diese Möglichkeiten klar kommuniziert, kann sie verhindern, dass Muster wie Reverse Homophobia oder gezielt gestreute Gerüchte die Entwicklung einer Kultur der Vielfalt verhindern, obwohl es die entsprechende Demografie im Unternehmen gibt – ein Phänomen, von dem mir mehrere der befragten Männer berichtet haben.

Der dritte Schritt des Führungsengagements für die Gleichstellung von LGBTIQ*-Mitarbeitenden und Führungskräften folgt logisch aus dem zweiten: Die Führung wird auch als Kontrollinstanz benötigt. Erst dann ist Inklusion wirklich an die Machtstrukturen angebunden. Die angeschobenen Strukturveränderungen müssen wohlwollend begleitet, aber auch kritisch beobachtet werden. Werden beschlossene Maßnahmen verschleppt, umgangen oder boykottiert, darf die Führung nicht vor klaren Sanktionen zurückschrecken – auch und gerade nicht im Klein-Klein des Alltags. Diese Kontrollinstanz darf die Chef:innenetage nicht allein den direkten Vorgesetzten, also den Team- und Abteilungsleiter:innen überlassen. Sie tragen im Alltag ohnehin schon die größte operative Verantwortung. So müssen sie zum Beispiel vermitteln, wenn es zu Akzeptanzgefällen und Konflikten kommt. Es ist wichtig, dass sich das oberste Management auch personell mit konkreten Ansprechpartner:innen zu dieser Rolle bekennt.

Partner:innen, Strukturen, Prozesse: Dieser Dreiklang beschreibt zusammengefasst die Rolle einer Führung, die es mit Diversity im Unternehmen ernst meint.

Auf welche Widerstände können du und deine Mitstreiter in der Umsetzung stoßen? Die Versuchung seitens der feigenblattbewehrten Männerwirtschaft wird groß sein, neben den externen Imagekampagnen auch intern auf Alibi-Maßnahmen zu zeigen: »Aber wir haben doch eine Gleichstellungsbeauftragte!« Das ist gut – nur handelt es sich dabei oft lediglich um eine Umetikettierung der vorherigen »Frauenbeauftragten«, ohne dass die Rolle sich substanziell verändert hätte. Wo sind die schwulen, lesbischen, farbigen und körperlich eingeschränkten Gleichstellungsbeauftragten – nicht nur in den DAX30, sondern auch im Mittelstand?

»Aber in unserem Online-Personalfragebogen gibt es doch neben »m« und »w« auch die Wahlmöglichkeit »d«, und in unseren Stellenausschreibungen ebenso!« Das ist wunderbar. Nur wieso macht sich kaum ein Unternehmen die Mühe, mit einem kleinen »ⓘ« neben dem »d« für alle und jeden verständlich zu erklären, was dieses Kürzel im Dropdown-Menü eigentlich bedeutet, wen es so alles umfasst und warum das so wichtig ist?

Auch zur Auflösung von Widerständen braucht es die Unterstützung der Führung anhand des oben genannten Dreiklangs. Wie sollen die Mitarbeitenden sich inklusiv verhalten, wenn es schon an der grundlegendsten Aufklärung scheitert? Wie sollen Ablehnung und Missverständnisse vermieden werden, wenn niemand den Mitarbeitenden erklärt, was sie eigentlich für ihre LGBTIQ*-Kolleg:innen tun können und auch dürfen? Manch eine:r mag einfach zu wenig über uns wissen, um sich im Kontakt nach vorn zu wagen. Manch andere:r mag sich aus Sorge zurückhalten, etwas falsch zu machen und Porzellan zu zerschlagen. Wenn die Menschen im Unternehmen ihre benachteiligten Kolleg:innen unterstützen sollen, dann muss man ihnen auch sagen, was sie brauchen.

Das ist zugleich der Punkt, wo zum Top-down-Engagement der Führung das Bottom-up-Engagement der Adressat:innen kommen muss. Wir dürfen es unsererseits auch nicht dabei bewenden lassen, die Unterstützung der Führung und der Kolleg:innen einzufordern. Auch wir können eine unterstützende und fördernde Rolle einnehmen. Wir können ihnen beim Helfen helfen – und zwar vor allem durch Aufklärung.

An dieser Stelle bekommt das Schlüsselwort Sichtbarkeit, das zu Beginn bereits eine so zentrale Rolle gespielt hat, eine zusätzliche Dimension. Sich als LGBTIQ* zu öffnen und zu zeigen bedeutet auch, sich als Ansprechpartner:in und Spiegel anzubieten – und manchmal vielleicht auch als Projektionsfläche für mögliche Vorurteile und Irrtümer. In den meisten Fällen wird bei dieser Reibung Wärme entstehen, die ein Team bereichert und Arbeitsbeziehungen wachsen lässt. Aber natürlich gehört dazu auch, dass es zu Konflikten kommen kann. Die müssen wir (erst einmal) aushalten – im Rahmen der bereits thematisierten Grenzen und des individuell Machbaren, versteht sich. Im Zweifel werden auch homophobe Akteure im Unternehmen erst dadurch sichtbar und können sich selbst disqualifizieren. Wenn wir die Unklarheiten nicht ausräumen und die Konflikte nicht austragen, schwelen sie unter der Oberfläche unerkannt weiter, und es ändert sich gar nichts.

Veränderung braucht Überzeugung, und Überzeugung setzt Wissen voraus. Wenn das ganze Unternehmen Vielfalt leben soll, dann braucht es vor allem eines: Gesichter, die ihre Geschichte erzählen und Fragen beantworten. Akzeptanz kann nur auf Augenhöhe stattfinden.

Genau dieser Gedanke leitet viele LGBTIQ*-Initiativen in anderen Lebensbereichen, etwa im Bildungssektor, an denen die Wirtschaft sich ein Beispiel nehmen kann. Die Motivation für die Gründung ist in der Regel nämlich derselbe Leidensdruck: Laut einer 2020 veröffentlichten Studie der EU-Grundrechteagentur (FRA) zu queerem Leben in Deutschland haben etwa die Hälfte (48 Prozent) der queeren Schüler:innen in Deutschland bereits Diskriminierung aufgrund ihrer Sexualität oder Geschlechtsidentität erlebt. 46 Prozent haben während ihrer Schulzeit keine Unterstützung erfahren. Ganze 62 Prozent sind bei niemandem offen geoutet.[94]

Ein Beispiel für eine sehr erfolgreiche Bildungsinitiative ist »Schlau NRW« (**Sch**wul-lesbische **Auf**klärung in Schulen) – ein landesweites Netzwerk der lokalen Schlau-Gruppen in Nordrhein-Westfalen, in dem über 250 Ehrenamtliche in 19 Lokalteams organisiert sind. Vergleichbare Angebote gibt es auch in vielen anderen Bundesländern. Schlau NRW bietet Bildungs- und Antidiskriminierungs-Workshops zu geschlechtlicher und sexueller Vielfalt für Schulen, Sportvereine, Jugendzentren und anderen Jugendeinrichtungen an.[95]

Besonders spannend als Inspiration für den Unternehmenskontext ist an diesem Beispiel: Das Gespräch zwischen den Jugendlichen und den Schlau-Aktivist:innen steht im Zentrum des Engagements. Mit dem nötigen pädagogischen Know-how und Handwerkszeug, letztlich aber auch mit dem extrem persönlichen Einsatz ihrer eigenen Geschichten und Erfahrungen stellen sich die jungen Aktivist:innen den Fragen und auch den Vorurteilen der Schülerinnen und Schüler. Sie tun das, um anderen Diskriminierungserfahrungen zu ersparen. Es geht bei Schlau NRW also darum, dem Unbekannten ein Gesicht zu geben und einen Dialog anzustoßen. Ohne die gezielte Initiative würde der nicht stattfinden oder wäre zumindest dem Zufall überlassen.

Genau das sollte auch im Fokus der betrieblichen Aufklärung stehen: die Begegnung von Wissens- und Erfahrungsträger:innen aus dem ganzen Spektrum der Vielfalt, das im Unternehmen relevant ist. Externe Unterstützung durch erfahrene Coach:innen ist dabei zweifellos hilfreich. Im Alltag jedoch sind es (auch nach einem von der Führung erklärten, bewussten Schritt in die gelebte Vielfalt) vor allem die Mitarbeitenden selbst, die mit ihrer Sichtbarkeit und Redebereitschaft den Weg zu einer bunten Normalität ebnen. Auch wenn homophobe Bedenkenträger:innen mit ihren Bevorzugungsvorwürfen davon ablenken wollen, wie sie es auch dem angewandten Feminismus gegenüber tun: Nur darum geht es bei jeder Gleichstellungsinitiative. Normalität ist das Ziel, wo Diversity draufsteht. Politik und Führung können dafür sehr konkret Weichen stellen. Erreichen können wir Vielfalt nur im täglichen Miteinander.

Dear straight allies ...
Diversity geht nur gemeinsam

Minderheit an Mehrheit: Wir brauchen euch.

Vieles, was du in diesem Buch gelesen hast, mag sich für dich als heterosexuelle:n Leser:in oder heterosexuelle Führungskraft so anhören, als wäre Gleichberechtigung eine Sache der Benachteiligten. Tatsächlich trete ich ja auch dafür ein, dass schwule Männer und andere LGBTIQ*-Persönlichkeiten sich selbst zu helfen wissen müssen und Treiber der Veränderung sein sollten, um die es hier geht.

Und trotzdem schaffen wir das nicht ohne euch. Wir brauchen euch als *straight allies*. Nicht nur, damit wir unser Recht und gleiche Chancen bekommen. Sondern auch, damit wir gemeinsam mehr erreichen können – für Chancengleichheit für alle, aber auch als Kolleg:innen im Namen des Unternehmens. Gerade darum geht es ja: Wir wollen, dass wir alle an einem Strang ziehen. Wenn wir uns manchmal abgrenzen, dann um dazuzugehören.

Diversity, das habe ich ausgeführt, ist eine große Stärke für jedes Unternehmen – sowohl am Arbeitsmarkt der Zukunft als auch in der messbaren Produktivität. Glaub es nicht mir; sieh dir die einschlägigen Studien an, die ich zitiert habe, und lass die Zahlen für sich sprechen. Vielfalt geht uns alle an. Deshalb heißt sie ja so: Jeder Mensch in einem Team ist auf ihre oder seine Weise anders normal.

Einige der Beispiele, von denen du hier gelesen hast, haben gezeigt: Diversity und Inklusion funktionieren dort am besten, wo es *straight allies* gibt, die ihre LGBTIQ*-Kolleg:innen aktiv unterstützen. Je mehr dieser Verbündeten, je höher sie in der Führungshierarchie angesiedelt sind, desto besser funktioniert es. Leider ist das bisher aber nur in wenigen, großen und meist international aufgestellten Unternehmen der Fall, bei denen Diversity als Personalstrategie schon etabliert oder sogar alternativlos ist. In den meisten Unternehmen fehlt es an dieser Unterstützung; vielleicht nicht unbedingt an der Basis, aber in der Führung, und mit fortschreitender Karriere immer mehr.

Breite Unterstützung kann nur funktionieren, wenn die Führung die Voraussetzungen dafür schafft. Ob du Teamleiter:in, Direktor:in oder Vorstandschef:in bist, ich bitte dich ganz persönlich: Unterstütze Aufklärungsmaßnahmen, fördere Begegnungen und ergreife selbst die Initiative. Auch in deinem Unternehmen gibt es aller Wahrscheinlichkeit nach Menschen, die sich nicht aus der Deckung trauen. Je nach Unternehmensgröße sind es möglicherweise sogar sehr viele Menschen, die sich auf dich verlassen. Sie verstecken sich nicht, weil es ihnen nicht wichtig wäre, am Arbeitsplatz geoutet zu sein. Auch nicht, weil es bequemer ist, denn das ist es nicht. Ganz sicher liegt ihre Unsichtbarkeit nicht daran, dass das in deinem Unternehmen kein Thema wäre. Diese Menschen verbergen einen Teil ihrer Identität aus Sorge, dafür ausgegrenzt zu werden und ihre Karrierechancen zu verlieren. Auch wenn du in deinem Bereich keine Gefahr der Diskriminierung siehst: Die Risikoanalyse eines Menschen, der in seinem Leben schon wer weiß wie oft in die Opferrolle gedrängt wurde, sieht anders aus.

Darum appelliere ich an dich als Vorbild: Unterstütze Kolleg:innen, die ein Netzwerk aufbauen wollen, das diesen Menschen hilft. Unterstütze sie je nach deinen Möglichkeiten mit deiner Zeit, mit deinem Budget und ganz besonders mit deiner

Teilnahme. Bereite einem inklusiven Klima mit deinen Taten, aber auch mit deinen Worten den Boden. Sprich achtsam mit und über Minderheiten und halte andere an, es auch zu tun. Du kannst dir gar nicht vorstellen, welchen unglaublichen Unterschied du damit in den Ohren der Menschen machst, die es nicht gewöhnt sind, dass man sie in dieser Weise achtet. Heb die Leistungen von Menschen hervor, die sonst unter dem Radar durchtauchen, weil sie keine besondere Aufmerksamkeit auf sich ziehen wollen.

Zeige deinen Mitarbeitenden – allen Mitarbeitenden –, dass du sie siehst. Über Vielfalt reden ist gut, miteinander reden ist besser. Sprich nicht nur von Diversity; sprich uns als LGBTIQ* direkt an, und die anderen Gruppen auch. Ich garantiere dir: Mit jeder Mitarbeitendengruppe, die sich von dir respektiert fühlt, gewinnst du den Respekt einer noch viel größeren Gruppe von Menschen.

Was immer du für uns zu geben bereit bist: Du tust es nicht nur für uns. Du tust es für die Zukunftsfähigkeit deines Unternehmens, und tatsächlich auch für deine eigene Bilanz als Führungskraft. Denn wenn du bisher schon gute Leute hast, sei versichert: Sie werden noch besser sein, wenn sie sie selbst sein können und wissen, wofür und für wen sie sich engagieren. Nichts motiviert eine Gruppe von Menschen mehr als die Aussicht auf eine bessere, gemeinsame Zukunft.

Tatsächlich gibt es sogar eine ganze Menge, was die Mehrheit in einem Unternehmen von schwulen Männern und anderen LGBTIQ*-Persönlichkeiten lernen kann. Leider werden wir dafür öfter ausgebeutet als befördert. Es ist kein Klischee, dass viele von uns über besonders ausgeprägte Empathie verfügen. Das liegt daran, dass wir uns die Fähigkeit zum Perspektivwechsel schon in sehr jungen Jahren antrainieren, um unser Umfeld besser verstehen und uns besser integrieren zu können. Dir muss ich nicht erklären, warum diese Kompetenz im Zeitalter der Digitalisierung immer wichtiger wird und im Unternehmenskontext von unschätzbarem Wert ist.

Aus demselben Grund haben wir auch ein besonders gutes Auge für die Verschiedenheit von Teammitgliedern – und für die Stärken, die aus dieser Vielfalt erwachsen.

Hinzu kommt leider nicht bei allen, aber bei vielen von uns ein ausgeprägtes Durchsetzungsvermögen gegen Widerstände und Mehrheitsdruck – eine Fähigkeit, die besonders bei Führungskräften erfolgsentscheidend sein kann. Wir kennen schwierige Debatten und Aushandlungsprozesse nicht nur aus dem Lehrbuch, sondern aus dem eigenen Privatleben. Wir wissen damit umzugehen und kühlen Kopf zu bewahren, wenn es persönlich wird. Wir sind es gewöhnt, unter besonderem Druck zu stehen, unsere Emotionen zu regulieren und konstruktiv darauf zu reagieren. Das ist für uns Gewohnheit, weil wir in jeder schwierigen Lebenssituation immer auch noch den Schulterblick praktizieren. Das haben wir auf die harte Tour gelernt, um uns gegen homophobe Anfeindungen und Risiken abzusichern, die uns durch die Ignoranz unseres Umfelds entstehen. Tatsächlich sind *wir* nämlich meistens diejenigen, die mit dem Rücken zur Wand schlafen müssen.

Ebenso hoch entwickelt ist bei vielen von uns der Instinkt für verborgene Hemmnisse und Konflikte, die den Arbeitsbeziehungen in einer Abteilung im Weg stehen und die Produktivität bremsen. Wir erkennen oft nicht nur, wo sie herkommen, weil uns vergleichbare Bremsklötze plagen. Wir wissen auch, wie man sie auflösen kann – weil wir uns beigebracht haben, uns selbst zu heilen und gleichzeitig für unser Umfeld stark zu sein.

All das macht uns zu kompetenten Mitarbeitenden und noch besseren Führungskräften. Natürlich, das versteht sich von selbst, nicht alle von uns. Ganz sicher aber wäre es keine logische Entscheidung, ausgerechnet uns als Vielfaltsgruppe über einen Kamm zu scheren und von verantwortungsvollen Rollen im Unternehmen auszuschließen, weil wir anders sind als andere. Dass wir anders normal sind, ist keine Schwäche. Es ist eine Stärke, die dir, deinem Team und deinem Unternehmen sehr nützlich sein kann – allerdings nur, wenn du uns auch schwul, lesbisch, bi, trans, inter oder queer sein lässt. Aus der Perspektive mancher Menschen mögen wir andersrum sein – gemessen an der Mehrheit. Aber wir sind nicht diejenigen, die ständig versuchen, andere umzudrehen …

Dear *straight ally:* Schließ dich uns an! Denn wir sind viele – aber zusammen sind wir noch viel mehr.

Und ihr, liebe Leser:innen, liebe LGBTIQ*-Persönlichkeiten, ihr leidenschaftlichen Mitstreiter:innen und Wegbegleiter:innen, ihr Lebenskünstler:innen und Leidensgenoss:innen, ihr Unicorns und Langweiler:innen, ihr bunten Vögel und ihr Spießer:innen, ihr Lieben und Liebenden, ihr einzigartigen Menschen, ihr Vielen unter allen: Gebt nicht auf. Bleibt bei uns. Lauft mit mir. Hört nicht auf, euch zu zeigen, euch zu erheben und euch zu wehren. Wir haben schon viel geschafft, aber es gibt auch weiterhin viel zu tun. Was auch immer du erlebt hast, was auch immer dir noch blüht: Du bist nicht allein damit, und du wirst es niemals sein.

Erfolgreiche Minderheiten sind wachsam – und sichtbar genug, dass die Mehrheit es auch bleibt.

Anmerkungen

1 Werner Stangl: Stichwort »Homophobie, Lexikon für Psychologie und Pädagogik, https://lexikon.stangl.eu/6262/homophobie/#:~:text=Homophobie. %20Homophobie%20bezeichnet%20eine%20soziale,%20gegen%20 Lesben%20und,oder%20Sexismus%20unter%20den%20Begriff%20 gruppenbezogene%20Menschenfeindlichkeit%20gefasst, abgerufen am 15.01.2021.
2 Ebd.
3 LGBTIQ*: Lesbian, Gay, Bi, Trans, Intersex, Queer und weitere.
4 Lisa de Vries et al.: LGBTIQ*-Menschen am Arbeitsmarkt: hoch gebildet und oftmals diskriminiert, Ergebnisse einer Befragung des Sozio-oekonomischen Panels am Deutschen Institut für Wirtschaftsforschung (DIW) Berlin, in: DIW Wochenbericht 36/2020, https://www.diw.de/documents/publikationen/73/diw_01.c.798177. de/20-36-1.pdf, S. 626, abgerufen am 28.09.2021.
5 Ebd., S. 624.
6 Ebd., S. 626.
7 Name geändert.
8 Alexander Hagelüken: Jetzt aber Zukunft, Süddeutsche Zeitung Nr. 270, 21./22.11.2020, S. 27.
9 Klaus Wowereit (aufgezeichnet von Arno Makowski und Christoph von Marschall): »Ich bin schwul, und das ist auch gut so« – Ein Zitat und seine Geschichte, Tagesspiegel online, 05.04.2015, https://www.tagesspiegel.de/meinung/causa-debatte/ein-zitat-und-seine-geschichte-ich-bin-schwul-und-das-ist-auch-gut-so/11568106. html, abgerufen am 28.09.2021.
10 Ebd.
11 »Deutsche Konzerne sind eine Schule der Intrigen«, Spiegel online, 08.02.2015, https://www.spiegel.de/karriere/thomas-sattelberger-ueber-fuehrungskultur-und-homosexualitaet-in-unternehmen-a-1017167. html, abgerufen am 28.09.2021.
12 Ebd.
13 Name geändert.
14 Name geändert.

15 Name geändert.
16 Name geändert.
17 Quarks/WDR: FAQ – Was du über Homophobie wissen musst, quarks.de, 17.12.2020, https://www.quarks.de/gesellschaft/was-du-ueber-homophobie-wissen-musst-faq/, abgerufen am 28.09.2021.
18 Charlotte Haunhorst: So queer ist Deutschland wirklich, jetzt Magazin, 19.10.2016, https://www.jetzt.de/lgbt/dalia-studie-zu-lgbt-anteil-in-der-bevoelkerung, abgerufen am 28.09.2021.
19 Ebd.
20 Sarah Kramer: Gelegenheit macht Liebe, Tagesspiegel, 01.12.2009, https://www.tagesspiegel.de/gesellschaft/panorama/beziehungen-am-arbeitsplatz-gelegenheit-macht-liebe/1641530.html, abgerufen am 08.10.21.
21 Was ist Diskriminierung? In: Antidiskriminierungsstelle des Bundes: Handbuch »Rechtlicher Diskriminierungsschutz«, S. 36, https://www.antidiskriminierungsstelle.de/SharedDocs/Downloads/DE/publikationen/Handbuch_Diskriminierungsschutz/Kapitel_2.pdf?__blob=publicationFile&v=5, abgerufen am 30.09.2021.
22 Antidiskriminierungsstelle des Bundes: Handbuch »Rechtlicher Diskriminierungsschutz«, S. 51.
23 Antidiskriminierungsstelle des Bundes: Handbuch »Rechtlicher Diskriminierungsschutz«, S. 56.
24 Was du über Homophobie wissen musst, Wissenschaftsredaktion des WDR/Quarks.de, 17.12.2020, https://www.quarks.de/gesellschaft/was-du-ueber-homophobie-wissen-musst-faq/, abgerufen am 30.09.2021.
25 Ebd.
26 Ebd.
27 Name geändert.
28 Antidiskriminierungsstelle des Bundes: Handbuch »Rechtlicher Diskriminierungsschutz«, S. 36.
29 Wie zwei ungewollte Outings die Gesellschaft veränderten, Handelsblatt, 10.12.2011, https://www.handelsblatt.com/arts_und_style/aus-aller-welt/tv-geschichte-wie-zwei-ungewollte-outings-die-gesellschaft-veraenderten/5942770.html, abgerufen am 01.10.2021.
30 Name geändert.

31 Prof. Dr. Martin Burgi: Verfassungsrechtliche Rahmenbedingungen gesetzlicher Maßnahmen (insbesondere Verbote) gegen Therapien bzw. Behandlungen mit dem Ziel einer Veränderung der sexuellen Orientierung (sog. Konversionstherapien), rechtswissenschaftliches Kurzgutachten im Auftrag der Bundesstiftung Magnus Hirschfeld (BMH), München 2019,
https://www.bundesgesundheitsministerium.de/fileadmin/Dateien/3_Downloads/K/Konversionstherapie/Gutachten_Prof._Dr._iur._Martin_Burgi.pdf, abgerufen am 01.10.2021.
32 »Konversionstherapien« bei unter 18-Jährigen künftig verboten, Ärzteblatt, 08.05.2020,
https://www.aerzteblatt.de/nachrichten/112610/Konversionstherapien-bei-unter-18-Jaehrigen-kuenftig-verboten, abgerufen am 01.10.2021.
33 Ebd.
34 Themenseite des Bundes katholischer Ärzte,
https://www.bkae.org/index.php?id=954, abgerufen am 20.02.2021.
35 »Konversionstherapien« bei unter 18-Jährigen künftig verboten, Ärzteblatt, 08.05.2020.
36 Bundesstiftung Magnus Hirschfeld (Hrsg.): Wissenschaftliche Bestandsaufnahme der tatsächlichen und rechtlichen Aspekte von Handlungsoptionen unter Einbeziehung internationaler Erfahrungen zum geplanten »Verbot sogenannter ›Konversionstherapien‹« in Deutschland zum Schutz homosexueller Männer, Frauen, Jugendlicher und junger Erwachsener vor Pathologisierung und Diskriminierung, Abschlussbericht, Bundesministerium für Gesundheit, Bundesstiftung Magnus Hirschfeld, Berlin 2019, S. 169.
37 »Konversionstherapien« bei unter 18-Jährigen künftig verboten, Ärzteblatt, 08.05.2020.
38 Gabriela Lünsmann: Ungenügendes Gesetz zum Verbot von Konversionsmaßnahmen, Pressemitteilung des Lesben- und Schwulenverbands (LSVD), 07.05.2020,
https://www.lsvd.de/de/ct/2347-ungenuegendes-gesetz-zum-verbot-von-konversionsmassnahmen, abgerufen am 01.10.2021.
39 Für den Einstieg in eine nähere Beschäftigung mit dem Ansatz von ACT empfehle ich u. a. folgendes Buch: Matthias Wengenroth: Das Leben annehmen – So hilft die Akzeptanz- und Commitment-Therapie (ACT), Hogrefe 2016.

40 Klaus Storkmann: »79 cm sind schwul« – Homosexuelle Soldaten in der Bundeswehrgeschichte. In: Militärgeschichte – Zeitschrift für Historische Bildung Nr. 1/2018, S. 4-9, https://friedensbildungswerk.de/Bilder/pdf/ZMG_2018_1-04-Storkmann.pdf, abgerufen am 01.10.2021.

41 Bundespsychotherapeutenkammer (BPtK): Homosexualität und Transgeschlechtlichkeit sind keine Krankheiten, Pressemitteilung, https://www.bptk.de/homosexualitaet-und-transgeschlechtlichkeit-sind-keine-krankheiten/, abgerufen am 18.01.21.

42 Laura Bisch: Der Kampf gegen den »Schwulen-Paragrafen« 175 in Zahlen, SWR3, 11.06.2019, https://www.swr3.de/aktuell/nachrichten/der-kampf-gegen-den-schwulen-paragrafen-175-in-zahlen-100.html, abgerufen am 18.01.21.

43 »Toleranz«, in: Max Müller: Kleines Philosophisches Wörterbuch, 3. Auflage, Herder 1973.

44 Don't Ask, Don't Tell – United States Policy, in: Encyclopedia Britannica, https://www.britannica.com/event/Dont-Ask-Dont-Tell, abgerufen am 13.04.2021.

45 Rob Picheta/Delia Gallagher: Vatican says it will not bless same-sex unions, calling them a ›sin‹, CNN.com, 15.03.2021, https://edition.cnn.com/2021/03/15/europe/vatican-same-sex-unions-decision-intl/index.html, abgerufen am 02.10.2021.

46 Annette Langer: »Mein Austritt war die einzig richtige Entscheidung«, Interview mit Anselm Bilgri, Spiegel online, 21.03.2021, https://www.spiegel.de/panorama/anselm-bilgri-ueber-die-kirche-mein-austritt-war-die-einzig-richtige-entscheidung-a-558fcc48-faa8-45b5-b33b-f58a7b37cfd2#ref=rss, abgerufen am 02.10.2021.

47 Feminism 101: What is Pinkwashing? Fem Newsmagazine, University of California, Los Angeles (UCLA), 02.03.2019, https://femmagazine.com/feminism-101-what-is-pinkwashing/, abgerufen am 03.10.2021.

48 Anja Kühne: Was bedeutet »Pinkwashing«? Queer weiß das (16), die Kolumne im Queerspiegel, Der Tagesspiegel online, 20.07.2016, https://www.tagesspiegel.de/gesellschaft/queerspiegel/queer-weiss-das-16-was-bedeutet-pinkwashing/13883744.html

49 CIS: Abkürzung für cis-geschlechtlich; der Begriff beschreibt Personen, die sich mit dem sozialen Geschlecht identifizieren, das ihnen aufgrund ihrer angeborenen körperlichen Merkmale zugeschrieben wird.

50 Max Boenke/Pascal Ertl: Pinkwashing – Das Geschäft mit dem Regenbogen, Videoreport, Handelsblatt online, 26.07.2019, https://www.handelsblatt.com/video/live/video-report-pinkwashing-das-geschaeft-mit-dem-regenbogen/24843202.html?nlayer=Handelsblatt%20LIVE_22920810&ticket=ST-88715-3i3t-SeBikdB9M5jZghHC-ap5, abgerufen am 03.10.2021.
51 Ebd.
52 Ebd.
53 Ranking: So LGBTI-freundlich sind die 30 DAX-Unternehmen, Business Punk, 11.12.2019, https://www.business-punk.com/2019/12/lgbt-30-dax-unternehmen-ranking/
54 Johannes Kram: Nollendorfblog-Verdacht bestätigt: »Diversity-Index« muss nach EON-Falschangaben korrigiert werden, Nollendorfblog.de, 14.01.2020, https://www.nollendorfblog.de/?p=11490, abgerufen am 03.10.2021.
55 Ebd.; Johannes Kram: EON-Manipulationen beim Diversity-Index: Nach heftiger Kritik fordert Uhlala nun Belege aller DAX-Konzerne, Nollendorfblog.de, 16.01.2020, http://www.nollendorfblog.de/?p=11516, abgerufen am 03.10.2021.
56 Stuart Cameron: Wie ernst ist es Unternehmen mit dem Bekenntnis zur LGBT+-Community?, XING Klartext, 30.07.2020, https://www.xing.com/news/klartext/so-wird-aus-dem-regenbogen-mehr-als-ein-marketinginstrument-3986?show_comment=648797, abgerufen am 03.10.2021.
57 Carina Kontio: Rendite mit Regenbogen – Wie Unternehmen mit Diversity punkten wollen, Handelsblatt online, 31.07.2019, https://www.handelsblatt.com/karriere/the_shift/marketing-fuer-die-pride-saison-rendite-mit-regenbogen-wie-unternehmen-mit-diversity-punkten-wollen/24575312.html, abgerufen am 03.10.2021.
58 McKinsey & Company: Vielfalt siegt! Warum diverse Unternehmen mehr leisten (2011) & Delivering Through Diversity (2018), zitiert aus: Factbook Diversity – Positionen, Zahlen, Argumente, Charta der Vielfalt, Berlin 2018, S. 70f., https://www.charta-der-vielfalt.de/fileadmin/user_upload/Presse/180411_Factbook_Diversity_2018.pdf, abgerufen am 03.10.2021.
59 Ebd.
60 Petra Schaffner/Kira Falter: Neues zur Frauenquote: Was in diesem Jahr geplant ist, Human Ressources Manager, 08.02.2021,

https://www.humanresourcesmanager.de/news/arbeitsrecht-neues-zur-frauenquote-was-in-diesem-jahr-geplant-ist.html, abgerufen am 03.10.2021.

61 Statista Research Department: Frauen in Deutschland – Statistiken und Daten, Statista.com, 13.01.2021, https://de.statista.com/themen/1775/frauen-in-deutschland/#topicHeader__wrapper, abgerufen am 03.10.2021.

62 Neue Narrative: Unsere People Policy: Wie Quoten uns dabei helfen, eine vielfältige Organisation zu werden, medium.com, 12.02.2021, https://medium.com/neue-narrative/unsere-people-policy-wie-quoten-uns-dabei-helfen-eine-vielf%C3%A4ltige-organisation-zu-werden-8ae-5daafbd3b, abgerufen am 03.10.2021.

63 Ebd.

64 Ebd.

65 Vielfalt bringt Vorteile, aber nicht von allein, Personalwirtschaft, 05.06.2018, https://www.personalwirtschaft.de/fuehrung/diversity-management/artikel/diversity-bringt-mitarbeitern-und-arbeitgebern-vorteile.html, abgerufen am 03.10.2021.

66 Ebd.

67 Ebd.

68 Jasminka Webb: Die Kraft der Vielfalt: LGBTI bei SAP, Website von SAP, 10.12.2016, https://news.sap.com/germany/2016/12/homosexualitaet-bei-sap/, abgerufen am 03.10.2021.

69 Claudia Obmann: Grenzen der Toleranz – Wenn Details zum Privatleben auf der Dienstreise zum Lebensrisiko werden, Handelsblatt online, 24.11.2019, https://www.handelsblatt.com/karriere/karriere-grenzen-der-toleranz-wenn-details-zum-privatleben-auf-der-dienstreise-zum-lebensrisiko-werden/25255268-all.html, abgerufen am 03.10.2021.

70 Ebd.

71 Ebd.

72 Jasminka Webb: Die Kraft der Vielfalt: LGBTI bei SAP.

73 SAP News: SAP Pre-Announces Strong Fourth Quarter and Full-Year 2020 Results, SAP-Pressemitteilung, 14.01.2021, https://news.sap.com/2021/01/sap-pre-announces-strong-fourth-quarter-and-full-year-2020-results/, abgerufen am 03.10.2021.

74 LGBT*IQ Awards 2019, Website von Prout At Work, abgerufen am 13.05.2021, https://www.proutatwork.de/lgbtiq-awards-2019/, abgerufen am 03.10.2021.
75 Sven Tomschin: Deutsche LGBTQ Marketing-Kampagnen, Best-of 2020 – August, SISI.com, https://www.sisi-agentur.de/blog/2020/09/deutsche-lgbt-marketing-kampagnen-best-of-2020/, abgerufen am 03.10.2021.
76 Jennifer Weiss: Unisex-Toiletten, LGBTQ & Gendersternchen – Mehr Diversität bei OTTO, Oseon.de, 15.02.2021, https://www.oseon.com/blog/diversitaet, abgerufen am 03.10.2021.
77 Ebd.
78 Human Rights Campaign Foundation: Corporate Equality Index 2021, Report, https://reports.hrc.org/corporate-equality-index-2021?_a=2.40707042.1504760675.1621327214-1542637.1621327214, abgerufen am 18.05.2021.
79 Uhlala Group: Veröffentlichung dax30 LGBT+ Diversity Index 2020, Pressemitteilung, 10.11.2020, https://uhlala.com/dax30/#1604940950109-9782727e-b534, abgerufen am 04.10.2021.
80 Diversity bei Siemens: Vielfalt feiern, nicht verstecken, Diversity-Statement auf der Firmen-Webseite von Siemens, https://new.siemens.com/de/de/unternehmen/nachhaltigkeit/diversity/siemens-bekennt-farbe-fuer-mehr-offenheit.html, abgerufen am 04.10.2021.
81 Ebd.
82 Ebd.
83 Carolin Emcke/Lara Fritzsche: »Wir sind schon da«, Süddeutsche Zeitung Magazin, 04.02.2021, https://sz-magazin.sueddeutsche.de/kunst/schauspielerinnen-schauspieler-coming-out-89811?reduced=true, abgerufen am 04.10.2021.
84 Maren Kroymann: Outing unter Schauspielern oft noch ein Tabu, ZEIT online, 28.01.2021, https://www.zeit.de/news/2021-01/28/maren-kroymann-outing-unter-schauspielern-oft-noch-ein-tabu, abgerufen am 04.10.2021.
85 »Ich kenne Schauspieler, die ihre Sexualität verstecken«, Spiegel online, 06.04.2021, https://www.spiegel.de/panorama/leute/kate-winslet-kritisiert-

homophobie-in-hollywood-a-43caf27b-4853-4f0e-b62c-2a8da321f9a3, abgerufen am 04.10.2021.

86 Webseite des Völklinger Kreis: »Über uns«, abgerufen am 18.05.2021, https://www.vk-online.de/ueber-uns.html, abgerufen am 05.10.2021.

87 Webseite der Wirtschaftsweiber: https://wirtschaftsweiber.de/

88 Renate Schwarz: »Opfer«, in: Kriminologie-Lexikon online, http://www.krimlex.de/artikel.php?BUCHSTABE=O&KL_ID=130, abgerufen am 20.05.2021.

89 Name geändert.

90 »Selbstwirksamkeitsüberzeugung«, in: Spektrum Lexikon der Psychologie, Spektrum online, https://www.spektrum.de/lexikon/psychologie/selbstwirksamkeitsueberzeugung/14014, abgerufen am 21.05.2021.

91 Konfrontation, in: Digitales Wörterbuch der deutschen Sprache (DWDS), Berlin-Brandenburgische Akademie der Wissenschaften, https://www.dwds.de/wb/Konfrontation, abgerufen am 25.05.2021.

92 Katharine Mobley: Understanding The Impact Of Mentorship Versus Sponsorship, Forbes.com, 17.09.2019, https://www.forbes.com/sites/forbescommunicationscouncil/2019/09/17/understanding-the-impact-of-mentorship-versus-sponsorship/?sh=2d4ac7c440ad

93 Tamika Cody: Mentors vs. Sponsors – How Each Can Help, DiversityInc, https://www.diversityincbestpractices.com/your-guide-to-defining-mentors-vs-sponsors-how-each-can-help/, abgerufen am 21.12.2021.

94 Imagevideo »Wir sind Schlau NRW«, Website von Schlau NRW – Bildung und Antidiskriminierung zu sexueller Orientierung und geschlechtlicher Vielfalt, abgerufen am 06.05.21, https://www.schlau.nrw/

95 Website von Schlau NRW – Bildung und Antidiskriminierung zu sexueller Orientierung und geschlechtlicher Vielfalt, abgerufen am 06.05.21, https://www.schlau.nrw/